中等职业教育专业教材

生 物 化 学

赵金海　主编

中国轻工业出版社

图书在版编目（CIP）数据

生物化学/赵金海主编. —北京：中国轻工业出版社，2022.8
中等职业教育"十二五"规划教材
ISBN 978-7-5019-8992-8

Ⅰ.①生… Ⅱ.①赵… Ⅲ.①生物化学-中等专业学校-教材
Ⅳ.①Q5

中国版本图书馆CIP数据核字（2012）第219228号

责任编辑：李亦兵　张　靓　秦　功　　责任终审：唐是雯　　封面设计：锋尚设计
版式设计：王超男　　　　　　　　　　　责任校对：吴大鹏　　责任监印：张　可

出版发行：中国轻工业出版社（北京东长安街6号，邮编：100740）
印　　刷：三河市万龙印装有限公司
经　　销：各地新华书店
版　　次：2022年8月第1版第2次印刷
开　　本：720×1000　1/16　印张：20
字　　数：398千字
书　　号：ISBN 978-7-5019-8992-8　定价：40.00元

邮购电话：010-65241695
发行电话：010-85119835　传真：85113293
网　　址：http://www.chlip.com.cn
Email：club@chlip.com.cn
如发现图书残缺请与我社邮购联系调换
220956J3C102ZBW

前　言

生物化学是食品生物工艺专业（生物发酵方向）的一门重要的专业基础课，是用化学的理论和方法研究生物体的化学组成以及在生命活动中所发生的化学变化及其调控规律，从而阐明生命现象本质的一门学科。生命体是由蛋白质、核酸、糖和脂类等生物大分子组成，这些生物大分子功能的行使与其结构、细胞内的定位等因素密切相关；在生命活动中这些分子不断地合成、分解和相互转化，同时也不断地发生相互作用；而且，为了保证生命活动的有序进行，生命活动是受到严格调控的过程。生物化学就是研究这些生物大分子的组成、结构与功能及其之间的关系，揭示生物大分子合成与代谢规律及其调控机理，最终揭示生命现象本质的科学。

本教材根据中职食品生物工艺专业生物发酵方向学习的需要，主要学习内容有第一部分：基础知识（氨基酸和蛋白质、酶、核酸、维生素与辅酶、糖类化合物）；物质代谢及其调控（糖类分解代谢、能量的释放、脂类代谢、氨基酸代谢与氨基酸发酵、微生物的代谢调节与发酵）等内容。每章均设有学习目标、知识链接、思考与讨论等，便于学生学习和组织课堂讨论；第二部分生物化学实验基本方法和生物化学基本实验技术，共安排实验项目21个。书后附有综合练习题和各章思考练习题参考答案。

本教材根据现代中等职业教育的发展要求，体现专业特点和对生物化学实际知识、实验技能的要求，语言力求通俗、生动，重视理论联系实际和必须够用原则，实验项目也尽量满足生物化学基本技能训练和专业应用能力的要求。

本教材由赵金海高级讲师任主编和统稿，并编写绪论和第二章，付香斌编写第五章、第十二章和综合测试题，宋淑红编写第一章、第三章，王亚红编写第四章，杨灵编写第六章、第七章、第十章，申灵编写第八章、第九章和第十三章，丁琳编写第十一章。

本教材适用于中职食品生物工艺、发酵工艺等相关专业，也可供相关企业从事生物发酵岗位的在职人员参考。

编写过程中得到河南省轻工业学校领导的大力支持，在此表示衷心感谢。

由于对现代职业教育教学方法的理解有限，教材编写有不当之处欢迎读者批评指正。

编者

目录

绪论 ··· 1
 一、生物化学与工业发酵 ··· 1
 二、生物化学发展简史 ··· 5

第一章 氨基酸和蛋白质 ·· 7
第一节 氨基酸 ·· 7
 一、氨基酸的结构和分类 ··· 7
 二、氨基酸的理化性质 ··· 13
 三、氨基酸的分离制备和分析鉴定 ································· 17

第二节 蛋白质 ·· 18
 一、蛋白质的概念 ··· 19
 二、蛋白质的化学组成 ··· 19
 三、蛋白质的分类 ··· 19
 四、蛋白质的分布和生物学意义 ··································· 20
 五、蛋白质的结构 ··· 21
 六、蛋白质的性质 ··· 26
 七、蛋白质的分离制备 ··· 28

第二章 酶 ·· 31
第一节 概述 ·· 31
 一、酶的概念 ··· 31
 二、酶的历史发展 ··· 33

第二节 酶催化作用的特点 ·· 35
 一、酶与非生物催化剂的共性 ····································· 35
 二、酶作为生物催化剂的特点 ····································· 36

第三节 酶的催化机制 ·· 37
 一、酶与底物的结合 ··· 37
 二、酶的作用机制 ··· 37
 三、酶的结构与催化功能的关系 ··································· 38

第四节 酶分子的组成与结构 ·· 38
 一、单成分酶和双成分酶 ··· 38
 二、酶分子的空间结构及活性中心 ································· 39
 三、酶原和酶原激活 ··· 39
 四、单体酶、寡聚酶、同工酶和变构酶 ····························· 40
 五、多酶复合体 ··· 41

第五节　酶促反应动力学 ··· 41
一、底物浓度对酶促反应速度的影响 ·· 41
二、酶浓度对反应速度的影响 ·· 44
三、pH 对酶促反应速度的影响 ··· 44
四、温度对酶促反应速度的影响 ··· 44
五、抑制剂对酶促反应速度的影响 ·· 45
六、激活剂 ·· 45
第六节　酶的分离纯化与应用 ··· 47
一、酶的分离纯化 ·· 47
二、生物发酵工业等常见酶制剂简介 ·· 48
三、酶的应用 ··· 51

第三章　核酸 ·· 58
第一节　概述 ·· 58
一、核酸的重要性 ·· 58
二、核酸的研究 ··· 59
三、核酸的种类和化学组成 ··· 60
第二节　核酸的性质与测定 ·· 64
一、核酸的性质 ··· 64
二、核酸的紫外吸收性质 ·· 65
三、核酸的变性与复性、分子杂交 ··· 65
四、核酸的测定 ··· 66
第三节　核酸与核苷酸的制备 ·· 67
一、核酸的制备 ··· 67
二、核苷酸的制备 ·· 69
第四节　遗传 ·· 74
一、中心法则 ··· 74
二、DNA 是遗传信息的携带者 ·· 75
三、RNA 是遗传信息的传递者 ·· 75
四、遗传密码 ··· 75
第五节　核酸的生物合成 ··· 76
一、DNA 的生物合成 ··· 76
二、RNA 的生物合成 ··· 78

第四章　维生素与辅酶 ·· 82
第一节　概述 ·· 82
一、维生素的概念 ·· 82
二、维生素的命名 ·· 83
三、维生素的分类 ·· 83
第二节　水溶性维生素及有关辅酶 ··· 84
一、维生素 B_1 和焦磷酸硫胺素（TPP） ·· 84

二、维生素 B_2 和 FAD、FMN ………………………………………… 84

　　三、维生素 B_5 和辅酶Ⅰ、辅酶Ⅱ ……………………………………… 85

　　四、维生素 B_6 和磷酸吡哆醛、磷酸吡哆胺 …………………………… 86

　　五、维生素 B_3 ………………………………………………………… 86

　　六、生物素与羧化酶辅酶 ……………………………………………… 87

　　七、叶酸与辅酶 F ……………………………………………………… 87

　　八、维生素 B_{12} 及维生素 B_{12} 辅酶 ………………………………… 88

　　九、硫辛酸 ……………………………………………………………… 88

　　十、维生素 C …………………………………………………………… 88

　第三节　脂溶性维生素 …………………………………………………… 89

　　一、维生素 A …………………………………………………………… 89

　　二、维生素 D …………………………………………………………… 90

　　三、维生素 K …………………………………………………………… 91

　　四、维生素 E …………………………………………………………… 91

第五章　糖与糖类发酵原料 …………………………………………… 94

　第一节　重要的单糖 ……………………………………………………… 94

　　一、单糖的分子结构 …………………………………………………… 95

　　二、单糖的分类 ………………………………………………………… 96

　　三、单糖的性质 ………………………………………………………… 98

　第二节　重要的寡糖 …………………………………………………… 103

　　一、二糖 ……………………………………………………………… 104

　　二、三糖 ……………………………………………………………… 108

　　三、寡糖的应用 ……………………………………………………… 108

　第三节　自然界的多糖与糖类发酵原料 ……………………………… 110

　　一、自然界的多糖 …………………………………………………… 110

　　二、多糖的组成与分类 ……………………………………………… 111

　　三、糖类发酵原料 …………………………………………………… 112

　第四节　淀粉与糖原 …………………………………………………… 114

　　一、淀粉的组成与结构 ……………………………………………… 114

　　二、淀粉的性质 ……………………………………………………… 116

　　三、糖原和糖原的降解 ……………………………………………… 121

　第五节　纤维素 ………………………………………………………… 122

　　一、纤维素的结构与性质 …………………………………………… 122

　　二、半纤维素 ………………………………………………………… 123

　　三、纤维素的应用 …………………………………………………… 123

　第六节　其他多糖 ……………………………………………………… 125

　　一、琼脂 ……………………………………………………………… 125

　　二、果胶 ……………………………………………………………… 125

　　三、魔芋胶 …………………………………………………………… 127

四、阿拉伯胶 ……………………………………………………… 127
　　五、黄原胶 ………………………………………………………… 127
　　六、氨基多糖 ……………………………………………………… 128

第六章　糖类分解代谢 …………………………………………………… 132
第一节　多糖的酶促降解 ………………………………………………… 132
　　一、淀粉的酶促降解 ……………………………………………… 132
　　二、纤维素的生物降解及纤维素酶 ……………………………… 134
　　三、果胶质降解酶类 ……………………………………………… 134
第二节　葡萄糖的酵解（EMP 途径） …………………………………… 135
第三节　EMP 类型的发酵 ………………………………………………… 141
　　一、乳酸发酵 ……………………………………………………… 141
　　二、酒精发酵 ……………………………………………………… 143
　　三、丁酸型发酵 …………………………………………………… 144
第四节　葡萄糖的有氧分解 ……………………………………………… 145
　　一、丙酮酸氧化脱羧 ……………………………………………… 146
　　二、三羧酸循环（TCA 循环） …………………………………… 147
　　三、糖的有氧 EMP – TCA 循环途径小结 ………………………… 153
第五节　乙醛酸循环支路 ………………………………………………… 155
第六节　柠檬酸发酵 ……………………………………………………… 156
第七节　己糖单磷酸途径（HMP） ……………………………………… 157
　　一、HMP 的主要化学过程 ………………………………………… 157
　　二、HMP 途径的生理意义 ………………………………………… 160
　　三、HMP 类型的发酵 ……………………………………………… 161
第八节　脱氧酮糖酸途径（ED 途径）与细菌酒精发酵 ……………… 163
　　一、ED 途径 ………………………………………………………… 163
　　二、细菌酒精发酵 ………………………………………………… 165
第九节　葡萄糖分解代谢途径的相互联系 ……………………………… 165

第七章　能量的释放 ……………………………………………………… 168
第一节　生物氧化 ………………………………………………………… 168
　　一、生物氧化的概念 ……………………………………………… 168
　　二、呼吸链 ………………………………………………………… 170
第二节　能量的产生和转移 ……………………………………………… 171

第八章　脂类代谢 ………………………………………………………… 175
第一节　概述 ……………………………………………………………… 175
　　一、脂类的定义 …………………………………………………… 175
　　二、脂类的分类 …………………………………………………… 175
　　三、脂类主要组成成分 …………………………………………… 178
　　四、脂类的主要生理功能 ………………………………………… 180

  五、油脂的性质 ……………………………………………………… 181
 第二节 脂类代谢 ……………………………………………………… 183
  一、机体内脂肪的消化吸收 ………………………………………… 183
  二、甘油的降解及转化 ……………………………………………… 183
  三、脂肪酸的 β – 氧化分解 ………………………………………… 184
  四、乙醛酸循环 ……………………………………………………… 188

第九章 氨基酸代谢与氨基酸发酵 …………………………………… 191
 第一节 概述 …………………………………………………………… 192
 第二节 氨基酸的分解代谢 …………………………………………… 192
 第三节 氨基酸合成代谢 ……………………………………………… 202
 第四节 氨基酸发酵 …………………………………………………… 203

第十章 微生物的代谢调节与发酵 ……………………………………… 208
 第一节 概述 …………………………………………………………… 208
 第二节 细胞结构对代谢途径的分隔控制 …………………………… 210
 第三节 酶活性调节机理 ……………………………………………… 211
 第四节 代谢控制与发酵工业生产 …………………………………… 214
  一、代谢调控发酵 …………………………………………………… 214
  二、以代谢调控理论指导微生物的定向育种 ……………………… 215
  三、改善细胞膜的通透性 …………………………………………… 216

第十一章 生物化学实验基本方法 ……………………………………… 219
 第一节 基本实验操作 ………………………………………………… 219
  一、称量 ……………………………………………………………… 219
  二、滴定分析 ………………………………………………………… 220
  三、标准溶液配制 …………………………………………………… 220
 第二节 常用实验仪器的使用 ………………………………………… 222
  一、常用玻璃仪器的使用方法 ……………………………………… 222
  二、称量仪器的使用方法 …………………………………………… 224
  三、干燥箱 …………………………………………………………… 225
  四、可见光（紫外）分光光度计 …………………………………… 226

第十二章 生物化学基本实验技术 ……………………………………… 228
 实验一 糖的颜色反应与还原反应 …………………………………… 228
  一、目的要求 ………………………………………………………… 228
  二、试剂与器材 ……………………………………………………… 228
  三、实验步骤 ………………………………………………………… 228
  四、计算 ……………………………………………………………… 229
  五、思考题 …………………………………………………………… 229
 实验二 淀粉 α – 化程度测定 …………………………………………… 229
  一、目的要求 ………………………………………………………… 229

二、实验原理 ……………………………………………………… 229
　　三、试剂与器材 …………………………………………………… 230
　　四、实验步骤 ……………………………………………………… 230
　　五、计算 …………………………………………………………… 230
　　六、注意事项 ……………………………………………………… 231
　实验三　蛋白质的颜色反应 ………………………………………… 231
　　一、目的要求 ……………………………………………………… 231
　　二、实验原理 ……………………………………………………… 231
　　三、试剂与器材 …………………………………………………… 232
　　四、实验步骤 ……………………………………………………… 233
　　五、思考题 ………………………………………………………… 234
　实验四　蛋白质的沉淀反应 ………………………………………… 234
　　一、目的要求 ……………………………………………………… 234
　　二、实验原理 ……………………………………………………… 234
　　三、试剂与器材 …………………………………………………… 235
　　四、实验步骤 ……………………………………………………… 236
　实验五　蛋白质等电点的测定 ……………………………………… 237
　　一、目的要求 ……………………………………………………… 237
　　二、实验原理 ……………………………………………………… 237
　　三、试剂与器材 …………………………………………………… 238
　　四、实验步骤 ……………………………………………………… 238
　　五、思考题 ………………………………………………………… 239
　实验六　凯氏定氮法测定食品中的蛋白质 ………………………… 239
　　一、实验原理 ……………………………………………………… 239
　　二、试剂与器材 …………………………………………………… 240
　　三、实验步骤 ……………………………………………………… 241
　　四、结果计算 ……………………………………………………… 242
　　五、注意事项 ……………………………………………………… 243
　实验七　氨基酸的分离鉴定——纸上层析 ………………………… 243
　　一、目的要求 ……………………………………………………… 243
　　二、实验原理 ……………………………………………………… 243
　　三、试剂与器材 …………………………………………………… 244
　　四、实验步骤 ……………………………………………………… 244
　　五、思考题 ………………………………………………………… 245
　实验八　酪蛋白的制备 ……………………………………………… 245
　　一、目的要求 ……………………………………………………… 245
　　二、实验原理 ……………………………………………………… 245
　　三、试剂与器材 …………………………………………………… 245
　　四、实验步骤 ……………………………………………………… 246

五、思考题 …………………………………………………………… 246
实验九　发酵过程中谷氨酸含量的测定 …………………………………… 246
　　一、目的要求 …………………………………………………………… 246
　　二、实验原理 …………………………………………………………… 246
　　三、试剂与器材 ………………………………………………………… 247
　　四、实验步骤 …………………………………………………………… 247
　　五、计算 ………………………………………………………………… 248
　　六、思考题 ……………………………………………………………… 249
实验十　酿造酱油中氨基酸态氮含量的测定 ……………………………… 249
　　一、目的要求 …………………………………………………………… 249
　　二、实验原理 …………………………………………………………… 249
　　三、试剂与器材 ………………………………………………………… 249
　　四、实验步骤 …………………………………………………………… 249
　　五、注意事项 …………………………………………………………… 250
实验十一　酶的性质——酶的专一性 ……………………………………… 250
　　一、目的要求 …………………………………………………………… 250
　　二、实验原理 …………………………………………………………… 250
　　三、试剂与器材 ………………………………………………………… 251
　　四、实验步骤 …………………………………………………………… 251
　　五、思考题 ……………………………………………………………… 252
实验十二　酶的激活剂和抑制剂 …………………………………………… 252
　　一、目的要求 …………………………………………………………… 252
　　二、实验原理 …………………………………………………………… 252
　　三、试剂与器材 ………………………………………………………… 252
　　四、实验步骤 …………………………………………………………… 252
实验十三　pH 对酶活性的影响 …………………………………………… 253
　　一、目的要求 …………………………………………………………… 253
　　二、实验原理 …………………………………………………………… 253
　　三、试剂与器材 ………………………………………………………… 253
　　四、实验步骤 …………………………………………………………… 253
实验十四　温度对酶活性的影响 …………………………………………… 254
　　一、目的要求 …………………………………………………………… 254
　　二、实验原理 …………………………………………………………… 254
　　三、试剂与器材 ………………………………………………………… 254
　　四、实验步骤 …………………………………………………………… 255
实验十五　淀粉的酶解 ……………………………………………………… 255
　　一、目的要求 …………………………………………………………… 255
　　二、实验原理 …………………………………………………………… 255
　　三、水解程度的检测 …………………………………………………… 256

四、试剂与器材 256
　　五、实验步骤 256
实验十六　小麦萌发前后淀粉酶活性的比较 257
　　一、目的要求 257
　　二、实验原理 257
　　三、试剂与器材 258
　　四、实验步骤 258
　　五、思考题 258
实验十七　α-淀粉酶活力的测定 259
　　一、目的要求 259
　　二、实验原理 259
　　三、试剂与器材 259
　　四、实验步骤 259
　　五、计算 260
　　六、说明 260
实验十八　维生素 C 的定量测定 260
　　一、目的要求 260
　　二、实验原理 261
　　三、试剂与器材 261
　　四、实验步骤 261
实验十九　酵母核糖核酸的水解及成分鉴定 262
　　一、目的要求 262
　　二、实验原理 262
　　三、试剂与器材 263
　　四、实验步骤 263
实验二十　酵母 RNA 的提取与检测 263
　　一、目的要求 263
　　二、实验原理 263
　　三、试剂与器材 264
　　四、实验步骤 264
　　五、结果计算 265
实验二十一　柠檬酸的提取 265
　　一、目的要求 265
　　二、实验原理 265
　　三、试剂与器材 266
　　四、实验步骤 266
　　五、实验结果 267
第十三章　实验相关知识 268
　第一节　实验室规则与安全防护 268

一、实验室规则 ·· 268
　二、实验室安全及防护知识 ····································· 269
第二节　实验记录及实验报告 ······································ 270
　一、实验记录 ·· 270
　二、实验报告 ·· 271
第三节　实验室常识 ·· 272
　一、药品的安全使用原则 ······································· 272
　二、几种特殊试剂的存放 ······································· 272
　三、常用玻璃仪器 ··· 273
　四、其他仪器 ·· 274
　五、常用危险化学品标志 ······································· 275
第四节　试剂的配制 ·· 278
　一、配制试剂的原则 ··· 278
　二、注意事项 ·· 278
　三、溶液浓度的表示方法及其运算 ···························· 279
　四、实验试剂的保存 ··· 279
　五、常用实验试剂的配制 ······································· 279

综合测试题 ·· 283
　生物化学综合测试题（一） ···································· 283
　生物化学综合测试题（二） ···································· 284
　生物化学综合测试题（一）答案 ······························ 285
　生物化学综合测试题（二）答案 ······························ 286
各章思考与练习参考答案 ······································· 288
参考文献 ·· 303

绪　论
一、生物化学与工业发酵

1. 生物化学的概念

生物体的生命现象（过程）作为物质运动的一种独有的特殊的运动形式，其基本表现形式是新陈代谢和自我繁殖。那么构成这种特殊运动形式的物质基础又是什么呢？恩格斯很早就说过"蛋白质是生命活动的体现者"。现在已知仅有蛋白质是远远不够的，还要有核酸、糖类、脂类、维生素、激素等。正是这些生命物质之间的相互协调的作用才形成了丰富多彩的生命现象，那么，这些生命物质到底有哪些呢？它们是怎样产生和消亡，又是怎样相互转变和相互作用的呢？这就是生物化学所要研究的内容。

生物化学是生命的化学，是介于生物学与化学之间的一门边缘科学。生物化学是用物理学、化学和生物学的现代技术来研究生物体的物质组成和结构，物质在生物体内发生的化学变化，以及这些物质结构的变化与生理机能之间的关系的科学。学习和研究生物化学的目的在于阐明生命活动的化学、物质基础，并与其他学科配合，来揭示生命活动的本质和规律。

生物化学是在分子水平研究和剖析生命本质的科学，即用化学的理论和基本方法研究生命现象的化学本质。其研究对象是生命体内的各类物质的结构、功能和作用过程与机理，以及它们在生命活动中的作用。生物化学的研究中，除采用化学的理论和技术外，也经常运用生理学、免疫学、遗传学及细胞生物学的新理论和方法。历经近百年的发展，生物化学的含义已大为扩展，成为研究生物大分子结构与功能、生命物质在生物体内的代谢变化以及生物信息的传递与调控来阐明生命现象的一门前沿学科。生物化学，包括源于生物化学而发展和形成的分子生物学，共同展示了生命科学的未来和希望。

物质是由分子组成。组成生命体与非生命体的分子都遵循着相同的物理和化学规律。活的有机体区别于无生命体首先是其分子组成和结构的复杂性；其次是能从环境中摄取、转换并利用能量；其三是有精确的自我复制和组装的能力。生物化学就是研究生命分子的组成、在生命过程中的物质及能量转化以及生命延续过程中所承担的功能和反应过程。

生物化学涉及的内容主要包括以下三个领域：

（1）生物大分子的结构和功能　生物大分子是生物体特有的组成成分，它们由相对分子质量较小的生物小分子作为基本结构单位，通过特定顺序的排列，组合成相对分子质量较大的聚合体。本书重点介绍生物体的物质组成，生物分子的结构、性质和生物功能，即静态反映生物体的化学组成。

（2）物质代谢与代谢调节　新陈代谢是生命的基本特征，在整个生命过程中生物体需要不断与外界环境进行物质交换，构成生命有机体的物质，如蛋白质、核酸、糖类、脂类及其他许多生物小分子化合物，它们通过不断地代谢更新而呈现出多姿多彩的生理功能和生命现象。这种代谢更新其实就是分子与分子间所发生的化学反应。本书重点介绍生物体内几大重要分子物质的代谢过程、变化规律和体内能量的产生及利用，即动态反映生物生命大分子的化学变化和能量变化。

（3）遗传信息的传递、表达和调控　遗传现象是生命的另一基本特征，近代生物化学研究表明，遗传信息储存于 DNA 分子中，少数生物如某些病毒则储存于 RNA 分子中。这些核酸类物质通过特定的核苷酸排列顺序携载了其特定的遗传信息，且通过特定的方式世代遗传。基因信息通过传递和表达，生成特定的蛋白质，呈现出与基因信息相对应的多种多样的生物学功能，在表达过程中始终存在着特定的调控机制。

2. 工业发酵

发酵现象早已被人们所认识，但了解它的本质却是近 200 年来的事。英语中发酵一词 fermentation 是从拉丁语 *fervere* 派生而来的，原意为"翻腾"，它描述酵母作用于果汁或麦芽浸出液时的现象。沸腾现象是由浸出液中的糖在缺氧条件下降解而产生的二氧化碳所引起的。在生物化学中把酵母的无氧呼吸过程称作发酵。我们现在所指的发酵早已赋予了不同的含义。发酵是生命体所进行的化学反应和生理变化，是多种多样的生物化学反应根据生命体本身所具有的遗传信息去不断分解合成，以取得能量来维持生命活动的过程。发酵产物是指在反应过程中或反应到达终点时所产生的能够调节代谢使之达到平衡的物质。实际上，发酵也是呼吸作用的一种，只不过呼吸作用最终生成 CO_2 和水，而发酵最终是获得各种不同的代谢产物。因而，现代对发酵的定义应该是：通过微生物（或动植物细胞）的生长培养和化学变化，大量产生和积累专门的代谢产物的反应过程。有机物被生物体氧化降解成氧化产物并释放能量的过程统称为生物氧化。

微生物生理学把生物氧化区分为呼吸和发酵，呼吸又可进一步区分为有氧呼吸和无氧呼吸。因此，发酵是生物氧化的一种方式。

工业生产上笼统地把一切依靠微生物的生命活动而实现的工业生产均称为发酵。这样定义的发酵就是"工业发酵"。工业上所称的发酵是泛指利用生物细胞制造某些产品或净化环境的过程，包括厌氧培养的生产过程，如酒精、丙酮、丁醇、乳酸等，以及通气（有氧）培养的生产过程，如抗生素、氨基酸、酶制剂等。产品既有细胞代谢产物，也包括菌体细胞、酶等。

工业发酵要依靠微生物的生命活动，生命活动依靠生物氧化提供的代谢能来支撑，因此工业发酵应该覆盖微生物生理学中生物氧化的所有方式：有氧呼吸、无氧呼吸和发酵。

近百年来，随着科学技术的进步，发酵技术发生了划时代的变革，已经从利用自然界中原有的微生物进行发酵生产的阶段进入到按照人的意愿改造成具有特殊性能的微生物，以生产人类所需要的发酵产品的新阶段。

发酵和其他化学工业的最大区别在于它是生物体所进行的化学反应。其主要特点如下：

（1）发酵过程一般都是在常温常压下进行的生物化学反应，反应安全，要求条件也比较简单。

（2）发酵所用的原料通常以淀粉、糖蜜或其他农副产品为主，只要加入少量的有机和无机氮源就可进行反应。微生物因不同的类别可以有选择地去利用它所需要的营养。基于这一特性，可以利用废水和废物等作为发酵原料进行生物资源的改造和更新。

（3）发酵过程是通过生物体的自动调节方式来完成的，反应的专一性强，因而可以得到较为单一的代谢产物。

（4）由于生物体本身所具有的反应机制，能够利用其专一性和高度选择性对某些较为复杂的化合物进行特定部位的氧化、还原等化学转化反应，也可以产生比较复杂的高分子化合物。

（5）发酵过程中对杂菌污染的防治至关重要。除了必须对设备进行严格消毒处理和空气过滤外，反应必须在无菌条件下进行。如果污染了杂菌，生产上就要遭到巨大的经济损失，若感染了噬菌体，对发酵就会造成更大的危害。因而维持无菌条件是发酵成败的关键。

（6）微生物菌种是进行发酵的根本因素，通过变异和菌种筛选，可以获得高产的优良菌株并使生产设备得到充分利用，也可以因此获得按常规方法难以生产的产品。

（7）工业发酵与其他工业相比，投资少，见效快，并可以取得显著的经济效益。

基于以上特点，工业发酵日益引起人们重视。和传统的发酵工艺相比，现代发酵技术除了上述的发酵特征之外更有其优越性。除了使用微生物外，还可以用动植物细胞和酶，也可以用人工构建的"工程菌"来进行反应；反应设备也不只是常规的发酵罐，而是以各种各样的生物反应器取而代之，自动化连续化程度高，使发酵水平在原有基础上有所提高和创新。

总之，生物化学是一门迅速发展的现代自然科学。生物化学不断从化学、物理、生物学等有关学科的新成就、新技术中吸收丰富的研究成果，互相渗透而成为独立的学科。生物化学是发酵工业的重要理论基础，由于微生物细胞内酶系统的种类和性质的差别，带来微生物代谢类型的多样性和复杂性，物质代谢的调节及控制为提高产品的质和量提供重要的理论根据，生物化学阐明发酵机理，选择合理工艺途径，提高产品质量，探索发酵新工艺。半个多世纪以来，生物化学已经深入揭示了糖类、脂类、蛋白质、核酸等物质的新陈代谢过程，作为工业发酵的基础支持理论，生物化学进一步在透彻理解各类生物活性物质性质的基础上，探讨了细胞新陈代谢过程，作为工业发酵的基础支持理论。细胞代谢调控这一部分理论更是工业发酵产品积累的基础（众所周知，根据细胞生理学，细胞不会在体内或体外积累能量物质或代谢次级产物），工业发酵不断融合现代生物技术，另一方面，也促进了生物化学的不断进步。

 **知识链接**

发酵工业

发酵工业是一种以高科技为特征的新型工业，是生物产业中生物制造领域的重点支持方向之一。2010年10月10日，国务院发布《国务院关于加快培育和发展战略性新兴产业的决定》，将生物、新能源等七大产业列入战略性新兴产业，指出生物产业发展的重点方向是生物制造、生物农业等。而生物制造是利用生物细胞或酶的生物催化功能进行大规模物质加工与转化的先进生产方式，是基于现代生物技术发展的高技术产业，涉及发酵、医药、精细化工、纺织、食品等多个工业领域，是解决我国目前面临的资源短缺与环境污染等问题的重要途径。

发酵工业是以含淀粉（或糖类）的农副产品为原料，利用现代生物技术对农产品进行深加工、生产高附加值产品的产业，主要包括氨基酸、有机酸、淀粉糖、酶制剂、酵母、多元醇以及功能发酵制品等。"十一五"期间，发酵工业呈现快速发展势头，成为国民经济发展中增长最快、最具活力的产业之一。随着科技创新和技术进步、科技推广应用和产业化步伐的加快，发酵工业产品产量和质量稳步提高，节能减排取得初步成效，自主创新能力进一步提高，行业知名度及形象也进一步提升。

发酵工业的范围主要包括以下内容：

(1) 酿酒工业（啤酒、葡萄酒、白酒等）；
(2) 食品工业（酱、酱油、醋、腐乳、面包、酸乳等）；
(3) 有机溶剂发酵工业（酒精、丙酮、丁醇等）；
(4) 抗生素发酵工业（青霉素、链霉素、土霉素等）；
(5) 有机酸发酵工业（柠檬酸、葡萄糖酸等）；
(6) 酶制剂发酵工业（淀粉酶、蛋白酶等）；
(7) 氨基酸发酵工业（谷氨酸、赖氨酸等）；
(8) 核苷酸类物质发酵工业（肌苷酸、肌苷等）；
(9) 维生素发酵工业（维生素C、维生素B等）；
(10) 生理活性物质发酵工业（激素、赤霉素等）；
(11) 微生物菌体蛋白发酵工业（酵母、单细胞蛋白等）；

(12) 微生物环境净化工业（利用微生物处理废水、污水等）；

(13) 生物能工业（沼气、纤维素等天然原料发酵生产酒精、乙烯等能源物质）；

(14) 微生物冶金工业（利用微生物探矿、冶金、石油脱硫等）。

3. 生物化学课程的任务

生物化学课程的任务是使学生掌握蛋白质、酶、糖类、核酸等生物大分子的结构、性质及功能；生物大分子前体的生物合成；遗传信息的储存、传递及表达等基本理论知识。并且还要掌握生物化学分离、制备、分析、鉴定技术的基本实验原理及操作技能，为学生进一步学习专业课打下坚实的基础。

4. 生物化学的理论意义

生物化学对其他各门生物学科的深刻影响首先反映在与其关系比较密切的细胞学、微生物学、遗传学、生理学等领域。通过对生物高分子结构与功能的深入研究，揭示了生物体物质代谢、能量转换、遗传信息传递、光合作用、神经传导、肌肉收缩、激素作用、免疫和细胞间通讯等许多奥秘，使人们对生命本质的认识跃进到一个崭新的阶段。

生物学中一些看来与生物化学关系不大的学科，如分类学和生态学，甚至在探讨人口控制、世界食品供应、环境保护等社会性问题时都需要从生物化学的角度加以考虑和研究。

此外，生物化学作为生物学和物理学之间的桥梁，将生命世界中所提出的重大而复杂的问题展示在物理学面前，产生了生物物理学、量子生物化学等边缘学科，从而丰富了物理学的研究内容，促进了物理学和生物学的发展。

二、生物化学发展简史

生物化学这一名词的出现大约在19世纪末20世纪初，但它的起源可追溯的更远，其早期历史是生理学和化学早期历史的一部分。例如18世纪80年代，A. L. 拉瓦锡证明呼吸与燃烧一样是氧化作用，几乎同时，科学家又发现光合作用本质上是动物呼吸的逆过程。又如1828年F. 沃勒首次在实验室中合成了一种有机物——尿素，打破了有机物只能靠生物产生的观点，给"生机论"以重大打击。1860年L. 巴斯德证明发酵是由微生物引起的，但他认为必须有活的酵母才能引起发酵。1897年毕希纳兄弟发现酵母的无细胞抽提液可进行发酵，证明没有活细胞也可进行如发酵这样复杂的生命活动，终于推翻了"生机论"。

生物化学的发展大体可分为三个阶段。

第一阶段从19世纪末到20世纪30年代，主要是静态的描述性阶段，对生物体各种组成成分进行分离、纯化、结构测定、合成及理化性质的研究。其中E. 菲舍尔测定了很多糖和氨基酸的结构，确定了糖的构型，并指出蛋白质是肽键连接的。1926年J. B. 萨姆纳制得了脲酶结晶，并证明它是蛋白质。此后四、五年间 J. H. 诺思罗普等人连续结晶了几种水解蛋白质的酶，指出它们都无例外地是蛋白质，确立了酶是蛋白质这一概念。通过食物的分析和营养的研究发现了一系列维生素，并阐明了它们的结构。与此同时，人们又认识到另一类数量少而作用重大的物质——激素。它和维生素不同，不依赖外界供给，而由动物自身产生并在自身中发挥作用。肾上腺素、胰岛素及肾上腺皮质所含的甾体激素都在这一阶段发现。此外中国生物化学家吴宪在1931年提出了蛋白质变性的概念。

第二阶段在20世纪30～50年代，主要特点是研究生物体内物质的变化，即代谢途径，所以称动态生化阶段。其间突出成就是确定了糖酵解、三羧酸循环（也称克雷布斯循环）以及脂肪分解等重要的分解代谢途径。对呼吸、光合作用以及腺苷三磷酸（ATP）在能量转换中的关键位置有了较深入的认识。当然，生物化学这种阶段的划分是相对的。对生物合成途径的认识要晚得多，在20世纪50～60年代才阐明了氨基酸、嘌呤、嘧啶及脂肪酸等的生物合成途径。

第三阶段是从20世纪50年代开始，主要特点是研究生物大分子的结构与功能。生物化学在这一阶段的发展，以及物理学、技术科学、微生物学、遗传学、细胞学等其他学科的渗透，产生了分子生物学，并成为生物化学的主体。

蛋白质和核酸是两类主要的生物大分子。它们的化学结构与立体结构的研究在50年代都取得了重大进展。蛋白质方面，如 β-螺旋结构的提出，测定了胰岛素的化学结构以及肌红蛋白和血红蛋白的立体结构。核酸方面，DNA双螺旋模型的提出打开了生物遗传奥秘的大门。根据双螺旋结构，完满地解释了DNA的自我复制，在后来的发展中又阐明了转录与转译的机理，提出了中心法则并破译出遗传密码。

1973年重组DNA获得成功，从此开创了基因工程。自1977年以后，用这一技术先后成功地制造了生长激素释放抑制激素、胰岛素、干扰素、生长激素等。1982年用基因工程生产的人工胰岛素获得美国、英国、原联邦德国、瑞士等国政府批准出售而正式工业化。

在生物大分子的合成方面，1965年中国科学家首次合成了结晶牛胰岛素，合成的产物经受了严格的物理及化学性质和生物学活性的检验，证明与天然胰岛素具有相同的结构和生物活性。继美国科学家在1972年人工合成DNA以后，中国科学家又在1981年首先合成了具有天然生物活力的酵母丙氨酸tRNA。英美等国科学家在DNA序列分析及人工合成方面作出了重大贡献。DNA自动合成仪的问世，大大简化了人工合成基因的工作。

思考与讨论

1. 如何理解生物化学是关于生命的化学？
2. 生物化学对现代发酵工业的发展有什么意义？

第一章 氨基酸和蛋白质

学习目标

1. 掌握氨基酸的结构、分类和理化性质。
2. 掌握蛋白质的概念、化学组成和分类，熟悉蛋白质的生物学意义，了解蛋白质的分布。

引 言

氨基酸是什么？一直到19世纪末，人们经研究才发现，氨基酸是同时含有氨基和羧基的一类有机化合物的通称，是构成生物大分子蛋白质的基本组成单位。因此，氨基酸对于生物体来说具有重要的生理意义。氨基酸在自然界分布广泛，以单体或聚合等各种形式存在于水果、蔬菜、豆类、谷物、肉类等当中，常用含氮物质来表示。

蛋白质是生物大分子，结构复杂。但可以被酸、碱或蛋白酶催化水解。蛋白质分子的水解顺序为：蛋白质－多肽－寡肽－二肽－氨基酸。酸或碱能够将多肽完全水解，酶水解一般是部分水解，最常见的蛋白水解酶有以下几种：胰蛋白酶、糜蛋白酶、胃蛋白酶、嗜热菌蛋白酶。完全水解则得到各种氨基酸的混合物，部分水解通常得到多肽片段，最后得到各种氨基酸的混合物，这说明氨基酸是组成蛋白质的基本结构单位。

第一节 氨 基 酸

一、氨基酸的结构和分类

（一）氨基酸的结构

从各种生物体中发现的氨基酸已有180多种，但是参与蛋白质组成的常见氨基酸只有20种，这20种氨基酸被称为基本氨基酸。蛋白质氨基酸除脯氨酸（脯氨酸为 α - 亚氨基酸）外，其余的氨基都连接在与羧基相邻的 α - 碳原子上，属于 α - 氨基酸，它们的结构可以用下面的通式表示：

$$\begin{array}{c} H \\ | \\ R\!-\!C\!-\!COOH \\ | \\ NH_2 \end{array}$$

其中，R 代表侧链基团，不同的氨基酸，R 基团不同。从通式中看到，除了

R 是氢原子（即甘氨酸）外，其余所有氨基酸上的 α-碳原子都是不对称碳原子，也称手性碳原子，含有手性碳原子的物质，就是手性物质。氨基酸的空间构象如下：

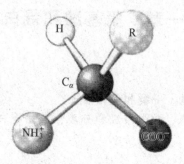

即 α-碳原子上连着四个不同的基团或原子（—R、—NH₂、—COOH、—H）。因此，氨基酸有 D-型和 L-型两种异构体。

氨基酸的 D-型和 L-型是以 L-甘油醛为参考确定的。书写时，将 —COOH 写在上方，—NH₂ 在左边的为 L-型，—NH₂ 在右边的为 D-型。

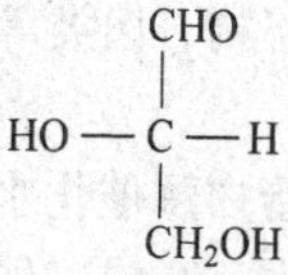

$$\begin{array}{c} \text{CHO} \\ | \\ \text{HO}-\text{C}-\text{H} \\ | \\ \text{CH}_2\text{OH} \end{array} \qquad \begin{array}{c} \text{COOH} \\ | \\ \text{H}_2\text{N}-\text{C}-\text{H} \\ | \\ \text{R} \end{array} \qquad \begin{array}{c} \text{COOH} \\ | \\ \text{H}-\text{C}-\text{NH}_2 \\ | \\ \text{R} \end{array}$$

L-甘油醛 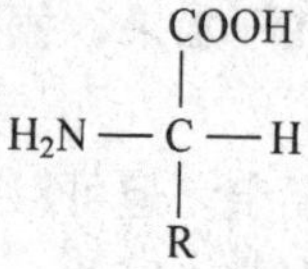　　　　　L-氨基酸 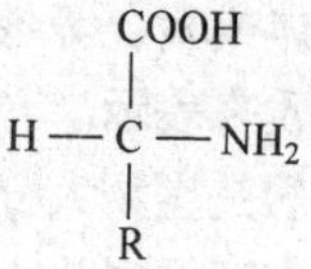　　　　　D-氨基酸

天然蛋白质中的氨基酸都是 L-型。

由于氨基酸含有不对称碳原子，因此表现出旋光性。使偏振光左旋的用（-）表示，右旋的用（+）表示。

综上所述，组成蛋白质的氨基酸具有共同的结构特点如下：

（1）它们都是 α-氨基酸。
（2）它们都是 L-型氨基酸。
（3）天然氨基酸中除甘氨酸外都有旋光性。

知识链接

旋光性又称"光活性"。物质的旋光性最早由 19 世纪的巴斯德发现。他发现酒石酸的结晶有两种相对的结晶型，成溶液时会使光向相反的方向旋转，因而定出分子有左旋与右旋的不同结构。当普通光通过一个偏振的透镜或尼科尔棱镜时，一部分光就被挡住了，只有振动方向与棱镜晶轴平行的光才能通过。这种只在一个平面上振动的光称为平面偏振光，简称偏振光。偏振光的振动面化学上习惯称为偏振面。当平面偏振光通过手性化合物溶液后，偏振面的方向就被旋转了一个角度。这种能使偏振面旋转的性能称为旋光性。手性物质都具有旋光性。

(二) 氨基酸的分类

各种氨基酸的区别在于侧链 R 基的不同。

1. 按照氨基酸侧链 R 基的化学结构分类

可分为脂肪族氨基酸、芳香族氨基酸和杂环氨基酸三类。

(1) 脂肪族氨基酸

①中性氨基酸（图 1-1）：侧链只是烃链的氨基酸有甘氨酸，丙氨酸，缬氨酸，亮氨酸，异亮氨酸。后三种带有支链，人体不能合成，是必需氨基酸。

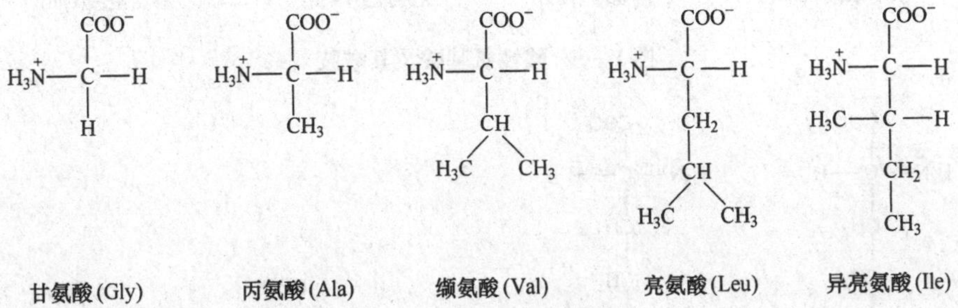

甘氨酸(Gly)　　丙氨酸(Ala)　　缬氨酸(Val)　　亮氨酸(Leu)　　异亮氨酸(Ile)

图 1-1　中性脂肪族氨基酸

②含羟基或硫氨基氨基酸（图 1-2）：侧链含有羟基或硫氨基的氨基酸包括丝氨酸，苏氨酸，半胱氨酸和甲硫氨酸。许多蛋白酶的活性中心含有丝氨酸，它还在蛋白质与糖类及磷酸的结合中起重要作用。

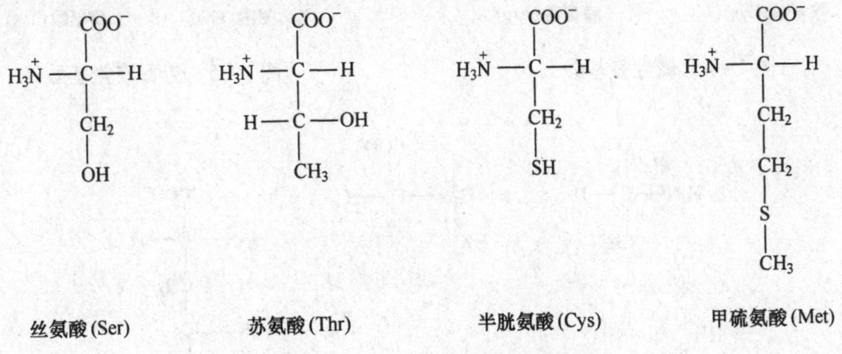

丝氨酸(Ser)　　苏氨酸(Thr)　　半胱氨酸(Cys)　　甲硫氨酸(Met)

图 1-2　含羟基或硫氨基氨基酸

③酸性氨基酸及其酰胺（图 1-3）：侧链含有羧基或酰胺基的氨基酸有天冬氨酸、谷氨酸、天冬酰胺、谷氨酰胺。

④碱性氨基酸（图 1-4）：侧链显碱性的氨基酸有精氨酸、赖氨酸。

(2) 芳香族氨基酸（图 1-5）　芳香族氨基酸包括苯丙氨酸和酪氨酸两种，其中酪氨酸是合成甲状腺素的原料。

(3) 杂环氨基酸（图 1-6）　杂环氨基酸包括脯氨酸、组氨酸和色氨酸三种。

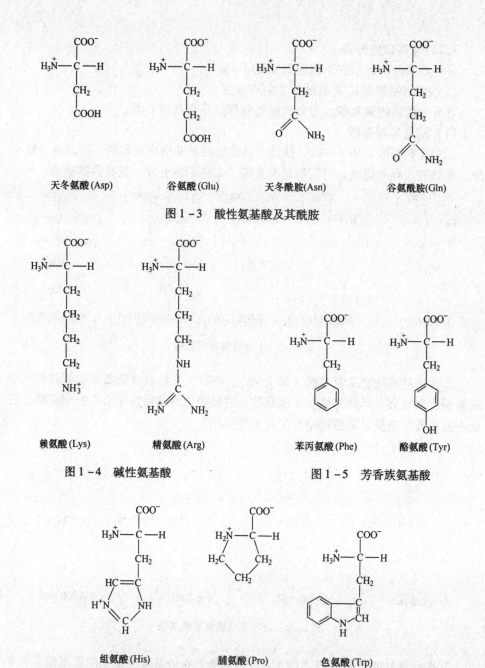

图1-3 酸性氨基酸及其酰胺

图1-4 碱性氨基酸　　　　　　图1-5 芳香族氨基酸

图1-6 杂环氨基酸

2. 按照氨基酸R基的极性性质分类

（1）非极性R基氨基酸　这一组共有8种氨基酸。四种带有脂肪烃侧链的氨基酸，即丙氨酸、缬氨酸、亮氨酸、异亮氨酸；两种含芳香环氨基酸，即苯丙氨酸、色氨酸；一种含硫氨基酸甲硫氨酸；一种亚氨基氨基酸脯氨酸。

（2）极性不带电荷的 R 基氨基酸　这一组含有 7 种氨基酸。这组氨基酸比非极性氨基酸易溶于水。它们的侧链中含有不解离的极性基，能与水形成氢键。如丝氨酸、苏氨酸、酪氨酸中含有的羟基；天冬酰胺、谷氨酰胺中含有的酰胺基；半胱氨酸中含有的巯基；甘氨酸的侧链只是一个氢原子，介于极性和非极性之间。

（3）带正电荷的 R 基氨基酸　这是一类碱性氨基酸。在 pH 7 时，携带净正电荷。属于碱性氨基酸的有精氨酸、赖氨酸、组氨酸。

（4）带负电荷的 R 基氨基酸　这是一类酸性氨基酸。包括天冬氨酸、谷氨酸两种。这两种氨基酸都有两个羧基。

生物化学中，氨基酸的名称一般用三个字母的缩写符号表示。组成蛋白质的 20 种氨基酸的名称、结构及三字母符号见表 1-1。

表 1-1　　组成蛋白质的 20 种氨基酸的名称、三字母符号及结构

	名称	三字母符号	结构式
非极性 R 基氨基酸	丙氨酸	Ala	
	缬氨酸	Val	
	亮氨酸	Leu	
	异亮氨酸	Ile	
	脯氨酸	Pro	
	苯丙氨酸	Phe	

续表

	名称	三字母符号	结构式
非极性R基氨基酸	色氨酸	Trp	![indole]-CH$_2$-CH(NH$_3^+$)-COO$^-$
	甲硫氨酸	Met	CH$_3$-S-CH$_2$-CH$_2$-CH(NH$_3^+$)-COO$^-$
不带电荷的极性R基氨基酸	甘氨酸	Gly	H-CH(NH$_3^+$)-COO$^-$
	丝氨酸	Ser	HO-CH$_2$-CH(NH$_3^+$)-COO$^-$
	苏氨酸	Thr	CH$_3$-CH(OH)-CH(NH$_3^+$)-COO$^-$
	半胱氨酸	Cys	HS-CH$_2$-CH(NH$_3^+$)-COO$^-$
	酪氨酸	Tyr	HO-C$_6$H$_4$-CH$_2$-CH(NH$_3^+$)-COO$^-$
	天冬酰胺	Asn	H$_2$N-CO-CH$_2$-CH(NH$_3^+$)-COO$^-$
	谷氨酰胺	Gln	H$_2$N-CO-CH$_2$-CH$_2$-CH(NH$_3^+$)-COO$^-$

续表

	名称	三字母符号	结构式
R基带正电荷的氨基酸	赖氨酸	Lys	$H_3^+N-CH_2-CH_2-CH_2-CH_2-\overset{H}{\underset{\underset{+}{NH_3}}{C}}-COO^-$
	精氨酸	Arg	$H_2N-\underset{\underset{+}{NH_2}}{C}-NH-CH_2-CH_2-CH_2-\overset{H}{\underset{\underset{+}{NH_3}}{C}}-COO^-$
	组氨酸	His	(咪唑环)$-CH_2-\overset{H}{\underset{\underset{+}{NH_3}}{C}}-COO^-$
R基带负电荷的氨基酸	天冬氨酸	Asp	$^-OOC-CH_2-\overset{H}{\underset{\underset{+}{NH_3}}{C}}-COO^-$
	谷氨酸	Glu	$^-OOC-CH_2-CH_2-\overset{H}{\underset{\underset{+}{NH_3}}{C}}-COO^-$

二、氨基酸的理化性质

（一）一般物理性质

α-氨基酸为无色晶体，熔点一般在 200℃ 以上。各种氨基酸在水中的溶解度差别很大，除胱氨酸和酪氨酸外，都溶于水。一般溶解于稀酸或稀碱，但不能溶解于有机溶剂，通常酒精能使氨基酸从其溶液中沉淀析出。

（二）氨基酸的主要理化性质

1. 两性解离和等电点（pI）

氨基酸含有氨基和羧基两种基团，在水溶液或晶体状态时以两性离子的形式存在，带有正负电荷，具有两性电解质，其解离度与溶液的 pH 有关。

在某一 pH 的溶液中，氨基酸解离成阳离子和阴离子的趋势和程度相等，成为兼性离子，呈电中性，此时溶液的 pH 称为该氨基酸的等电点。在等电点时，氨基酸的溶解度最小，容易沉淀。利用这一特性，可以分离制备氨基酸。例如，谷氨酸的等电点是 pH 3.22，往含有谷氨酸溶液中加入盐酸，调节 pH 4 时，即有谷氨酸结晶析出，越接近 pH 3.22 时，谷氨酸析出越完全。各种氨基酸都有自己的等电点。一般含有单个氨基和单个羧基的氨基酸的等电点 pI 是由 α-羧基和 α-氨基的解离常数的负对数 pK_1 和 pK_2 决定的。计算公式为：pI = 1/2（pK_1 + pK_2）。各种氨基酸都有自己特定的等电点，见表 1-2。

表 1-2　　　　各种氨基酸在 25℃时 pK 和 pI 的近似值

氨基酸名称	pK_1（α—COOH）	pK_2	pK_2	pI
甘氨酸	2.34	9.60	—	5.97
丙氨酸	2.34	9.69	—	6.02
缬氨酸	2.32	9.62	—	5.97
亮氨酸	2.36	9.60	—	5.98
异亮氨酸	2.36	9.68	—	6.02
丝氨酸	2.21	9.15	—	5.68
苏氨酸	2.63	10.43	—	6.53
半胱氨酸	1.71	8.33（—NH$_3^+$）	10.78（—SH）	5.02
胱氨酸	1.00	1.70（—COOH）	7.48 和 9.02	4.60
甲硫氨酸	2.28	9.21	—	5.75
天冬氨酸	2.09	3.86（—COOH）	9.82（—NH$_3^+$）	2.97
谷氨酸	2.19	4.25（—COOH）	9.67（—NH$_3^+$）	3.22
天冬酰胺	2.02	8.80	—	5.41
谷氨酰胺	2.17	9.13	—	5.65
赖氨酸	2.18	8.95（α—NH$_3^+$）	10.53（ε—NH$_3^+$）	9.74
精氨酸	2.17	9.04（—NH$_3^+$）	12.48（胍基）	10.76
苯丙氨酸	1.83	9.13	—	5.48
酪氨酸	2.20	9.11（—NH$_3^+$）	10.07（—OH）	5.66
色氨酸	2.38	9.39	—	5.89
组氨酸	1.82	6.00（咪唑基）	9.17（—NH$_3^+$）	7.59
脯氨酸	1.99	10.60	—	6.30
羟脯氨酸	1.92	9.37	—	5.83

2. 氨基酸的紫外吸收性质

芳香族氨基酸（Tyr、Trp、Phe）有共轭双键，在近紫外区有光吸收能力，Tyr、Trp 的吸收峰在 280nm，Phe 在 265nm。由于大多数蛋白质含 Tyr、Trp 残基，所以测定蛋白质溶液 280nm 的光吸收值，是分析溶液中蛋白质含量的快速简便的方法。

3. 氨基酸的光学性质

除甘氨酸外，其他 19 种氨基酸都含有手性碳原子，具有旋光性。

4. 氨基酸的化学性质

氨基酸的化学反应主要指氨基酸分子中 α-氨基，α-羧基及 R 基团所参与的反应。

(1) α-氨基参加的反应

①与亚硝酸的反应：除亚氨基酸外，α-氨基酸均可以与亚硝酸反应放出氮气。测定氮气的体积可以计算氨基酸的含量，这是测定氨基氮的基础，只是生成的氮气只有一半来自氨基酸。

②茚三酮反应：含有 α-氨基的氨基酸与过量茚三酮共热形成蓝紫色化合物（脯氨酸和羟脯氨酸与茚三酮反应产生黄色物质）。用分光光度法可定量测定微量的氨基酸。蓝紫色化合物的最大吸收峰在 570nm 波长处，黄色在 440nm 波长下测定。吸收峰值的大小与氨基酸释放的氨量成正比。

③烃基化反应：氨基酸氨基的一个 H 原子可被烃基取代，如氨基酸与 2,4-二硝基氟苯（DNFB）可以发生反应。在弱碱性溶液中，氨基酸的 α-氨基很容易与 DNFB 作用生成稳定的黄色 2,4-二硝基苯氨基酸（DNP-氨基酸）。这一反应在蛋白质化学的研究史上起过重要作用，首先被英国的 Sanger 等人用来测定多肽、蛋白质的 N 末端氨基酸。

$$O_2N-\underset{NO_2}{\underset{|}{C_6H_3}}-F \;+\; H_2N-\underset{R}{\underset{|}{CH}}-COOH \xrightarrow{\text{在弱碱中}}$$

DNFB

$$O_2N-\underset{NO_2}{\underset{|}{C_6H_3}}-\underset{H}{\underset{|}{N}}-\underset{R}{\underset{|}{CH}}-COOH \;+\; F^-$$

DNP-氨基酸(黄色)

另一个重要的烃基化反应是氨基酸与苯异硫氰酸苯酯（PITC）可以发生反应。在弱碱性条件下蛋白质多肽链 N 端 α-氨基与苯异硫氰酸苯酯（PITC）生成相应的苯氨基硫甲酰肽（PTC-氨基酸）。后者在硝基甲烷中与酸作用发生环化，生成相对应的苯乙内酰硫脲的衍生物（PTH-氨基酸）。这个反应首先被 Edman 用于鉴定多肽或蛋白质的 N 端氨基酸。它在多肽和蛋白质的氨基酸顺序自动分析方面占有重要地位。

$$C_6H_5-N=C=S \;+\; H_2N-\underset{R}{\underset{|}{CH}}-COOH \xrightarrow{\text{在弱碱中}}$$

苯异硫氰酸苯酯

$$\text{苯氨基硫甲酰肽 (PTC-氨基酸)} \xrightarrow[(CH_3NO_2)]{H^+} \text{苯乙内酰硫脲衍生物 (PTH-氨基酸)}$$

④与醛类化合物反应：氨基酸的氨基可与醛类化合物反应生成弱碱，即席夫碱。

$$\underset{H}{\underset{|}{\overset{R'}{\overset{|}{C}}}}=O \;+\; H_2N-\underset{R}{\underset{|}{CH}}-COOH \xrightleftharpoons[+H_2O]{-H_2O} \underset{R}{\underset{|}{\overset{R'}{\overset{|}{C}}}}=N-\underset{R}{\underset{|}{CH}}-COOH$$

醛　　　　氨基酸　　　　　　　　　席夫碱

⑤丹磺酰氯反应：丹磺酰氯（DNS）能专一地与肽链 N 端 α-氨基酸的氨基反应生成具有强荧光的稳定磺胺衍生物，常用于多肽链 N 端氨基酸的鉴定。

（2）α-羧基参加的反应　氨基酸的 α-羧基和其他有机酸的羧基一样，在一定条件下可以发生成盐、成酯及脱羧等反应。

①成盐、成酯反应：氨基酸与碱反应也可以生成盐，如氨基酸与氢氧化钠反应得到氨基酸钠盐。氨基酸的羧基与醇发生反应生成相应的酯。

②脱羧基反应：氨基酸经过特定的氨基酸脱羧酶作用，放出二氧化碳并生成相对应的一级胺。如采用华勃氏气体分析仪可以从测压计的压力变化来计算氨基酸的含量。

$$R-\underset{\underset{NH_2}{|}}{CH}-COOH \xrightarrow{脱羧酶} R-CH_2-NH_2 + CO_2$$

（3）α-氨基和α-羧基共同参加的反应

①与茚三酮反应：含有α-氨基的氨基酸与过量茚三酮共热形成蓝紫色化合物（脯氨酸和羟脯氨酸与茚三酮反应产生黄色物质）。用分光光度法可定量测定微量的氨基酸。蓝紫色化合物的最大吸收峰在570nm波长处，黄色在440nm波长下测定。吸收峰值的大小与氨基酸释放的氨量成正比。

②成肽反应：一个氨基酸的氨基与另一个氨基酸的羧基可以缩合成肽，形成的键就是肽键。

三、氨基酸的分离制备和分析鉴定

通过生物化学的方法生产的氨基酸，往往存在纯度不高、色泽不好等问题。可以通过调节合适的酸碱度，选用不同的溶剂和萃取剂让不同的氨基酸以晶体形式析出，大大提高了纯度。

对于氨基酸的分离、测定，无论是在氨基酸的生产和利用，还是在蛋白质的研究方面都具有重要的意义。因为要了解蛋白质的化学结构，首先要知道它的氨基酸组成。经过适当处理的蛋白质分解后，首先遇到的问题就是要测定该蛋白质含有什么氨基酸，以及这些氨基酸的含量。在生产上要鉴定某种氨基酸制剂的纯度和产量，也会遇到分离和测定氨基酸的方法问题。用来作氨基酸分离和测定的方法较多，常用的有层析法。

层析法是利用被分离样品混合物中各组分的化学性质的差别，使各组分以不同程度分布在两个"相"中。这两个相中的一个被固定在一定的支持介质上，称为固定相；另一个是移动的，称为移动相。当移动相流过固定相时，在流动过程中由于各组分在两相中分配情况不同，或电荷分布不同，或离子亲和力不同等，而以不同速度前进，从而达到分离的目的。

根据层析法的原理与方式的不同，层析法有分配层析、吸附层析、离子交换层析、分子筛层析以及亲和层析等不同类别。

1. 滤纸层析

滤纸层析是一种分配层析。当一种溶质（例如氨基酸）在两种不互溶或几乎不互溶的溶剂中分配时，在一定温度下达到平衡后，它在两相中的浓度比值与在这两种溶剂中的溶解度比值相等，称为分配定律。这个比值是一个常数，称为分配系数。

滤纸层析是以滤纸为支持物，以滤纸纤维所吸附的水为固定相，以水饱和的有机溶剂为移动相。将氨基酸的混合样品点于滤纸上，当有机相经过样品时，混合物中的各种氨基酸就在有机溶剂和水中分配。

2. 薄层层析

薄层层析是一种快速而微量的层析方法。这是一种将固体支持剂涂布在玻璃板或塑料板上，对物质进行层析的方法。根据所用支持剂及分离原理不同，薄层层析又有多种不同类型。如有吸附薄层层析、分配薄层层析、离子交换薄层层析、凝胶过滤薄层层析等。

思考与讨论

根据我们学习的氨基酸的性质，请同学们讨论一下，有哪些方法可以来测定氨基酸的含量？

小 结

蛋白质是由氨基酸通过肽键缩合连接形成的具有一定空间结构的有生理活性的大分子。氨基酸是组成蛋白质的基本结构单位。常见氨基酸只有20种。各种氨基酸的区别在于侧链R基的不同，按照氨基酸的侧链R基的化学结构，可分为脂肪族氨基酸、芳香族氨基酸和杂环氨基酸三类。

α-氨基酸为无色晶体，熔点一般在200℃以上。能溶解于稀酸或稀碱，但不能溶解于有机溶剂。氨基酸含有氨基和羧基两种基团，在水溶液或晶体状态时以两性离子的形式存在，带有正负电荷，具有两性电解质。芳香族氨基酸（Tyr、Trp、Phe）有共轭双键，在近紫外区有光吸收能力，所以测定蛋白质溶液280nm的光吸收值，是分析溶液中蛋白质含量的快速简便的方法。除甘氨酸外，其他19种氨基酸都含有手性碳原子，具有旋光性。氨基酸的化学反应主要指氨基酸分子中α-氨基，α-羧基及R基团所参与的反应。

通过生物化学的方法生产的氨基酸，往往存在纯度不高，色泽不好等问题。可以通过调节合适的酸碱度，选用不同的溶剂和萃取剂让不同的氨基酸以晶体形式析出，大大提高了纯度。

对于氨基酸的分离、测定，无论是在氨基酸的生产和利用，还是在蛋白质的研究方面都具有重要的意义。因为要了解蛋白质的化学结构，首先要知道它的氨基酸组成。用来作氨基酸分离和测定的方法较多，常用的有层析法。

第二节 蛋 白 质

蛋白质是生物体最重要的组成成分之一，是生命的组成基础。没有蛋白质的存在，就没有生物体的存在，也就不会有生命体的活动；生物体的生命特征正是通过蛋白质才表现出来的，所以生物界才如此形形色色，丰富多彩。生命的产生、存在和消亡，无一不与蛋白质有关，正如恩格斯所说："蛋白质是生命的物质基础，生命是蛋白质存在的一种形式。"如果人体内缺少蛋白质，轻者体质下降，发育迟缓，贫血乏力，重者能形成水肿，甚至危及生命。所以可以说，如果失去了蛋白质，生命也就不复存在。

一、蛋白质的概念

既然蛋白质如此重要，到底什么是蛋白质呢？18世纪，安东尼奥·弗朗索瓦（Antoine Fourcroy）和其他一些研究者发现用酸处理蛋清和血液时能够使其凝结或者絮凝，从而引起了人们的兴趣。而"蛋白质"这一名称最早是由瑞典化学家永斯·贝采利乌斯（Jöns Jakob Berzelius）于1838年提出。现代一般认为蛋白质的定义：蛋白质是由氨基酸通过肽键缩合连接形成的具有一定空间结构的有生理活性的大分子。

二、蛋白质的化学组成

根据不同的结晶纯品蛋白质的元素分析，结果表明，蛋白质的元素组成含有碳、氢、氧、氮和少量的硫。有些蛋白质还含有其他一些元素，主要是磷、铜、铁、锰、碘、锌、镁、钙和钼等。蛋白质中各元素的组成百分比见表1-3。

表1-3　　　　　　　蛋白质中各元素的组成百分比

碳	氢	氧	氮	硫	其他
50%	7%	23%	16%	0~3%	微量

蛋白质的元素组成特点是各种蛋白质中氮的含量一般都在15%~17%，平均含氮量为16%。取其倒数100/16=6.25，即蛋白质换算系数。说明样品中每存在1g元素氮，就有6.25g蛋白质，这也是凯氏定氮法测定蛋白质含量的计算基础。

三、蛋白质的分类

蛋白质的种类很多，生物体的结构和功能越复杂，含有的蛋白质的种类就越多。有些蛋白质完全由氨基酸构成，称为简单蛋白质，如核糖核酸酶、胰岛素等。有些蛋白质除了蛋白质部分外，还有非蛋白质成分，称辅基或配基，这类蛋白质称为结合蛋白质。简单蛋白质可以根据其物理化学性质如在水、盐、酸、碱、醇中的溶解度分为：清蛋白、球蛋白、谷蛋白、醇溶谷蛋白等。结合蛋白质可以按其不同的辅基，如核酸、脂质、糖、血红素等，分为核蛋白、脂蛋白、糖蛋白、血红蛋白等。蛋白质按其分子外形的对称程度可分为球状和纤维状蛋白质两大类。球状蛋白质，分子对称性佳，外形接近球状或椭球状、溶解度较好，能结晶，大多数蛋白质属于这一类。纤维状蛋白质，对称性差，分子类似细棒或纤维。也有按照蛋白质的生物功能进行分类，把蛋白质分为酶、运输蛋白质、营养和贮存蛋白质、收缩蛋白质或运动蛋白质、结构蛋白质和防御蛋白质等。

四、蛋白质的分布和生物学意义

蛋白质种类繁多，分布广泛，存在于一切生物体中，从低等的微生物到高等的动植物，甚至包括病毒，都含有蛋白质。

蛋白质不仅是组成生物体的重要组成成分，还承担着各种各样的任务，在生物体的生命活动中起着重要的作用，蛋白质在生物体内的功能简述如下：

1. 作为生命体新陈代谢的催化剂——酶

这是最重要的生物学功能，几乎所有的酶都是蛋白质。生物体内的各种化学反应几乎都是在相应酶的参与下进行的。例如，淀粉酶催化淀粉的水解；脲酶催化尿素分解为二氧化碳和氨等。

2. 作为有机体的结构成分

在高等动物里，胶原纤维是主要的细胞外结构蛋白，参与结缔组织和骨骼作为身体的支架。细胞里的片层结构，如细胞膜、线粒体、叶绿体和内质网等都是由不溶性蛋白质与脂质组成的。

3. 贮藏氨基酸，用作有机体及其胚胎或幼体生长发育的原料

这类蛋白质有蛋类中的卵清蛋白、乳中的酪蛋白、小麦种子中的麦醇溶蛋白等。

4. 运输功能

脊椎动物红细胞里的血红蛋白和无脊椎动物中的血蓝蛋白在呼吸过程中起着输送氧气的作用。血液中的脂蛋白随着血流输送脂质。生物氧化过程中某些色素蛋白如细胞色素 C 等起电子传递体的作用等。

5. 运动功能

肌肉的收缩是通过两种蛋白微丝（肌动蛋白的细丝和肌球蛋白的粗丝）的滑动来完成的。此外，有丝分裂中染色体的运动以及精子鞭毛的运动等，也是由蛋白质组成的微管的运动产生的。

6. 激素功能

对生物体内的新陈代谢起调节作用。例如胰脏兰氏小岛细胞分泌的胰岛素参与血糖的代谢调节，能降低血液中葡萄糖的含量。

7. 防御功能

高等动物的免疫反应主要也是通过蛋白质来实现的。这类蛋白质称为抗体或免疫球蛋白。抗体是在外来的蛋白质或其他的高分子化合物即所谓抗原的影响下产生的，并能与相应的抗原结合而排除外来物质对有机体的干扰。

此外还有接受和传递信息受体也是蛋白质，例如接受各种激素的受体蛋白，接受外界刺激的感觉蛋白（如视网膜上的视色素），味蕾上的味觉蛋白都属于这一类。蛋白质还能调节或控制细胞的生长、分化和遗传信息的表达，组蛋白、阻遏蛋白就属于这类蛋白质。

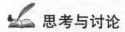

思考与讨论

小明最喜欢的早餐是牛奶和鸡蛋，妈妈说这些食物富含蛋白质，有营养。可是，老师却说他的早餐不合理。小明很疑惑，同学们，你们知道为什么老师说小明的早餐不合理吗？

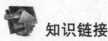

知识链接

"空壳奶粉"事件

自2003年5月以来，安徽阜阳171名原本健康的婴儿在喂养期间食用了劣质奶粉，导致身体瘦弱、四肢短小、头部肿大，其中死亡13人。该恶劣事件经央视《每周质量报告》曝光后，引起政府高度重视。国务院总理温家宝作出批示，要求国家食品药品监督管理局对这一事件进行调查。经调查发现这些奶粉中的蛋白质含量只有0.27%、0.29%、0.42%，远远低于其包装袋上所标示的我国现行的产品质量标准，0～6个月的婴儿奶粉蛋白质含量应为12%～18%，因此，这些奶粉被人们称为"空壳奶粉"。不法商贩承认这些"空壳奶粉"是用80%麦芽糊精和20%的奶粉简单勾兑而成；并且由于生产条件差，导致奶粉中重金属含量超标。

五、蛋白质的结构

（一）蛋白质的一级结构

蛋白质是由氨基酸构成的。不同的蛋白质中氨基酸的组成、排列顺序和分子的立体结构都不同。氨基酸之间通过肽键连接而成，肽键就是一个氨基酸的羧基与另一个氨基酸的氨基缩合失去一分子水，形成的酰胺键，形成的化合物被称为肽。由两个氨基酸缩合而成的化合物称为二肽，由三个氨基酸缩合而成的化合物称为三肽，多个氨基酸缩合的化合物称为多肽。

书写多肽时，通常将含$\alpha-NH_2$的氨基酸一端写到左边，把含有$\alpha-COOH$的氨基酸一端写到右边。

蛋白质的一级结构是指蛋白质分子中氨基酸的排列顺序。每种蛋白质都有特定的一级结构，它决定着蛋白质的种类和空间结构。蛋白质的空间结构决定着蛋白质的性质和功能，而一级结构正是蛋白质空间结构的基础，因此，蛋白质的一级结构和蛋白质的空间结构之间有着紧密的联系。

（二）蛋白质的二级结构

蛋白质的高级结构包括二级结构、三级结构和四级结构。但不同的蛋白质并不都具有全部四级结构。如纤维状蛋白质只有一、二级结构；球状蛋白质具有一、二、三级结构。蛋白质的二级结构是指蛋白质分子中多肽通过盘绕、折叠所形成的特定的空间形式。

1. α-螺旋

α-螺旋是Pauling等人在研究羊毛、马鬃、鸟毛等的α-角蛋白时提出来的概念。他们对这些蛋白进行了X线衍射分析，从衍射图中看到有0.5～0.55nm的重复单位，因此，猜测蛋白质分子中有重复性结构，见图1-7。

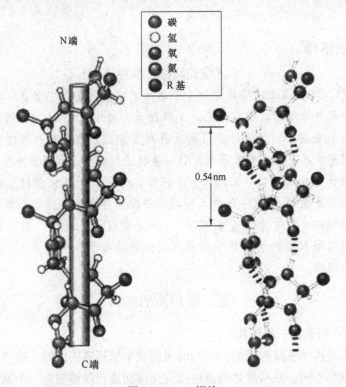

图1-7 α-螺旋

α-螺旋的结构特点如下：

①多个肽键平面通过α-碳原子旋转，相互之间紧密盘曲成稳固的右手螺旋。

②多肽链主链呈螺旋上升，每3.6个氨基酸残基上升一圈，相当于向上平移0.54nm，螺旋上升时，每个残基绕轴旋转100°。

③相邻两圈螺旋之间借肽键中C=O和H桥形成许多链内氢键，即每一个氨基酸残基中的NH和前面相隔三个残基的C=O之间形成氢键，这是稳定α-螺旋的主要键。

④肽链中氨基酸侧链 R 伸向螺旋外侧，相邻的螺圈之间形成链内氢键，氢键是由肽键中电负性很强的氮原子上的氢和它后面的第四个氨基酸残基上的羰基氧原子之间形成的共价键。所形成的氢键的方向几乎与中心轴平行。

侧链 R 的形状、大小及电荷都能影响 α-螺旋的形成。酸性或碱性氨基酸集中的区域，由于同电荷相斥，不利于 α-螺旋形成；较大的 R（如苯丙氨酸、色氨酸、异亮氨酸）集中的区域，也影响 α-螺旋形成；脯氨酸的 α-碳原子位于五元环上，不易扭转，加之它是亚氨基酸，不易形成氢键，也不易形成 α-螺旋；甘氨酸的 R 基为 H，空间占位很小，也会影响该螺旋的稳定性。大部分 α-螺旋的构象都是相当稳定的。

⑤α-螺旋都有左手螺旋和右手螺旋，天然蛋白质的 α-螺旋大都是右手螺旋。即肽链围绕着螺旋轴向右旋转。

2. β-折叠

Astbury 等人曾对 β-角蛋白进行 X 线衍射分析，发现具有 0.7nm 的重复单位。如将毛发 α-角蛋白在湿热条件下拉伸，可拉长到原长两倍，这种 α-螺旋的 X 线衍射图可改变为与 β-角蛋白类似的衍射图。说明 β-角蛋白中的结构和 α-螺旋拉长伸展后结构相似。两段以上的这种折叠成锯齿状的肽链，通过氢键相连而平行成片层状的结构称为 β-折叠，如图 1-8，图 1-9 所示。β-折叠结构特点是：

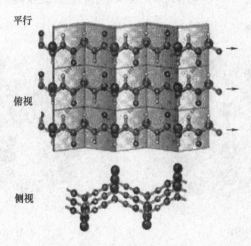

图 1-8 平行 β-折叠

①β-折叠是肽链相当伸展的结构，肽链平面之间折叠成锯齿状，相邻肽键平面间呈 110°角。氨基酸残基的 R 侧链伸出在锯齿的上方或下方。

②依靠两条肽链或一条肽链内的两段肽链间的 C═O 与 HN 形成氢键，使构象稳定。

③两段肽链可以是平行的，也可以是反平行的。即前者两条链从"N 端"

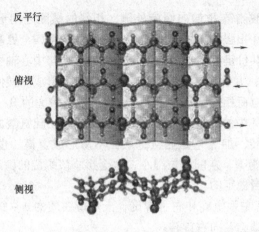

图1-9 反平行β-折叠

到"C端"是同方向的，后者是反方向的，正、反平行能相互交替。

④平行的β-折叠结构中，两个残基的间距为0.65nm；反平行的β-折叠结构，则间距为0.7nm。

蛋白质的二级结构还有β-转角和无规则卷曲。β-转角就是蛋白质分子中肽链经常会出现180°的回折，在这种回折角处的构象就是β-转角。β-转角中，第一个氨基酸残基的C=O与第四个残基的N桯形成氢键，从而使结构稳定，如图1-10所示。

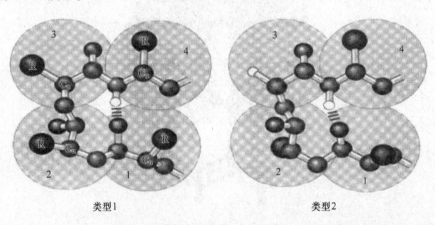

图1-10 β-转角

无规则卷曲是指肽链没有确定规律性构象，肽链中肽键平面不规则排列。

3. 超二级结构和结构域

超二级结构是指在多肽链内顺序上相互邻近的二级结构常常在空间折叠中靠近，彼此相互作用，形成规则的二级结构聚集体。目前发现的超二级结构有三种基本形式：α螺旋组合（αα）；β折叠组合（βββ）和α螺旋β折叠组合（βαβ），

24

其中以 $\beta\alpha\beta$ 组合最为常见。它们可直接作为三级结构的"建筑块"或结构域的组成单位，是蛋白质构象中二级结构与三级结构之间的一个层次，故称超二级结构。

（三）蛋白质的三级结构

不含亚基的球状蛋白质分子具有一、二、三级结构。其肽链在形成二级结构后，又在三维空间中沿多个方向，进一步进行卷曲、折叠、盘绕形成紧密的近似球形的结构。这种在二级结构的基础上，肽链进行再折叠的构象，称为蛋白质的三级结构。鸡卵清溶菌酶的三级结构由 α-螺旋、β-折叠、β-转角和无规则卷曲组成，三级结构见图 1-11。

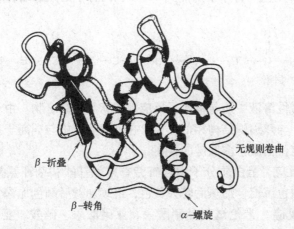

图 1-11 鸡卵清溶菌酶的三级结构

（四）蛋白质的四级结构

蛋白质的四级结构就是指蛋白质分子中的各个亚基在天然构象中空间上的排列形式。所谓亚基即是蛋白质分子中的各个肽链都有自己的一、二、三级结构，这些肽链间没有共价键连接，而是通过分子表面的一些次级键联系。次级键是除共价键、离子键和金属键以外，其他各种化学键的总称，主要指分子间和分子内基团间的相互作用。含有亚基的蛋白质也称寡聚蛋白质，最简单的寡聚蛋白质是血红蛋白。血红蛋白分子中

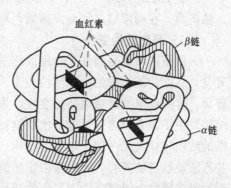

图 1-12 血红蛋白的四级结构

有四条肽链，各自都卷曲折叠成三级结构，然后又通过次级键联系在一起，最终形成蛋白质的四级结构，血红蛋白的结构见图 1-12。

六、蛋白质的性质

蛋白质是由多种氨基酸构成的。所以蛋白质的性质在一定程度上与氨基酸相似,但由于蛋白质还有空间结构,并且相对分子量大,还有一些能够表现自己特性的特有性质。

(一) 蛋白质的显色反应

蛋白质分子能与某些试剂发生特有的颜色反应,可以作为鉴定蛋白质的重要参考依据。

(1) 双缩脲反应 将尿素加热到180℃,两分子的尿素缩合成双缩脲,放出一分子氨。

$$2H_2N-\overset{\overset{O}{\|}}{C}-NH_2 \xrightarrow{\Delta} H_2N-\overset{\overset{O}{\|}}{C}-NH-\overset{\overset{O}{\|}}{C}-NH_2 + NH_3\uparrow$$

尿素　　　　　　　　　　　　双缩脲

双缩脲在碱性溶液中能与铜离子反应生成紫红色络合物。由于蛋白质分子中含有许多肽键,与双缩脲结构相似,也可在碱性溶液中与铜离子形成紫红色络合物。可用来鉴定蛋白质中多肽键的存在。

(2) 黄色反应 蛋白质分子中含有芳香族氨基酸和杂环氨基酸时,其溶液与硝酸先产生白色沉淀,加热后转为黄色,继续加碱后颜色加深为橙黄色。

(3) 米伦反应 米伦试剂是硝酸汞、亚硝酸汞、硝酸、亚硝酸的混合物。在含有酚基氨基酸的蛋白质溶液中加入米伦试剂后产生白色沉淀,加热后溶液颜色变红。

(4) 乙醛酸反应 含有吲哚基的蛋白质溶液中,加入乙醛酸后,再慢慢注入浓硫酸,在两液层之间会出现紫色环。

(二) 蛋白质的变性

天然蛋白质因受到外界物理或化学因素的影响,可导致其分子空间结构发生变化,从而使蛋白质的生物活性丧失,但其一级结构即蛋白质的氨基酸序列没有破坏,这种现象称为蛋白质的变性。蛋白质的变性主要是由于蛋白质分子内部的结构发生了改变。由于氢键等次级键被破坏,蛋白质分子的构象就从有序的、致密的结构转变为无序的、松散的结构。由于仅是蛋白质的空间结构发生了改变,并不涉及肽链的断裂,所以蛋白质的组成成分和分子质量都没有发生变化。变性后的蛋白质失去或部分失去了生物活性,表现为蛋白质的理化性质发生了变化,主要是溶解度降低、黏度增加、结晶能力丧失、显色反应增强等,主要机理是蛋白质空间构象发生变化后,原来分布在分子内部的一些氨基酸裸露在外部,从而改变了蛋白质外部的电荷分布和疏水能力。

能引起蛋白质变性的因素有物理因素和化学因素。物理因素中包括加热、紫外线照射、X-射线、超声波、高压、剧烈震荡和搅拌等;化学因素包括强酸、强碱、重金属盐、浓乙醇等。不同的蛋白质对各种因素的敏感度不同。

利用蛋白质变性这一特点，人们在生产和生活中普遍应用这一原理。如消毒灭菌就是通过加热或紫外线照射、化学试剂使微生物菌体的蛋白质变性，从而起到灭菌作用。

蛋白质的变性不等于失活，变性后的蛋白质在合适的条件下，能够部分或全部恢复活性，这说明蛋白质的变性是可逆的。

（三）蛋白质的通性

1. 蛋白质的酸碱性质

由于蛋白质有可解离的基团 α-氨基和 α-羧基，还有侧链基团；如果是结合蛋白，也包括辅基的可解离基团。所以，蛋白质是两性电解质，既能和酸作用，也能和碱作用。在酸性环境中，各碱性基团与 H^+ 结合使蛋白质带正电；在碱性环境中，酸性基团解离出 H^+，与环境中的 OH^- 结合生成水，使蛋白质带负电。当在某 pH 下，蛋白质所带的正电和负电相等时，所带电荷为零，对外不表现带电性，在电场中不泳动。这个 pH 就称为该蛋白质的等电点，用 pI 表示。

不同蛋白质的等电点不同，和自身所含氨基酸的种类及数量有关。如果蛋白质分子中含有的碱性氨基酸多，其等电点偏碱；含酸性氨基酸多，其等电点偏酸。

2. 蛋白质的胶体性质

蛋白质是一种胶体溶液。因为蛋白质的颗粒直径在 1~100nm 之间，所以蛋白质溶液具有胶体溶液的特性，即丁达尔现象、布朗运动、电泳，不能通过半透膜以及具有吸附能力。

3. 蛋白质的沉淀反应

蛋白质的水溶液是一种比较稳定的亲水胶体，这是由于蛋白质颗粒的表面有很多极性基团，如—NH_3^+、—COO^-、—OH、—SH 等，和水具有高度的亲和性。蛋白质分布在水中时，水分子容易被这些亲水基团所吸附，从而在蛋白质的表面形成一层水膜，也称水化层。水膜可使蛋白质颗粒间分开，不利于颗粒碰撞成为大颗粒而沉淀。另外，蛋白质除了在等电点时不带电荷，在等电点外的任一 pH 时，同一种蛋白质都带同种电荷，根据同性相斥，异性相吸的原理，蛋白质颗粒之间互相排斥，不容易相互凝集沉淀。

由于蛋白质是胶体，非常容易受到外界因素的变动而破坏暂时的平衡使蛋白质沉淀出来。沉淀分为两种：可逆性沉淀和不可逆沉淀。可逆沉淀是指沉淀的蛋白质，内部结构基本上没发生变化，仍保持原有生物学功能，消除沉淀或降低沉淀因素后蛋白质仍会溶解在原来的溶液中。而不可逆沉淀指沉淀出的蛋白质内部结构发生了变化，失去了生物学功能，即使消除沉淀因素后，沉淀的蛋白质也不会重新溶解在水里。

七、蛋白质的分离制备

蛋白质具有的通性，如酸碱性、胶体性质、沉淀反应、不通过半透膜等，是分离蛋白质的重要手段。

(一) 常用的分离制备蛋白质的方法

利用蛋白质的沉淀反应，可将蛋白质从溶液中分离出来。

(1) 盐析法　向蛋白质溶液加入大量高浓度中性盐（硫酸铵、硫酸钠、氯化钠等）可以破坏蛋白质胶体的水化层，又中和了蛋白质分子的电荷。从而使蛋白质沉淀析出，称为盐析。但继续加入大量中性盐后，反而使得蛋白质不易沉淀，这种现象称为盐溶，原因是中性盐的电荷过多，反而使得蛋白质分子内部都带上了同种电荷，根据同性相斥的原理，蛋白质反而不容易沉淀。

(2) 有机溶剂沉淀法　与水互溶的有机溶剂，如甲醇、乙醇、丙酮等能使蛋白质在水中的溶解度降低而沉淀析出。沉淀蛋白质的能力顺序是丙酮＞乙醇＞甲醇。由于丙酮易挥发，且价格相对昂贵，所以大多采用乙醇作为沉淀剂。有机溶剂不仅是沉淀剂还是变性剂，可以破坏蛋白质的一些次级键，使得蛋白质的空间构象改变，原来包在蛋白质内部的疏水基团暴露在外面，并且与有机溶剂的疏水基团结合形成疏水层，从而使蛋白质的水化能力降低，最终沉淀下来。

(3) 重金属盐沉淀法　当蛋白质溶液的 $pH > pI$ 时，蛋白质颗粒带负电荷，它容易与重金属盐，如氯化高汞、硝酸银、醋酸铅等中的重金属离子结合成不易溶解的盐而沉淀。这种情况下形成的蛋白质沉淀往往已经失去活性。

(4) 生物碱试剂和某些酸类沉淀法　当蛋白质溶液的 $pH < pI$ 时，蛋白质颗粒带正电荷，容易与生物碱试剂或某些酸类的酸根负离子生成不溶性盐而沉淀。如单宁酸、苦味酸、钼酸、钨酸等。

(5) 调节等电点　蛋白质在等电点时，溶解度最小。这是由于在等电点时，蛋白质颗粒总电荷为零。颗粒中没有因为电荷相同而互相排斥，所以，此时蛋白质颗粒最容易相互聚合形成沉淀。

(二) 蛋白质分离纯化的一般原则

分离纯化蛋白质一般经过前处理、粗分级分离和细分级分离。

(1) 前处理　分离纯化某一蛋白质，首先将蛋白质从原来的组织或细胞中以溶解状态释放出来，并不失去生物活性。

①破碎生物组织（如果要分离的蛋白质是细胞外分泌物，不用进行此步）：动物细胞或组织可用电动捣碎机、均浆机或超声波处理破碎；植物组织或细胞因有细胞壁，一般是加石英砂和适当的提取液研磨破碎；细菌因细胞壁非常坚韧，常用超声波震荡、与砂研磨、高压挤压或溶菌酶处理破碎。

②选择合适的缓冲液把蛋白质提取出来。

③如果所要的蛋白质主要集中在细胞的某一组分中，如细胞核、染色体、核

糖体，则可用差速离心法进行分离。

如果所要提取的蛋白质与细胞膜或膜质细胞器结合着，则必须用超声波或去污剂使膜结构解聚，然后再用合适的缓冲液提取。

（2）粗分级分离　将所要提取的蛋白质与其他蛋白质分离开来。

可采用的方法：分段盐析法、等电点沉淀法和有机溶剂分级分离法。这些方法操作简便，处理量大，既能除去大量的杂质，又能浓缩蛋白质。如果某蛋白质不适合用以上方法，可用超过滤或凝胶过滤层析法进行浓缩。

经过粗分离可将体积较小的杂质蛋白质除去。

（3）细分级分离　这一步是对蛋白质的进一步纯化。采用的方法一般为：层析法、凝胶过滤法、离子交换层析法、吸附层析和亲和层析。必要时选择电泳法做进一步纯化。

小　结

蛋白质是生物体最重要的组成成分之一，蛋白质是生命的基础，没有蛋白质就没有生命。生物体的生命特征是通过蛋白质表现出来的。蛋白质是由氨基酸通过肽键缩合连接形成的具有一定空间结构的具有生理活性的大分子。组成蛋白质的元素有碳、氢、氧、氮和少量的硫。

蛋白质的种类很多，分布广泛，生物体的结构和功能复杂。蛋白质不仅是组成生物体的重要组成成分，还承担着各种各样的任务，在生物体的生命活动中起着重要的作用。蛋白质是由氨基酸构成的，不同的蛋白质中氨基酸的组成、排列顺序和分子的立体结构都不同。蛋白质的一级结构是指蛋白质分子中氨基酸的排列顺序。蛋白质的一级结构和蛋白质的空间结构之间有着紧密的联系。蛋白质的二级结构是指蛋白质分子多肽通过盘绕、折叠所形成的特定的空间形式。在二级结构的基础上，肽链进行再折叠的构象，称为蛋白质的三级结构。蛋白质的四级结构就是指蛋白质分子中的各个亚基在天然构象中空间上的排列形式。蛋白质有一些能够表现自己特性的特有性质。

蛋白质分子能够与某些试剂发生特有的颜色反应，可以作为鉴定蛋白质的重要参考依据。天然蛋白质因受到外界物理或化学因素的影响，可导致其分子空间结构发生变化，从而使蛋白质的生物活性丧失，但其一级结构即蛋白质的氨基酸序列没有破坏，这种现象称为蛋白质的变性。能引起蛋白质变性的有物理因素和化学因素。蛋白质的变性不等于失活，变性后的蛋白质在合适的条件下，能够部分或全部恢复活性，这说明蛋白质的变性是可逆的。蛋白质具有的通性，如酸碱性、胶体性质、沉淀反应、不通过半透膜等，是分离蛋白质的重要手段。常用的分离制备蛋白质的方法：利用蛋白质的沉淀反应，可将蛋白质从溶液中分离出来，如盐析法，有机溶剂沉淀法，重金属盐沉淀法，生物碱试剂和某些酸类沉淀法，调节等电点。分离纯化蛋白质一般经过前处理、粗分级分离和细分级分离。

思考与练习

一、填空题

1. 蛋白质对紫外光的最大吸收波长是在_____nm。
2. 多肽链 N-末端主要采用_____、_____和_____方法测定。
3. 不同蛋白质中含量比较接近的元素是_____，平均含量为_____%。
4. 组成蛋白质的基本单位是_____，它们的结构均为_____。它们之间靠_____键彼此连接而形成的物质称为_____。

二、是非题

（　）1. 构成蛋白质的20种氨基酸都具有旋光性。
（　）2. 一蛋白质样品经酸水解后，用氨基酸自动分析仪能准确测定它的所有氨基酸。
（　）3. 变性后的蛋白质，分子量不发生变化。
（　）4. 氨基酸、蛋白质和核酸都具有等电点。
（　）5. 在 pH 呈碱性的溶液中，氨基酸大多以阳离子形式存在。

三、选择题

1. 下列氨基酸中哪种是精氨酸（　　）
(1) Asp　(2) His　(3) Arg　(4) Lys
2. 氨基酸顺序测定仪是根据哪种方法建立的？（　　）
(1) 2,4-二硝基氟苯法　(2) 丹磺酰氯法　(3) 苯异硫氰酸酯法　(4) 酶水解法
3. 在生理 pH 条件下，下列氨基酸中哪种以负离子形式存在？（　　）
(1) 天冬氨酸　(2) 半胱氨酸　(3) 赖氨酸　(4) 亮氨酸

第二章 酶

学习目标

1. 了解酶的概念。
2. 熟悉酶的分类。
3. 了解酶的历史发展。
4. 熟悉酶催化作用的特点。
5. 了解酶分子的组成与结构。
6. 掌握酶促反应影响因素。
7. 了解酶的分离纯化与应用。

引　言

把馒头放在嘴里嚼一嚼，你是否感觉越来越甜，这是为什么呢？原来是和我们唾液里的酶有关，到底酶是什么呢？

第一节　概　述

一、酶的概念

生物的生存每时每刻都要进行一系列的化学变化，这些变化总称为新陈代谢。虽然生物体内化学变化十分复杂，但它们都在常温常压下完成。比如有种称为根瘤菌的细菌在常温常压下就能把空气中的氮气固定下来，而人类要做到这一点却必须用几百个大气压和几百度的温度。生物体为什么有这种本领呢？原来，生物体内广泛地存在一类特殊的催化剂——酶。它能有效地降低参加化学反应的各个分子的活化能，使生物体能够快速而高效地完成各种化学反应。植物的光合作用，人对食物的消化、吸收等无一不是在酶直接参与下发生和完成的。

酶的概念：酶是生物体活细胞产生的具有特殊催化活性和特定空间构象的生物大分子，包括蛋白质及核酸，又称为生物催化剂。绝大多数酶是蛋白质，少数是核酸RNA，后者称为核酶。生物体在新陈代谢过程中，几乎所有的化学反应都是在酶的催化下进行的。在生物体内，酶控制着所有的生物大分子（蛋白质、碳水化合物、脂类、核酸）和小分子（氨基酸、糖、脂肪和维生素）的合成和分解。

虽然一直认为酶的化学本质就是蛋白质，但从20世纪80年代初开始，人们陆续发现某些 RNA 也具有酶的催化性质，并将具有酶催化活性的 RNA 称为核酶。后来人们又逐渐发现了多种人工合成的具有生物催化功能的 DNA 分子，同样将具有酶催化活性的 DNA 称为脱氧核酶。另外，在 20 世纪 80 年代后期，一种本质上是免疫球蛋白的抗体酶得以产生。

生物体内的反应是在很温和的条件（如温和的温度、接近中性的 pH）下进行的，而同样的反应若在非生物条件下进行，则需要高温、高压、强酸、强碱等剧烈的条件。但酶发挥其催化作用并不局限于活细胞内，在许多情况下，细胞内产生的酶需分泌到细胞外或转移到其他组织器官中发挥作用，如胰蛋白酶、脂肪酶、淀粉酶等水解酶。把由细胞内产生并在细胞内发挥作用的酶称为胞内酶，而将细胞内产生后分泌到细胞外起作用的酶称为胞外酶。细胞内合成的酶主要是在细胞内起催化作用，也有些酶合成后转移到细胞外，并发挥其催化作用，人工提取的酶在合适的条件下也可在试管中对其特殊底物起催化作用。

目前已知的酶约有 4000 种，而且陆续不断发现新酶，为了更有效地研究和应用各种酶，国际酶学委员会制定了一套完整的酶的分类系统，根据酶催化反应的类型，把酶分为六大类：

（1）氧化还原酶　催化氧化还原反应的酶称氧化还原酶。如乳酸脱氢酶、细胞色素氧化酶、多酚氧化酶等。

（2）转移酶　催化分子间基团转移的酶称转移酶。如转氨酶、转甲基酶等。

（3）水解酶　催化水解反应的酶称为水解酶。如蛋白酶、淀粉酶、脂肪酶、蔗糖酶等。

（4）裂合酶　催化非水解地除去底物分子中的基团及其逆反应的酶。如醛缩酶、柠檬酸合成酶、碳酸酐酶等。

（5）异构酶　催化分子异构反应的酶称异构酶。如磷酸葡萄糖异构酶、磷酸甘油酸磷酸变位酶等。

（6）合成酶　催化两分子合成一分子，合成过程中伴有 ATP 分解的酶类。如天冬酰胺合成酶、丙酮酸羧化酶等。

国际系统分类法是国际生物化学联合会酶学委员会提出的，其分类原则：将所有已知的酶按其催化反应的类型，分为六大类，分别用 1、2、3、4、5、6 的编号来表示，依次为氧化还原酶类、转移酶类、水解酶类、裂合酶类、异构酶类和合成酶类。再根据底物分子中被作用的基团或键的特点，将每一大类分为若干个亚类，每一亚类又按顺序编为若干亚亚类。均用 1、2、3、4……编号。因此，每一个酶的编号由四个数字组成，数字间由"."隔开。如催化乳酸脱氢转变为丙酮酸的乳酸脱氢酶，编号为 EC1.1.1.27。EC 是国际酶学委员会（Enzyme Commission）的缩写；第一个 1，代表该酶属于氧化还原酶类；第二个 1，代表该酶属于氧化还原酶类中的第一亚类，催化醇的氧化；第三个 1，代表该酶属于氧化还原酶类中第一亚类的第一亚亚类；第四个数字代表该酶在一定的亚亚类中的排号。

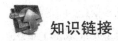

知识链接

酶的命名

1. 习惯命名法

酶的命名有习惯命名和系统命名两种方法，习惯命名的原则是：

（1）绝大多数酶是根据其所催化的底物命名，如催化水解淀粉的称为淀粉酶，催化水解蛋白质的称为蛋白酶等。

（2）某些酶根据其所催化的反应性质来命名，例如琥珀酸脱氢酶是根据其作用底物是琥珀酸和所催化的反应为脱氢反应而命名的。

（3）在这些命名的基础上，有时还加上酶的来源和其他特点以区别同一类酶。如胃蛋白酶和胰蛋白酶，指明其来源不同。碱性磷酸酶和酸性磷酸酶则指出这两种磷酸酶所要求的酸碱度不同等。

2. 国际系统命名法

按照国际系统命名法原则，每一种酶有一个系统名称和习惯名称。习惯名称应简单、便于使用，系统名称应明确标明酶的底物及催化反应的性质，举例如下：

习惯名称	系统名称	催化反应
谷丙转氨酶	丙氨酸：α-酮戊二酸氨基转移酶	L-丙氨酸+α-酮戊二酸→丙酮酸+L-谷氨酸
己糖激酶	ATP：己糖磷酸基转移酶	ATP+葡萄糖→6-磷酸葡萄糖+ADP

二、酶的历史发展

酶的概念，是由德国科学家 Kuhne 在 1878 年首先提出，用以表示未统一名称的已知的各种酵素。这个词本身的意思是"在酵母中"，起源于希腊语，其中 en 表示"在之内"，zyme 表示酵母或酵素。

1925 年美国康奈尔大学独臂青年化学家萨姆纳提纯尿酶，并证明它是蛋白质。美国化学家诺思谱又把一系列酶提纯出来，证明它们都是蛋白质。从此，几十年来科学界公认酶的成分是蛋白质。1982 年，美国化学家西卡发现非蛋白质酶——核酸，它也可以充当生物催化剂。生物催化剂除蛋白质、核酸外，还可能有其他形形色色的催化剂。人们可以想象，在地球原始海洋中，当形成核酸后，它就可能催化自身变化。

20 世纪初期，定量描述酶作用的方法得到了很大发展。1902 年 Henri 和 Brown 各自独立地提出了以下观点：在固定酶浓度的条件下，逐步增加底物浓度而得到的反应速度-底物浓度的饱和类型曲线是由于形成酶-底物中间络合物的结果。1913 年 Michaelis 和 Menten 提出中间产物学说，推导出酶促反应动力学方程，即著名的米氏方程，定量地描述酶的上述性质：$V = V_{max}[S]/K_m + [S]$。

20世纪50年代起酶学理论方面的研究也十分活跃，在蛋白质（或酶）的生物合成理论方面获得了许多突破性进展。1955年Sanger等报道了胰岛素中氨基酸排列的次序以及激素的相对分子质量为6000，这是在测定蛋白质一级结构上的第一次突破。1957年Kornberg等人发现DNA聚合酶并进行DNA复制的系列研究。

由于分子生物学和生物化学的发展，对生物细胞核中存在的脱氧核糖核酸（DNA）的结构与功能有了比较清晰的阐述。20世纪70年代初实现了DNA重组技术或称克隆技术，也促使酶学研究进入新的发展阶段。

从20世纪50年代开始，酶及产酶细胞的固定化技术从酶学理论到生产实践得到了迅速的发展。

1953年，德国科学家Grubhofer和Schleith首先将聚氨基苯乙烯树脂重氮化，将淀粉酶、胃蛋白酶、羧肽酶和核糖核酸酶结合，制成固定化酶，有效地进行了酶的固定化研究。

1971年，出现了固定化菌体技术，20世纪70年代后期人们开始运用固定化细胞技术生产胞外酶。到了20世纪80年代中期，固定化原生质体技术则被用于生产胞内酶，以去除细胞壁扩散的障碍。

酶学知识来源于生产实践，我国四千多年前的夏禹时代酿酒就已盛行，周朝已开始制醋、酱，并用曲来治疗消化不良。酶的系统研究起始于19世纪中叶对发酵本质的研究。巴斯德（Pasteur）提出，发酵离不了酵母细胞。1897年Buchner成功地用不含细胞的酵母液实现发酵，说明具有发酵作用的物质存在于细胞内，并不依赖活细胞。1926年Sumner首次提取出脲酶，并进行结晶，提出酶的本质是蛋白质。

人类对酶的利用要追溯到游牧时代，那时候的牧民已经会把牛奶制成奶酪，以便于贮存。其中关键的一点是要使用少量小牛犊的胃液，用现代的眼光看那就是在使用凝乳酶。

此后，在开发使用酶的早期，人们使用的酶也多半来自动物的脏器和植物的器官。例如，从猪的胰脏中取得胰蛋白酶来软化皮革；从木瓜的汁液中取得木瓜蛋白酶来防止啤酒浑浊；用大麦麦芽的多种酶酿造啤酒等。

1894年日本科学家首次从米曲霉中提炼出淀粉酶，并将淀粉酶用作治疗消化不良的药物，从而开创了人类有目的地生产和应用酶制剂的先例。1908年德国科学家从动物的胰脏中提取出胰酶（胰蛋白酶、胰淀粉酶和胰脂肪酶的混合物），并将胰酶用于皮革的鞣制。同年法国科学家从细菌中提取出淀粉酶，并将淀粉酶用于纺织品的退浆。1911年美国科学家从木瓜中提取出木瓜蛋白酶，并将木瓜蛋白酶用于除去啤酒中的蛋白质浑浊物。此后，酶制剂的生产和应用就逐步发展起来了。然而在此后的近半个世纪内，酶制剂的生产一直停留在从现成的动植物和微生物的组织或细胞中提取酶的方式。这种生产方式不仅工艺比较复杂，而且原料有限，所以很难进行大规模的工业生产。1949年科学家成功地用液体深层发酵法生产出了细菌α-淀粉酶，从此揭开了近代酶制剂工业的序幕。

随着酶的开发应用的扩展，这些从动植物中取得的酶已经远远不能满足需要了，人们把眼光转向了微生物。要发展酶工程，微生物自然应该是人们获取酶、生产酶的巨大宝库、巨大资源。

早在1916年，美国科学家就发现，酶和载体结合以后，在水中呈不溶解状态时，仍然具有生物催化活性。但是，系统地进行酶的固定化研究则是从20世纪50年代开始的。1953年德国科学家首先将聚氨基苯乙烯树脂重氮化，然后将淀粉酶等与这种载体结合，制成了固定化淀粉酶。1969年日本科学家首先在工业上应用固定化氨基酰化酶生产出L-氨基酸。同年各国科学家开始使用"酶工程"这一名称来代表生产和使用酶制剂这一新兴的科学技术领域。20世纪70年代后期，酶工程领域又出现了固定化细胞（又称作固定化活细胞或固定化增殖细胞）技术。1978年，日本科学家利用固定化细胞成功地生产出α-淀粉酶。

细胞中的一些物质之所以不能分泌到细胞外，原因之一就是细胞壁起到了阻碍作用。1986年我国科学家利用固定化原生质体发酵生产碱性磷酸酶和葡萄糖氧化酶等相继获得成功，为酶工程的进一步发展开辟了新的途径。

目前科学家通过基因重组来对产酶的菌种进行改造，获得生产性能优秀的菌种。最明显的例子是α-淀粉酶的生产。

最初，是从猪的胰脏里提取α-淀粉酶的，随着酶工程的进展，人们开始用一种芽孢杆菌来生产α-淀粉酶。从$1m^3$的芽孢杆菌培养液里获取的α-淀粉酶，相当于几千头猪的胰脏的含量。致力于酶工程研究的学者用基因工程的手段，将这种芽孢杆菌合成的α-淀粉酶的基因转移到一种繁殖更快、生产性能更好的枯草芽孢杆菌的DNA里，转而用这种枯草芽孢杆菌生产α-淀粉酶，使产量提高了数千倍。

通过基因重组来改造产酶的微生物，建立优良的生产酶的体系，被认为是最新一代的酶工程（第四代酶工程）。近些年来，酶工程又出现了一个新的课题，即人工合成新酶，也就是人工酶。人工酶是化学合成的具有与天然酶相似功能的催化物质，它可以是蛋白质，也可以是比较简单的大分子物质。

第二节 酶催化作用的特点

一、酶与非生物催化剂的共性

酶既是一种催化剂，就必然和一般催化剂有共性。凡是催化剂都可以加快化学反应速度，而其本身在反应前后，没有结构和性质上的改变，故可以极小量促进大量反应物转变，酶也是如此。酶还和一般催化剂一样，只能催化热力学上允许进行的化学反应，而不能实现那些热力学上不能进行的反应。它们只能缩短反应达到平衡所需的时间，而不能改变平衡点。

酶与非生物催化剂的共性：
(1) 两者都能催化热力学上允许的化学反应；
(2) 用量少，催化效率高；
(3) 不改变反应的平衡点；
(4) 降低反应所需的活化能（图2-1）。

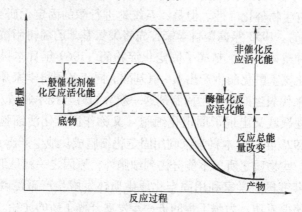

图2-1 酶促反应活化能的改变

二、酶作为生物催化剂的特点

1. 具有很高的催化效率

生物体内进行的各种化学反应几乎都是酶促反应，可以说，没有酶就不会有生命。酶的催化效率比无催化剂要高 $10^8 \sim 10^{20}$ 倍，比一般催化剂要高 $10^6 \sim 10^{13}$ 倍。如在0℃时，1g铁离子每秒钟只能催化 10^{-5} mol 过氧化氢分解，而在同样的条件下，1mol 过氧化氢酶却能催化 10^5 mol 过氧化氢分解，两者相比，酶的催化效率比铁离子高 10^{10} 倍。

2. 具有高度的专一性和多样性

所谓酶的专一性是指酶对催化的反应和反应物有严格的选择性。被作用的反应物，通常称为底物。酶往往只能催化一种或一类反应，作用于一种或一类物质。而一般催化剂没有这样严格的选择性。如淀粉酶只能催化淀粉糖苷键的水解，蛋白酶只能催化蛋白质肽键的水解，脂肪酶只能催化脂肪中酯键的水解。酶作用的专一性，是酶最重要的特点之一，也是和一般催化剂最主要的区别。

3. 反应条件温和

酶所催化的化学反应一般是在较温和（常温、常压下）的条件下进行的。

4. 酶的活性受调节控制

细胞内的物质代谢过程既相互联系，又错综复杂，但生物体却能有条不紊地协调进行，这是由于机体内存在着精细的调控系统。参与这种调控的因素很多，但从分子水平上讲，仍是以酶为中心的调节控制。酶作用的调节和控制也是区别于一般催化剂的重要特征。如果调节失控，就会导致代谢紊乱。酶作用调节的方式主要是通过调节酶的含量和酶的活性来实现的。酶的活性调节包括抑制剂和激活剂调节、反馈抑制调节、共价修饰调节和变构调节等；有些酶的催化性与辅助因子有关；同时，酶是蛋白质，凡引起蛋白质变性的因素，也可使酶变性失活。酶的催化作用可受多种因素的调节，从而改变其催化活性，特别是代谢过程中一些关键性酶，往往是重要的调节对象。

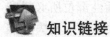 **知识链接**

酶催化反应的专一性

专一性酶与化学催化剂之间最大的区别就是酶具有专一性，即酶只能催化一种化学反应或一类相似的化学反应，酶对底物有严格的选择。根据专一程度的不同可分为以下四种类型。

（1）键专一性：这种酶只要求底物分子上有合适的化学键就可以起催化作用，而对键两端的基团结构要求不严。

（2）基团专一性：有些酶除了要求有合适的化学键外，对作用键两端的基团也具有专一性要求。如胰蛋白酶仅对精氨酸或赖氨酸的羧基形成的肽键起作用。

（3）绝对专一性：这类酶只能对一种底物起催化作用，如脲酶，它只能作用于底物——尿素。大多数酶属于这一类。

（4）立体化学专一性：很多酶只对某种特殊的旋光或立体异构物起催化作用，而对其对映体则完全没有作用。如 D - 氨基酸氧化酶与 dl - 氨基酸作用时，只有一半的底物（D 型）被分解，因此，可以此法来分离消旋化合物。利用酶的专一性还能进行食品分析。酶的专一性在食品加工上极为重要。

第三节　酶的催化机制

一、酶与底物的结合

酶促化学反应中的反应物称为底物，一个酶分子在一分钟内能引起数百万个底物分子转化为产物，酶在反应过程中并不消耗。但是酶实际上是参与反应的，只是在一个反应完成后，酶分子本身立即恢复原状，又能进行下一次反应。许多实验证明，酶和底物在反应过程中形成络合物。

二、酶的作用机制

对于酶的催化作用机制，目前较为认可的有两种理论假说：一个是"锁钥"

模式（1890 Fisher 提出），酶与底物的结合有很强的专一性，也就是对底物具有严格的选择性，即底物分子结构稍有变化，酶便不能将其转化成产物；另一个是"诱导契合学说"（Koshland 提出），该学说认为催化部位要诱导才能形成，而不是现成的。

三、酶的结构与催化功能的关系

酶的一级结构是酶具有催化功能的决定性部分，而高级结构为酶催化功能所必需部分。酶的一级结构发生变化，其催化功能发生相应的改变。酶的二级、三级结构是所有酶都必须具备的空间结构，是维持酶的活性部位所必需的构型。当酶蛋白的二级、三级结构彻底改变时，就可使酶遭受破坏而丧失其催化功能。

具有四级结构的酶，按其功能可分为两类：一类与催化作用有关，另一类与代谢调节密切相关，只与催化作用有关的具有四级结构的酶由几个亚基组成，每个亚基都有一个活性中心，只有在四级结构完整时，催化功能才会发挥出来；只与代谢调节作用有关的具有四级结构的酶，其组成亚基中，部分亚基具有调节中心，调节中心可分为激活中心和抑制中心，使酶的活性受到激活或抑制，从而调节反应速度和代谢过程。

第四节　酶分子的组成与结构

一、单成分酶和双成分酶

对于大多数化学本质为蛋白质的酶来说，按其化学组成可分为单纯酶和结合酶两类。有些酶如胃蛋白酶、胰脂肪酶和核糖核酸酶等水解酶，其活性仅仅决定于它的蛋白质结构，属于单纯酶（单成分酶）；而氧化还原酶类，如乳酸脱氢酶、细胞色素氧化酶等则属于结合酶（双成分酶）。这些酶除了蛋白质组分外，还有对热稳定的非蛋白的小分子物质。前者称为酶蛋白，后者称为辅助因子。辅助因子可以是金属离子，也可以是小分子有机化合物，后者根据其与酶蛋白结合紧密程度不同，又可分为辅酶与辅基两种。辅酶是指与酶蛋白以非共价结合的小分子有机物，因为结合疏松，故可用透析法分离两者，这是结合酶类中最多见的。辅基是指与酶蛋白结合较紧（一般为共价结合）的小分子有机化合物，故用透析方法不能使两者分离。辅酶（基）中往往含有 B 族维生素。酶蛋白与辅助因子单独存在时，均无催化活力。只有二者结合成完整的分子时，才具有活力。此完整的酶分子称为全酶。

全酶 = 酶蛋白 + 辅助因子

结合酶中，酶催化作用的专一性由酶蛋白部分决定；辅基、辅酶在反应中起传递基团、原子和电子的作用。

二、酶分子的空间结构及活性中心

酶作为生物催化剂具有极高的催化效率和高度的专一性两大特点，这是与酶蛋白的结构有关的。酶分子比底物要大得多，因此在反应中，酶与底物的接触只限于酶分子中的少数基团或较小的部位。研究表明：酶分子中虽有很多基团，但并非所有的基团都与酶的活性有关。其中有些基团若经化学修饰（如氧化、还原、酰化、烷化）使其改变，则酶的活性丧失，这些基团称为酶的必需基团。必需基团一般指分布在酶分子表面的极性基团，包括—COOH、—NH$_2$、—OH、—SH、咪唑基等。在酶分子表面特定区域上有些特殊基团，可与底物结合，并催化底物转变为产物，这个区域称为酶的活性中心。活性中心的必需基团包括结合基团（与底物结合）和催化基团（催化底物变成产物）。活性中心以外也存在必需基团，它在形成酶的空间构象上同样是必需的，故称活性中心外的必需基团。

对于单纯酶来说，活性中心由酶分子内少数氨基酸残基或这些残基上的某些基团组成，对于结合酶来说，辅酶或辅基上的某一部分结构往往也是活性部位的组成部分。构成活性部位的这些基团，虽然在一级结构上相距很远，甚至可能不在一条肽链上，但当肽链盘绕折叠成一定的空间构象时，它们在空间上就十分接近，形成具有一定空间结构的区域。这个区域在所有已知结构的酶中都是位于酶分子的表面呈裂缝状。

酶分子中存在的各种化学基团并不一定都直接与酶活性相关，将那些与酶的催化活性直接相关的基团分为三类：

（1）必需基团　酶分子中与酶活性密切相关的基团。

（2）活性中心　必需基团在空间结构上彼此靠近，组成具有特定空间结构的区域，能与底物特异地结合并将底物转化为产物。

（3）酶活性中心外的必需基团　维持酶活性中心的空间构象的必需基团。

酶活性中心内的必需基团组成有两种：一是结合基团，其作用是与底物相结合，生成酶-底物复合物；另一个是催化基团，其作用是影响底物分子中某些化学键的稳定性，催化底物发生化学反应并促进底物转变成产物。这两方面的功能可由不同的必需基团来承担，也可由某些必需基团同时具有这两方面的功能。酶的活性中心示意图见图2-2。

三、酶原和酶原激活

某些酶，特别是一些与消化作用有关的酶，在最初合成和分泌时，是没有催化活性的前体，通过某些专一性的蛋白水解酶作用，切开一个或几个特定的肽键，使原来没有活性的酶的前体成为有活性的酶。这种没有活性的前体称为酶原，从没有活性的酶原转变成有活性的酶的过程称酶原激活或活化过程。如胰蛋

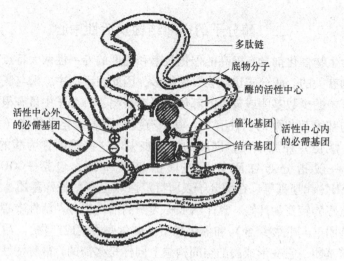

图 2-2 酶的活性中心示意图

白酶刚从胰脏细胞分泌出来时,是不具活性的胰蛋白酶酶原,随着食物一起进入小肠后,就被小肠黏膜分泌的肠激酶作用,水解掉一个六肽,使肽链螺旋度增加,并形成新的活性中心,胰蛋白酶原就被激活具有催化活性的胰蛋白酶。因此酶原的激活过程,实际上就是酶活性中心的形成过程。主要是通过蛋白质的水解作用,使分子构象发生改变,某些氨基酸残基相互靠近,从而形成活性中心。

四、单体酶、寡聚酶、同工酶和变构酶

1. 单体酶

只有一条多肽链的酶称为单体酶。其相对分子质量(Mr)为 1300~35000,这类酶很少,一般都是水解酶,例如核糖核酸酶、溶菌酶、木瓜蛋白酶、胰蛋白酶等。

2. 寡聚酶

由两个以上亚基(有时可多到 60 或更多亚基)组成(具有四级结构)的酶称为寡聚酶。亚基之间以非共价键结合,在 4mol/L 尿素的溶液中或通过其他方法可以把它们分开。寡聚酶的相对分子质量由 35000 到几百万,其亚基的组成可以是相同的,如糖酵解中的酶,各含有不等数目的相同亚基;也可以是不同的。一般认为单体酶是例外的现象,寡聚酶更为普遍。

3. 同工酶

同工酶广义是指生物体内催化相同反应而分子结构不同的酶。这是由于它们的活性中心在结构上虽然相同或至少极为相似,但其肽链多处的氨基酸顺序(一级结构)却有相当大的差异,以致它们的理化性质(如电泳行为)和免疫学性质可有明显的不同。同工酶的结构主要表现在非活性中心部分不同,或所含亚基组合情况不同。

现已发现有100多种酶具有同工酶，如乳酸脱氢酶、6-磷酸葡萄糖脱氢酶、酸性和碱性磷酸酶、谷丙转氨酶、谷草转氨酶、肌酸磷酸激酶、过氧化酶和胆碱酯酶等。其中以乳酸脱氢酶的同工酶最为人们所熟知。

4. 变构酶

变构酶又称别构酶，其结构上的突出特点是除了有活性中心外，还有一个别构中心。变构酶一般是含多个亚基的寡聚酶，活性中心和别构中心在酶分子中处于不同的位置或处于不同的亚基上，或处于同一亚基的不同位置上。活性中心起到与底物的结合与催化作用，别构中心与调节物结合调节酶活力。

当调节物与别构中心结合后，对酶蛋白的构象产生一定影响，使酶蛋白的构象有利于活性中心的催化作用，或不利于活性中心的催化作用，前者表现为酶的激活，后者表现为酶的抑制。

五、多酶复合体

细胞中的许多酶常常是在一个连续的反应链中起作用，也就是前一个酶促反应的产物，恰是后一个酶促反应的底物。在完整细胞内的某一代谢过程中，由几个酶形成的反应链体系，称为"多酶体系"。

第五节　酶促反应动力学

酶促反应动力学是研究酶促反应速度的规律，以及温度、pH、酶浓度、底物浓度、抑制剂和激活剂等各种因素对反应速度影响的科学。由于酶作为生物催化剂的主要特征就是能加速化学反应的速度，研究酶反应的速度规律是酶学研究中的一项重要内容。在酶的结构与功能的关系及酶的作用机制的研究中，也需要动力学提供实验证据；实际工作中，为了使酶最大限度地发挥其催化效率，需要找出酶作用的最有利条件；为了解酶在代谢中的作用和某些药物的作用机制等，也需要研究酶促反应的速度规律等。

一、底物浓度对酶促反应速度的影响

在酶浓度、pH、温度等条件固定不变的情况下，研究底物浓度和反应速度的关系。

在底物浓度较低时，随底物浓度增加，反应速度随之急剧增加，反应速度与底物浓度近乎成正比。此时符合一级反应。

$$dp/dt = K\,[S]$$

当底物浓度较高时，增加底物浓度，反应速度也随之增加，但不显著，即反应速度不再与底物浓度成正比。此时为混合级反应。

当底物浓度很大而达到一定限度时，反应速度则达到一极大值。此时再增加底物浓度，反应速度也几乎不再改变。此时符合零级反应。
$$dp/dt = K[E]$$

以反应速度 v 对底物浓度 [S] 作图，可得一条矩形双曲线，见图 2-3。

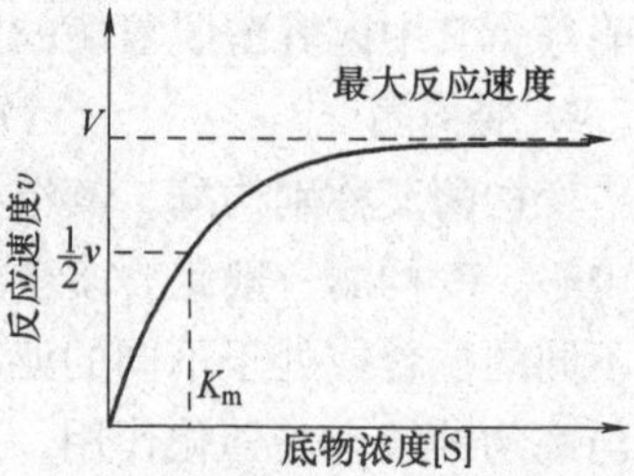

酶促反应速度和底物浓度之间的这种关系，可用中间产物学说加以说明，即酶作用时，酶 E 先与底物 S 结合成一中间产物 ES，然后再分解为产物 P 并释放出游离的酶。

（一）酶反应的基本方程式——米氏方程

图 2-3 底物浓度对酶反应速度的影响

Michaelis 和 Menten 根据酶与底物作用时形成中间复合物，并在假定 E+S 与 ES 之间的平衡迅速建立的机理前提下，推导出了一个数学方程式，表示整个反应中底物浓度与反应速度之间的定量关系，通常将这一方程称为米氏方程，是酶学中最基本的方程式：

$$v = \frac{V[S]}{K_m + [S]} \quad \text{或} \quad K_m = [S]\left[\frac{V}{v} - 1\right]$$

式中 v 为反应速度，V（即 V_{max}）为酶完全被底物饱和时的最大反应速度，[S] 为底物浓度，K_m 为米氏常数。

由于米氏方程长期以来被证明与大量的实验结果相符合，已为广大酶学工作者所接受和应用，并进一步证明了中间产物学说的正确。

（二）米氏方程的意义

（1）当底物浓度很低，即 [S] 远比 K_m 小得多时，当底物浓度明显低于最大速度一半所需的底物浓度（即 K_m 值）时，反应初速度与底物浓度成正比，v 受 [S] 影响为一级反应。这时酶没有全部被底物所饱和，还有多余的酶没有形成中间物。因此，在底物浓度低的条件下是不可能正确测得酶活力的。

（2）当底物浓度很高时，即 [S] 远比 K_m 大得多时，这就是说当底物浓度远大于 K_m 值时，反应速度已达到最大速度，这时酶全部被底物所饱和，V 与 [S] 无关，为零级反应，而 v 与 [E] 有关，为一级反应。这时只有增加酶浓度才能增加反应速度，v 与 [E] 成正比。

（3）当 [S]=K_m 时，代入得

$$v = \frac{V[S]}{[S]+[S]} \quad \text{所以} \quad v = \frac{V}{2}$$

这就是说当底物浓度等于 K_m 值时，反应初速度为最大速度的一半。因此 K_m 也就是使反应系统中有一半酶分子被底物饱和所需的底物浓度。由此可知，找出反应初速度为最大速度一半时的底物浓度，即为 K_m 值。

通过方程式，说明了 [S] 与 V 的关系，[E] 与 v 的关系以及 [S] 与 K_m 等的关系。

(三) 米氏常数的意义和求法

1. K_m 的意义

(1) K_m 是酶的一个很基本的特性常数。
(2) 从 K_m 可以判断酶的专一性和天然底物。
(3) 当 $K_2 \gg K_3$ 时，K_m 的大小可以表示酶和底物的亲和性。
(4) 从 K_m 的大小，可以知道正确测定酶活力时所需的底物浓度。
(5) K_m 值还可以推断某一代谢物在体内可能的代谢路线。

2. 米氏常数的求法

米氏常数可根据实验数据作图法直接求得。先测定不同底物浓度的反应初速度，从 v 与 [S] 的关系曲线求得最大反应速度 V，然后再从 $1/2V$ 求得相应的 [S] 即为 K_m 值。但这样只能测到 K_m 的近似值，因为米氏方程是一个双曲线函数，即使用很大的底物浓度，反应也只能是接近最大速度，很难达到最大速度，因此不能准确测得 K_m 值。

为了准确得到 V 值和 K_m 值，通常采用 Lineweavec - Buck 作图法，又称双倒数作图法（图 2-4），它是把米氏方程的形式加以改变，使它成为直线方程，这样就可以比较准确地求得 V 值和 K_m 值。

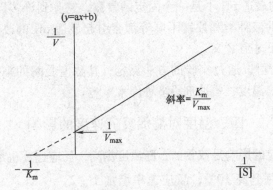

图 2-4 计算 K_m 值的双倒数作图法

该法是将米氏方程转化为倒数方程：

$$\frac{1}{v} = \frac{K_m}{V_{max}} \cdot \frac{1}{[S]} + \frac{1}{V_{max}}$$

以 $\frac{1}{v}$ 为纵坐标，以 $\frac{1}{[S]}$ 为横坐标作图，所得直线在纵坐标上的截距为最大反应速率的倒数 $\left(\frac{1}{V_{max}}\right)$，而在横坐标上的截距为 $-\frac{1}{K_m}$。由图 2-4 可方便地求到 K_m 和 V_{max}，是目前实验室较常用的方法。但由于试验点过分集中于直线的左侧，也会影响 K_m 和 V_{max} 的精确测定。

二、酶浓度对反应速度的影响

在一个酶作用的最适条件下,如果底物浓度足够大,足以使酶饱和的情况下,酶促反应的速率与酶浓度成正比,$V=K[E]$,K 为反应速率常数。这种性质是测定酶活力的依据。在测定酶活力时,要求 $[E]$ 远小于 $[S]$,从而保证酶促反应速率与酶浓度成正比。这里要注意的是:使用的酶应是纯酶制剂。

三、pH 对酶促反应速度的影响

氢离子浓度对酶的影响很大,在稀酸或稀碱条件下直接或间接影响酶的催化活力,同时在一定的酸或碱条件下也会使酶蛋白变性失活。

酶常常限于某一 pH 范围内才表现出最大活力,这种表现出酶最大活力的 pH 就是该酶的最适 pH。当稍高于或低于这个最适 pH 时酶活力就降低。

各种酶在一定的条件下都有它特定的最适 pH,因此最适 pH 是酶的特性之一。大多数酶的最适 pH 在 5.0~8.0 之间。植物和微生物中的酶,最适 pH 为 4.5~6.5,动物体内的酶在 6.5~8.0 左右。但也有例外,如地衣芽孢杆菌碱性蛋白酶的最适 pH 为 11.0,胃蛋白酶的最适 pH 为 1.5,肝中精氨酸酶的最适 pH 为 9.5。但是酶的最适 pH 不是一个固定的常数,它受到许多因素影响,如底物种类和浓度、缓冲液种类和浓度不同等都会引起最适 pH 的改变,因此最适 pH 只有在一定条件下才有意义。

酶的最适 pH 可以通过实验的方法测定,其数值受酶的来源、纯度、底物、浓度、作用时间、温度、缓冲剂等多种因素影响。

四、温度对酶促反应速度的影响

温度对酶反应的影响是双重的,随温度提高,反应速度也加快,直至达到最大值。一般温度每升高 10℃,反应速率增加 1~2 倍;另一方面,随温度升高,酶逐渐变性失活,反应速率随温度的升高而降低(图 2-5)。

温度对酶反应的影响很大,绝大多数酶在 60℃ 以上即失活,而低温下则酶反应进行得十分缓慢。温度低时,酶反应速度也低,并随着温度升高反应速度也升高,当温度升到一定高度时,再升高温度酶反应速度反而下降。因此只有在某一温度下,反应速度达到最大值,该温度通常称为酶反应的最适温度。在最适温度的两侧,反应速度都较低。每种酶在一定条件下都有它的最适温度。一般动物细胞内的酶最适温度在 37~50℃,植物细胞中的酶最适

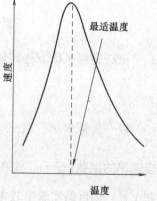

图 2-5 温度与酶反应速度的关系

温度较高，通常在 45~60℃，微生物中的酶最适温度差别较大，细菌高温淀粉酶的最适温度达 80~90℃。

最适温度不是酶的特征物理常数，因为一种酶具有的最高催化能力的温度不是一成不变的，它往往受到酶的纯度、底物、激活剂、抑制剂以及酶促反应时间等因素的影响。因此对同一种酶而言，必须说明什么条件下的最适温度。

需注意的是：酶的固体状态比在溶液中对温度的耐受力要强。酶的冷冻干粉在冰箱中可放置几个月，甚至更长时间。而酶溶液在冰箱中只能保存几周，甚至几天就会失活。所以酶制剂以固体保存为佳。

五、抑制剂对酶促反应速度的影响

抑制剂是一种对酶反应速度有重要影响的因素。抑制作用是指由于某些物质与酶的活力有关部位结合，使酶蛋白活性部位的结构和性质发生改变，从而引起酶活力下降或丧失的一种效应。引起抑制作用的物质称为酶的抑制剂。抑制作用不同于酶蛋白变性而引起的酶活力降低或丧失的失活作用。

酶的抑制剂种类很多，如重金属离子（Ag^+、Hg^{2+}、Cu^{2+} 等）、氰化物、一氧化碳、砷化物、碘乙酸、硫化氢、氟化物、生物碱、染料、有机磷农药、麻醉剂等。对生物有剧毒的物质大都是酶的抑制剂。

根据酶与抑制剂结合方式不同，可分为竞争性抑制作用（有些抑制剂和底物竞争与酶结合，当抑制剂与酶结合后，就妨碍了底物与酶的结合，减少了酶的作用机会，因而降低了酶的活力）和非竞争性抑制作用（有些抑制剂和底物可同时结合在酶的不同部位上。换言之，就是抑制剂与酶结合后，不妨碍酶再与底物结合，但所形成的酶－底物－抑制剂三元复合物 ESI 不能发生反应）。

根据抑制剂与酶的作用方式不同，可分为可逆抑制作用（抑制剂与酶的天然底物相似，与酶的活性中心可逆地结合，可以通过透析、超滤等物理方法除去抑制剂而恢复酶的活力）与不可逆抑制作用（抑制剂通过共价键与酶的活性部位结合，结合后很难自发分解，只能通过其他化学反应才能将抑制剂从酶分子上移去，不能通过透析、超滤等物理方式解除抑制作用，如氰化物对氧化酶类的抑制等）。

六、激 活 剂

凡是能提高酶活力的简单化合物都称为激活剂或活化剂，大部分是无机离子，其中金属离子如 Na^+，K^+，Ca^{2+}，Mg^{2+}，Cu^{2+}，Zn^{2+}，Cr^{3+}，Fe^{3+} 等，无机阴离子如 Cl^-，Br^-，I^-，CN^-，NO_3^-，PO_4^{3-} 等都可作为激活剂起作用。最典型的例子是唾液淀粉酶受 Cl^- 激活，当唾液透析后，该酶活力就大大降低，加入少量 NaCl 溶液后，此酶活力又明显提高。DNA 酶需要 Mg^{2+}，脱羧酶需要 Mg^{2+}，Mn^{2+}，Co^{2+} 为激活剂，细菌蛋白酶用于皮革脱毛时，加入少量 Cu^{2+}，

Mg^{2+}或Co^{2+}后,酶的活力就会明显提高。这些离子的作用点可能是酶活性部位的组成部分,也可能是由于它与酶或底物或中间物结合所引起的。激活剂不是酶的组成成分,与酶的辅助因子不同,其只能起到提高酶活性的作用。一些小分子的有机化合物如抗坏血酸、半胱氨酸、谷胱甘肽等对某些含巯基的酶也有激活作用,它们主要是保护巯基酶分子中的巯基不被氧化,从而提高酶的活性。一些蛋白激酶对某些酶的激活,在生物体代谢活动中起重要的作用。

激活剂对酶的作用具有一定的选择性,一种激活剂对某种酶可能具有激活作用,但对另一种酶可能具有抑制作用。如镁离子是脱羧酶、烯醇化酶、DNA聚合酶等的激活剂,但对肌球蛋白腺苷三磷酸酶的活性有抑制作用。另外,各离子之间有时还有拮抗作用,如Na^+抑制K^+激活的酶,Ca^{2+}能抑制Mg^{2+}激活的酶。有时金属离子之间还可相互替代,如Mg^{2+}作为激酶的激活剂可被Mn^{2+}代替。激活剂的浓度不同其作用也不一样,有时对同一种酶是低浓度起激活作用,而高浓度则起抑制作用。

 知识链接

酶活力与测定

酶活力大小即酶催化某一化学反应的能力,用酶活力单位表示,简称酶单位(U)。酶单位的定义是:在一定条件下,一定时间内将一定量的底物转化为产物所需的酶量。这样,酶的量就可以用每克酶制剂或每毫升酶制剂含有多少酶单位数来表示(U/g,U/mL)。酶活力单位并不直接表示酶的绝对数量,在实际应用中,除了用每克(或每毫升)酶制剂含多少活力单位表示酶活力的大小外,还可以每克酶蛋白含有多少酶活力单位来表示活力大小,称为比活力,有时也用每(毫)升酶液或每克酶制剂的活力单位数表示酶的比活力。

在实际工作中,酶活力单位往往与所用的测定方法、反应条件等因素有关。同一种酶采用的测定方法不同,活力单位也不尽相同;如乳酸脱氢酶活力单位的定义是:在25℃,pH 7.5条件下,每分钟A_{340nm}增加0.1个单位或0.5个单位为一个活力单位。也可用丙酮酸的增加量来表示:在最适条件下,每分钟增加10μmol/L或5μmol/L丙酮酸为一个活力单位。为了便于比较和统一活力标准,1961年国际生物化学学会(IUB)酶学委员会提出使用国际单位(IU)。一个国际单位是指在最适条件(温度25℃)下,每分钟催化1μmol/L底物转化为产物所需的酶量。如果酶的底物中有一个以上的可被作用的键或基团,则一个国际单位指的是每分钟催化1μmol/L的有关基团或键的变化所需的酶量。

1972年,国际酶学委员会为了使酶的活力单位与国际单位制中的反应速率表达方式相一致,推荐使用一种新的单位"催量",即Katal,简称Kat,来表示酶活力单位。1Kat单位定义为:在最适条件下,每秒钟能使1mol/L底物转化为产物所需的酶量为一个Kat单位。同理,可使1μmol/L底物转化的酶量定义为

1μKat 单位；以此类推有毫微 Kat（nKat）和微微 Kat（pKat）等。催量和国际单位之间的关系是：

$1IU = 1\mu mol/(L \cdot min) = 1/60\mu mol/(L \cdot s) = 1/60\mu Kat = 16.6nKat$

酶活力的大小可以用在一定条件下它所催化的某一化学反应的速度来表示。反应速度大，酶活力高；反应速度小，酶活力低。与一般化学反应一样，酶催化的反应速度可以用单位时间内底物的减少或产物的增加来表示。由于在酶反应时，底物一般都是过量的，而且反应又不宜进行得太久，因此底物减少的量往往只占总量的极小百分数，不易正确分析，而相反产物从无到有，只要测定方法足够灵敏，就可以准确测定，所以在实际酶活力测定中，一般以测定产物的增加为好。

酶活力测定的方法很多，如化学测定法、光学测定法、气体测定法等。酶活力测定均包括两个阶段：首先是在一定条件下，酶与底物反应一段时间，然后再测定反应体系中底物或产物的变化量。进行酶活力测定可以有两种方法：其一是测定完成一定量反应所需的时间，称终点法；其二是测定单位时间内酶催化的化学反应量，称动力学法。

第六节 酶的分离纯化与应用

一、酶的分离纯化

（一）酶在细胞中的分布

（1）胞外酶　属水解酶类，易收集，不必破碎细胞，缓冲液或水浸泡细胞或发酵液离心得到上清液即为含酶液。

（2）胞内酶　指除水解酶类外的其他酶类，需破碎细胞，不同的酶分布部位不同，最好先将酶存在的细胞器分离后再破碎该细胞器，然后将酶用适当的缓冲溶液或水抽提。

（二）分离提纯

（1）酶的抽提　将酶溶解出来就称为抽提。

胞外酶：固体培养的菌体加水或适当缓冲溶液浸泡过滤即可。液体培养的菌体将发酵液离心分离除去菌体收集离心液即可。

胞内酶：先破碎细胞，再用水或适当的缓冲溶液抽提。

生物组织（细胞）的破碎方法有机械（匀浆）法；超声波法；冻融法；渗透压法；酶消化法；化学破碎法。

（2）酶的纯化　纯化的关键是维持酶的活性，因为随着酶的逐渐提纯，一些天然的可保持酶活力的其他成分逐渐减少，酶的稳定性变差，所以整个纯化过程应维持低温。

酶和杂蛋白的性质差异大体有以下几个方面，它们的分离方法根据这个基础分为：

①根据分子大小而设计的方法，如离心分离法、筛膜分离法、凝胶过滤法等。

②根据溶解度大小分离的方法，如盐析法、有机溶剂沉淀法、共沉淀法、选择性沉淀法、等电点沉淀法等。

③按分子所带正负电荷多少分离的方法，如离子交换分离法、电泳分离法、聚焦层析法等。

④按稳定性差异建立的分离方法，如选择性热变性法、选择性酸碱变性法、选择性表面变性法等。

⑤按亲和作用的差异建立的分离方法，如亲和层析法、亲和电泳法等。

（3）酶的结晶　纯化以后的酶液再次沉淀，分离得到酶的结晶。

（4）酶的保存　一般在低温下如 -20℃以下保存。

二、生物发酵工业等常见酶制剂简介

（1）α-淀粉酶　α-淀粉酶广泛分布于动物（唾液、胰脏等）、植物（麦芽、山萮菜）及微生物。微生物的酶几乎都是分泌性的。此酶以 Ca^{2+} 为必需因子并作为稳定因子，既作用于直链淀粉，也作用于支链淀粉，无差别地切断 α-1,4-键。因此，其特征是引起底物溶液黏度的急剧下降和碘试颜色反应的消失，最终产物在分解直链淀粉时以葡萄糖为主，此外，还有少量麦芽三糖及麦芽糖。在分解支链淀粉时，除麦芽糖、葡萄糖、麦芽三糖外，还生成分支部分具有 α-1,6-键的 α-极限糊精（又称 α-糊精）。一般分解限度以葡萄糖为准是 35%~50%，但在细菌的淀粉酶中，也有呈现高达 70% 分解限度的（最终游离出葡萄糖）。

耐高温 α-淀粉酶采用地衣芽孢杆菌（*Bacillus licheniformis*），经发酵，提炼而成，具有很好的耐热性，广泛应用于淀粉加工、制糖、味精、酒精、啤酒、柠檬酸、纺织印染、造纸以及其他发酵工业等。最适 pH 6.0~6.2，有效 pH 5.0~8.0，最适温度 95~97℃，有效温度 90~100℃，在喷射液化工艺中瞬间温度可达 105~110℃。酶活力定义：1mL 酶液在 70℃，pH 6.0 条件下，1min 液化可溶性淀粉 1mg 的酶量即为一个酶活力单位，以 U/mL 表示。

中温液体 α-淀粉酶采用枯草芽孢杆菌（*Bacillus Subtilis*）经深层发酵、精炼而成。作用条件在 70~90℃之间，随着温度升高，其反应速度加快，但失活也加快。最适作用温度 85℃，为提高酶活力稳定性，钙离子浓度应在 50~70μg/g。pH 6.0~7.0 较为稳定，最适作用 pH 6.0~6.4，pH 5.0 以下失活严重。酶活力定义：1mL 酶液于 60℃，pH 6.0 条件下，1h 液化可溶性淀粉 1g 的酶量即为一个酶活力单位，以 U/mL 来表示。

（2）糖化酶　糖化酶又称葡萄糖淀粉酶 [*Glucoamylase*，（EC. 3.2.1.3.）]，

它能把淀粉从非还原性末端水解 α-1,4-葡萄糖苷键产生葡萄糖,也能缓慢水解 α-1,6-葡萄糖苷键,转化为葡萄糖。糖化酶是由曲霉（*Aspergilus niger*）经深层发酵提炼而成。广泛用于生产白酒、黄酒、酒精、啤酒;用于以葡萄糖作发酵培养基的各种抗生素、有机酸、氨基酸、维生素的发酵;用于生产各种规格的葡萄糖。最适作用温度是 60~62℃。最适作用 pH 4.0~4.5 左右。酶活力定义:1g 酶粉或 1mL 酶液在 40℃,pH 4.6 条件下,1h 水解可溶性淀粉产生 1mg 葡萄糖的酶量为 1 个酶活力单位（U）,参考用量 100~300 单位/g 原料。

(3) β-淀粉酶　β-淀粉酶作用淀粉时从非还原性末端依次切开 α-1,4 糖苷键生成麦芽糖,与此同时将构型由 α-型变为 β-型。主要见于高等植物中（大麦、小麦、甘薯、大豆等）,但也在细菌、牛乳、霉菌中存在。对于直链淀粉能完全分解得到麦芽糖和少量的葡萄糖。作用于支链淀粉或葡聚糖的时候,切断至 α-1,6-键的前面反应就停止了,因此生成分子量比较大的 β-极限糊精。酶活定义:1g 酶粉在标准条件下（pH 5.8,温度 60℃）每小时水解 1% 可溶性淀粉,所产生的还原糖相当于麦芽糖的毫克数。

(4) 普鲁兰酶　普鲁兰酶是一种脱支酶（淀粉 α-1,6-葡萄糖苷酶）。可水解液化淀粉中的 α-1,6-D-糖苷键而产生包含 α-1,4-D-糖苷键的直链多糖,能快速有效地作用于支链淀粉,与其他酶（糖化酶、真菌淀粉酶）高效配合,从而达到加快反应速度,提高葡萄糖、麦芽糖含量的目的。可广泛应用于啤酒、淀粉糖、味精、酒精等行业。

该酶在 55~65℃ 范围内活性较强,其中 60℃ 为其降解普鲁兰糖的最适温度。普鲁兰酶在低于 70℃ 时稳定性较好,残余活力在 90% 以上,温度高于 70℃ 后,酶活力开始迅速下降。最适 pH 5.0~6.0。在 pH 4.0~7.5 范围内,普鲁兰酶稳定性较高,活力损失较少,酶的残余活力在 90% 以上。Fe^{3+} 对普鲁兰酶活性有激活作用;Cu^{2+}、Ag^+、Hg^{2+}、Pb^{2+} 对酶活性有强烈的抑制作用;Zn^{2+}、Mg^{2+}、Ni^{2+} 也有一定的抑制作用,其他金属离子对该酶活性影响不明显。

(5) 果胶酶　果胶酶是分解果胶的一个多酶复合物,通常包括原果胶酶、果胶甲酯水解酶、果胶酸酶。通过它们的联合作用使果胶质得以完全分解。天然的果胶质在原果胶酶作用下,转化成水可溶性的果胶;果胶被果胶甲酯水解酶催化去掉甲酯基团,生成果胶酸;果胶酸经果胶酸水解酶类和果胶酸裂合酶类降解生成半乳糖醛酸。最适作用 pH 3.5~4.5,最适作用温度 40~50℃。

果胶酶由黑曲霉经发酵精制而得。果胶酶广泛存在于植物和微生物中,动物细胞通常不能合成这类酶。工业上主要采用曲霉菌,如黑曲霉或青霉菌等生产。用于果汁加工（澄清果汁）、橘子脱囊衣以及制造浓缩果汁、果粉和低糖果冻。也可用于果酒的澄清,提高酒的收率。还可用于麻料脱胶和木材防腐等。

(6) 蛋白酶 蛋白酶是水解蛋白质肽键的一类酶的总称。按其水解多肽的方式,可以将其分为内肽酶和外肽酶两类。内肽酶将蛋白质分子内部切断,形成分子量较小的胨和䏡。外肽酶从蛋白质分子的游离氨基或羧基的末端逐个将肽键水解,而游离出氨基酸,前者为氨基肽酶,后者为羧基肽酶。按其活性中心和最适 pH,又可将蛋白酶分为丝氨酸蛋白酶、巯基蛋白酶、金属蛋白酶和天冬氨酸蛋白酶。按其反应的最适 pH,分为酸性蛋白酶、中性蛋白酶和碱性蛋白酶。工业生产上应用的蛋白酶,主要是内肽酶。工业上生产蛋白酶制剂主要利用枯草杆菌、栖土曲霉等微生物发酵制备。

蛋白酶广泛应用在皮革、毛皮、丝绸、医药、食品、酿造等方面。皮革工业的脱毛和软化已大量利用蛋白酶,既节省时间,又改善劳动卫生条件。蛋白酶还可用于蚕丝脱胶、肉类嫩化、酒类澄清。临床上可作药用,如用胃蛋白酶治疗消化不良,用酸性蛋白酶治疗支气管炎,用胰蛋白酶、胰凝乳蛋白酶对外科化脓性创口的净化及胸腔间浆膜粘连的治疗。加酶洗衣粉是洗涤剂中的新产品,含碱性蛋白酶,能去除衣物上的血渍和蛋白污物,但使用时注意不要接触皮肤,以免损伤皮肤表面的蛋白质,引起皮疹、湿疹等过敏现象。

(7) 木聚糖酶 木聚糖酶是指能够降解半纤维素木聚糖一组酶的总称,主要包括木聚糖内切酶、木聚糖外切酶及降解支链的辅酶等。木聚糖内切酶作用于木聚糖和长链木寡糖,随机水解切断木聚糖主干链内部的 β-1,4-木糖苷键,多数作用于木聚糖的无侧链区段,产生木寡糖或带有侧链的寡聚糖,从而降低木聚糖的聚合度;木聚糖外切酶则作用于木聚糖和木寡糖的非还原性末端,产物为木糖。在木聚糖降解的过程中,该酶与木聚糖内切酶相互促进,加速木聚糖降解的进程,提高木聚糖酶的催化效率;对于阿拉伯呋喃糖苷酶、酯酶、葡萄糖醛酸酶等支链酶来说,其主要是通过裂解木聚糖支链中阿拉伯糖、葡萄糖醛酸等与木糖残基之间的糖苷键,从而提高木聚糖的溶解性和降解速度。如在缺乏酯酶的情况下,木聚糖酶则难以接近高度酰化的木聚糖主链骨架,从而抑制其酶解过程。而乙酰木聚糖酯酶则可以从乙酰木聚糖的 C—2 与 C—3 位置上去除氧乙酰基释放出醋酸,改善木聚糖酶的水解效率。

木聚糖酶可以分解酿造或饲料工业中的原料细胞壁以及 β-葡聚糖,降低酿造中物料的黏度,促进有效物质的释放,以及降低饲料用粮中的非淀粉多糖,促进营养物质的吸收利用,并因而更易摄取可溶性脂类成分。

酶活力定义:1g 酶粉于 50℃、pH 4.8 条件下,每分钟催化分解木聚糖产生 1μmol 木糖的量为一个酶活力单位,以 IU/g 表示。木聚糖酶应用 pH 3.5~6.0,适宜温度 40~60℃,并能耐受高温制粒操作。啤酒生产中可在糖化过程蛋白质休止期或后发酵中添加,通常用量为 25~75g/t 麦汁或发酵液汁。

(8) 脂肪酶 脂肪酶即三酰基甘油酰基水解酶,它催化天然底物油脂水解,生成脂肪酸、甘油和甘油单酯或二酯。酶活力定义为 1g 固体酶粉,于 40℃,pH

7.5 的条件下，水解脂肪每分钟产生 1 微摩尔（μmol）的脂肪酸，即为一个脂肪酶国际单位，以 U/g 表示。

微生物产脂肪酶菌种主要集中在真菌，包括根霉、黑曲霉、镰孢霉、红曲霉、黄曲霉、毛霉、犁头霉、须霉、白地霉、核盘菌、青霉、木霉，其次是细菌，如假单胞菌、枯草芽孢杆菌、大肠杆菌工程菌、无色杆菌、小球菌、发光杆菌、黏质赛氏杆菌、非极端细菌和洋葱伯克霍尔德菌等，另外还有解脂假丝酵母和放线菌。脂肪酶是重要的工业酶制剂品种之一，可以催化解脂、酯交换、酯合成等反应，广泛应用于油脂加工、食品、医药、日化等工业。

(9) 纤维素酶 纤维素酶（*cellulase*）是降解纤维素生成葡萄糖的一组酶的总称，它不是单成分酶，而是由多个酶起协同作用的多酶体系。纤维素酶主要由外切 β - 葡聚糖酶、内切 β - 葡聚糖酶和 β - 葡萄糖苷酶等组成，还有很高活力的木聚糖酶活力。纤维素酶的来源非常广泛，昆虫、微生物、细菌、放线菌、真菌、动物体内等都能产生纤维素酶。纤维素酶根据其催化反应功能的不同可分为内切葡聚糖酶（来自真菌的简称 EG，来自细菌的简称 Cen）、外切葡聚糖酶（来自真菌的简称 CBH，来自细菌的简称 Cex）和 β - 葡萄糖苷酶（简称 BG）。内切葡聚糖酶随机水解纤维素多糖链内部的无定型区，产生不同长度的寡糖和新链的末端。外切葡聚糖酶作用于这些还原性和非还原性的纤维素多糖链的末端，释放葡萄糖或纤维二糖。β - 葡萄糖苷酶水解纤维二糖产生两分子的葡萄糖。

目前，用于生产纤维素酶的微生物菌种较多的是丝状真菌，其中酶活力较强的菌种为木霉属（*Trichoderma*）、曲霉属（*Aspergillus*）和青霉属（*Penicillium*），特别是绿色木霉（*Trichoder mavirde*）及其近缘菌株等较为典型，是目前公认的较好的纤维素酶生产菌。

植物纤维原料是地球上最丰富、最廉价而又可再生的资源，其主要成分是纤维素和半纤维素。利用纤维素酶和半纤维素酶将纤维素和半纤维素降解成可发酵糖，通过发酵制取酒精、单细胞蛋白、有机酸、甘油、丙酮及其他重要的化学化工原料。此外，纤维素、半纤维素通过纤维素酶的限制性降解还可制备成功能性食品添加剂，如微晶纤维素、膳食纤维和功能性低聚糖等。

三、酶 的 应 用

酶广泛应用于医药、洗涤剂、纺织、淀粉制糖、发酵、酒精、食品（包括果蔬汁、啤酒酿造、谷物食品、蛋白水解和功能食品以及食用油脂）、饲料、皮革、造纸和化工等工业领域。

1. 酶在食品工业的应用（表 2 - 1）

表 2-1　　酶在食品发酵工业的应用

酶	食品	目的与反应
淀粉酶	焙烤食品	增加酵母发酵过程中的糖含量
	酿造	在发酵过程中使淀粉转化为麦芽糖，除去淀粉造成的浑浊
	各类食品	将淀粉转化为糊精、糖，增加吸收水分能力
	巧克力	将淀粉转化成流动状
	糖果	从糖果碎屑中回收糖
	果汁	除去淀粉以增加起泡性
	果冻	除去淀粉，增加光泽
	果胶	作为苹果皮制备果胶时的辅剂
	糖浆和糖	将淀粉转化为低分子量的糊精（玉米糖浆）
	蔬菜	在豌豆软化过程中将淀粉水解
转化酶	人造蜂蜜	将蔗糖转化为葡萄糖和果糖
	糖果	生产转化糖供制糖果点心用
葡聚糖-蔗糖酶	糖浆	使糖浆增稠
	冰淇淋	使葡聚糖增加，起增稠剂作用
乳糖酶	冰淇淋	阻止乳糖结晶引起的颗粒和砂粒结构
	饲料	使乳糖转化成半乳糖和葡萄糖
	牛奶	除去牛乳中的乳糖以稳定冰冻牛乳中的蛋白质
纤维素酶	酿造	水解细胞壁中复杂的碳水化合物
	咖啡	咖啡豆干燥过程中将纤维素水解
	水果	除去梨中的粒状物，加速杏及番茄的去皮
半纤维素	咖啡	降低浓缩咖啡的黏度
果胶酶（有利方面）	巧克力-可可	增加可可豆发酵时的水解活动
	咖啡	增加可可豆发酵时明胶状种衣的水解
	果汁	增加压汁的产量，防止絮结，改善浓缩过程
	水果	软化
	橄榄	增加油的提取
	酒类	澄清
果胶酶（不利方面）	橘汁	破坏和分离果汁中的果胶物质
	面粉	若酶活性太高会影响空隙的体积和质地
脂肪酶（有利方面）	干酪	加速熟化、成熟及增加风味
	油脂	使脂肪转化成甘油和脂肪酸
	牛乳	使牛奶巧克力具特殊风味

续表

酶	食品	目的与反应
脂肪酶（不利方面）	谷物食品	使黑麦蛋糕过分褐变
	牛乳及乳制品	水解性酸败
	油类	水解性酸败
磷酸酯酶	婴儿食品	增加有效性磷酸盐
	啤酒发酵	使磷酸化合物水解
	牛奶	检查巴氏消毒的效果
核糖核酸酶	风味增加剂	增加5′-核苷酸与核苷
过氧化物酶（有利方面）	蔬菜	检查热烫
	葡萄糖的测定	与葡萄糖氧化酶综合利用测定葡萄糖
过氧化物酶（不利方面）	蔬菜	产生异味
	水果	加强褐变反应
葡萄糖氧化酶	各种食品	除去食品中的氧气或葡萄糖，常与过氧化氢酶结合使用
脂氧合酶	面包	改良面包质地、风味并进行漂白
双乙醛还原酶	啤酒	降低啤酒中双乙醛的浓度
过氧化氢酶	牛乳	在巴氏消毒中破坏 H_2O_2
多酚氧化酶（有利方面）	茶叶、咖啡、烟草	使其在熟化、成熟和发酵过程中产生褐变
多酚氧化酶（不利方面）	水果、蔬菜	产生褐变、异味及破坏维生素C

2. 酶在食品分析中的应用（见表2-2、表2-3）

表2-2　　　　　　食物中的酶活力测定

酶	食物
二酚氧化酶	谷物、面粉、牛奶、蔬菜
黄嘌呤-氧-氧化还原酶	牛奶
脂氧合酶	大豆、面粉
淀粉酶	蜂蜜、面粉、麦芽、牛奶、面包、淀粉
过氧化氢酶	乳、乳品
脂酶	乳、乳品、谷类粉
磷酸酯酶	乳、乳品
过氧化物酶	谷物、面粉、牛奶、蔬菜
脲酶	大豆粉、大豆制品
肌酸酶	肉提取液、肉汤

表2-3　　　　　　　　　能用酶测定的一些化合物

化合物类别	代表化合物
醇	乙醇、甘油
醛	乙醛、乙醇醛
酸及其盐	乙酸盐、乳酸盐、甲酸盐、苹果酸盐、琥珀酸盐、柠檬酸盐、异柠檬酸盐、丙酮酸盐
单糖和类似化合物	葡萄糖、果糖、半乳糖、戊糖、山梨醇、肌醇
二糖和低聚糖	蔗糖、乳糖、蜜三糖、麦芽糖
多聚糖	淀粉、纤维素、半纤维素
L-氨基酸	谷氨酸、精氨酸
类脂	胆固醇

3. 酶在医学中的应用

(1) 酶在疾病诊断中的应用（诊断试剂），见表2-4。

表2-4　　　　　　　　　酶在疾病诊断中的应用

酶	测定的物质	用途
葡萄糖氧化酶	葡萄糖	测定血糖、尿糖，诊断糖尿病
葡萄糖氧化酶+过氧化物酶	葡萄糖	测定血糖、尿糖，诊断糖尿病
尿素酶	尿素	测定血液、尿液中尿素的量，诊断肝脏、肾脏病变
谷氨酰胺酶	谷氨酰胺	测定脑脊液中谷氨酰胺的量，诊断肝昏迷、肝硬化
胆固醇氧化酶	胆固醇	测定胆固醇含量，诊断高脂血症等
DNA聚合酶	基因	通过基因扩增，基因测序，诊断基因变异、检测癌基因

(2) 酶作为治疗疾病的药物在临床上的应用（表2-5）。

表2-5　　　　　　　酶作为治疗疾病的药物在临床上的应用

酶	来源	用途
淀粉酶	胰脏、麦芽、微生物	治疗消化不良，食欲不振
蛋白酶	胰脏、胃、植物、微生物	治疗消化不良，食欲不振，消炎、消肿，除去坏死组织，促进创伤愈合，降低血压
脂肪酶	胰脏、微生物	治疗消化不良，食欲不振
纤维素酶	霉菌	治疗消化不良，食欲不振
溶菌酶	蛋清、细菌	治疗各种细菌性和病毒性疾病
尿激酶	人尿	治疗心肌梗死，结膜下出血，黄斑部出血
链激酶	链球菌	治疗血栓性静脉炎，咳痰，血肿，下出血，骨折
青霉素酶	蜡状芽孢杆菌	治疗青霉素引起的变态反应

续表

酶	来源	用途
L-天冬酰胺酶	大肠杆菌	治疗白血病
超氧化物歧化酶	微生物，植物，动物	预防辐射损伤，治疗红斑狼疮，皮肌炎，结肠炎
凝血酶	动物，细菌，酵母等	治疗各种出血病
胶原酶	细菌	分解胶原，消炎，化脓，脱痂，治疗溃疡
右旋糖酐酶	微生物	预防龋齿
胆碱酯酶	细菌	治疗皮肤病，支气管炎，气喘
溶纤酶	蚯蚓	溶血栓
弹性蛋白酶	胰脏	治疗动脉硬化，降血脂
核糖核酸酶	胰脏	抗感染，祛痰，治肝癌
尿酸酶	牛肾	治疗痛风

4. 工具酶在生物学研究中的应用

利用酶的专一性催化作用，可以进行生物大分子的分析、改造和生物物质的处理。用于这样目的的酶称为工具酶。例如：各种蛋白酶已用于蛋白质分子的一级结构分析。DNA聚合酶已用于DNA一级结构分析。各种DNA限制性内切酶能将DNA断裂成为片断，这是基因工程能够实现的重要前提之一。在处理细菌细胞时，可以用溶菌酶、纤维素酶等破碎细胞。

5. 酶的固定化

固定化酶是20世纪50年代开始发展起来的一项新技术，最初是将水溶性酶与不溶性载体结合起来，成为不溶于水的酶的衍生物，所以曾称作"水不溶酶"和"固相酶"。但是后来发现，也可以将酶包埋在凝胶内或置于超滤装置中，高分子底物与酶在超滤膜一边，而反应产物可以透过膜逸出，在这种情况下，酶本身仍处于溶解状态，只不过被固定在一个有限的空间内不能再自由流动。在1971年第一届国际酶工程会议上，正式建议采用"固定化酶"的名称。

所谓固定化酶，是指限制或固定于特定空间位置的酶，具体来说，是指经物理或化学方法处理，使酶变成不易随水流失即运动受到限制，而又能发挥催化作用的酶制剂。制备固定化酶的过程称为酶的固定化。此外，若将一种不能透过高分子化合物的半透膜置入容器内，并加入酶及高分子底物，使之进行酶反应，低分子生成物就会连续不断地透过滤膜，而酶因其不能透过滤膜而被回收再用，这种酶实质也是一种固定化酶。

酶的固定化方法主要可分为四类：吸附法、包埋法、共价键结合法和交联法等。吸附法和共价键结合法又可统称为载体结合法，见表2-6。用共价键结合法制备的固定化酶，酶和载体之间都是通过化学反应以共价键偶联。由于共价键的键能高，酶和载体之间的结合相当牢固，即使用高浓度底物溶液或盐溶液，也不会使酶分子从载体上脱落下来，具有酶稳定性好、可连续使用较长时间的优点。往往一种酶可以用不同方法固定化，但没有一种固定化方法可以普遍地适用于每一种酶。在实际应用时，常将两种或数种固定化方法并用，以取长补短。

表2-6　　　　　　　　　　　　酶的固定化方法

固定化方法	分类	固定化方法	分类
非共价结合法	结晶法 分散法 物理吸附法 离子结合法	化学结合法	交联法 共价结合法
		包埋法	微囊法 网格法

小　结

生物体内广泛地存在一类特殊的催化剂——酶。它能有效地降低参加化学反应的各个分子的活化能，使生物体能够快速而高效地完成各种化学反应。酶是生物体活细胞产生的具有特殊催化活性和特定空间构象的生物大分子，包括蛋白质及核酸，又称为生物催化剂。绝大多数酶是蛋白质，少数是核酸RNA，后者称为核酶。生物体在新陈代谢过程中，几乎所有的化学反应都是在酶的催化下进行的。在生物体内，酶控制着所有的生物大分子（蛋白质、碳水化合物、脂类、核酸）和小分子（氨基酸、糖、脂肪和维生素）的合成和分解。根据酶催化反应的类型，把酶分为六大类：氧化还原酶、转移酶、水解酶、裂解酶、异构酶、合成酶。

酶作为生物催化剂的特点：具有很高的催化效率，具有高度的专一性和多样性，反应条件温和、酶的活性受调节控制。酶促化学反应中的反应物称为底物，一个酶分子在一分钟内能引起数百万个底物分子转化为产物，酶在反应过程中并不消耗。酶的催化作用机制，目前较为认可的有两种理论假说：一个是"锁钥"模式（1890 Fisher 提出），酶与底物的结合有很强的专一性，也就是对底物具有严格的选择性，即底物分子结构稍有变化，酶也不能将其转化成产物；另一个是"诱导契合学说"（Koshland 提出），"诱导契合学说"认为催化部位要诱导才能形成，而不是现成的。酶的一级结构是酶具有催化功能的决定性部分，而高级结构为酶催化功能所必需部分。酶的一级结构发生变化，其催化功能发生相应的改变。酶的二级、三级结构是所有酶都必须具备的空间结构，是维持酶的活性部位所必需的构型。当酶蛋白的二级、三级结构彻底改变时，就可使酶遭受破坏而丧失其催化功能。对于大多数化学本质为蛋白质的酶来说，按其化学组成可分为单纯酶和结合酶两类。酶活性中心内的必需基团组成有两种：一是结合基团，其作用是与底物相结合，生成酶-底物复合物；另一个是催化基团，其作用是影响底物分子中某些化学键的稳定性，催化底物发生化学反应并促进底物转变成产物。

没有活性的前体称为酶原，从没有活性的酶原转变成有活性的酶的过程称酶原激活或活化过程。只有一条多肽链的酶称为单体酶，由两个以上亚基（有时可多到60或更多亚基）组成（具有四级结构）的酶称为寡聚酶。生物体内催化相同反应而分子结构不同的酶称之为同工酶。米氏方程，是酶学中最基本的方程式：

$$v = \frac{V[S]}{K_m + [S]} \text{ 或 } K_m = [S]\left[\frac{V}{v} - 1\right]$$

式中 v 为反应速度，V（即 V_{max}）为酶完全被底物饱和时的最大反应速度，$[S]$ 为底物浓度，K_m 为米氏常数。

酶与抑制剂结合方式不同，可分为竞争性抑制作用（有些抑制剂和底物竞争与酶结合，当抑制剂与酶结合后，就妨碍了底物与酶的结合，减少了酶的作用机会，因而降低了酶的活力）和非竞争性抑制作用（有些抑制剂和底物可同时结合在酶的不同部位上）。凡是能提高酶活力的简单化合物都称为激活剂或活化剂，大部分是无机离子。

酶广泛应用于医药、洗涤剂、纺织、淀粉制糖、发酵、酒精、食品（包括果蔬汁、啤酒酿造、谷物食品、蛋白水解和功能食品以及食用油脂）、饲料、皮革、造纸和化工等工业领域。

思考与练习

1. 什么是酶？它在生命活动过程中起何重要作用？
2. 酶与一般催化剂比较，其催化作用有何特点？
3. 什么是结合蛋白酶？什么是酶蛋白、辅酶、辅基和全酶？酶蛋白、辅酶（基）在酶促反应中起什么作用？
4. 影响酶促反应的因素有哪些？它们是如何影响的？
5. 什么是米氏方程，米氏常数 K_m 的意义是什么？试求酶反应速度达到最大反应速度的99%时，所需求的底物浓度（用 K_m 表示）。
6. 称取25mg某蛋白酶制剂配成25mL溶液，取出1mL该酶液以酪蛋白为底物，用Folin-酚比色法测定酶活力，得知每小时产生1500μg酪氨酸。另取2mL酶液，用凯式定氮法测得蛋白氮为0.2mg。若以每分钟产生1μg酪氨酸的酶量为一个活力单位计算，根据以上数据，求出（1）1mL酶液中含有的蛋白质和酶活力单位数；（2）该酶制剂的比活力；（3）1g酶制剂的总蛋白含量和酶活力单位数。
7. 举例说明酶在发酵工业中的应用。

第三章 核　　酸

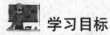
学习目标

1. 掌握核酸的概念和性质。
2. 掌握遗传的概念。
3. 了解核酸的生物合成。

第一节　概　　述

一、核酸的重要性

　　生命是蛋白质存在的形式，蛋白质是生命的基础。在发现核酸前，这句话是对的，但当核酸被发现后，应该说最本质的生命物质是核酸，因为"蛋白质和核酸是一切生命活动的物质基础"。

　　核酸在生命中为什么比蛋白质更重要呢？因为生命的重要性是能自我复制，而核酸就能够自我复制。蛋白质的复制是根据核酸所发出的指令，使氨基酸根据其指定的种类进行合成，然后再按指定的顺序排列成所需要复制的蛋白质。核酸不仅是基本的遗传物质，而且在蛋白质的生物合成上也占重要位置，因而在生长、遗传、变异等一系列重大生命现象中起决定性的作用。遗传是指亲代生物传递给子代与自身性状相同的遗传信息，从而表现为与亲代相同的性状，形成为稳定的物种。这种遗传性是相对的。变异是生物体在某种外因或内因作用下引起的遗传物质水平上发生了改变从而引起某些相对应的性状改变的特性，这种变异性是绝对的。遗传是相对的，变异是绝对的；遗传中有变异，变异中有遗传，从而使微生物能够适应不断变化的环境，得以进化。

　　世界上各种有生命的物质都含有蛋白体，蛋白体中有核酸和蛋白质，至今还没有发现有蛋白质而没有核酸的生命。但在有生命的病毒研究中，却发现病毒以核酸为主体，蛋白质和脂肪以及脂蛋白等只不过充作其外壳，作为与外界环境的界限而已，当它钻入寄生细胞繁殖子代时，把外壳留在细胞外，只有核酸进入细胞内，并使细胞在核酸控制下为其合成子代的病毒。可见核酸是真正的生命物质。

小知识

　　核酸在实践应用方面有极重要的作用，现已发现近 2000 种遗传性疾病都和 DNA 结构有关。如人类镰刀形红血细胞贫血症是由于患者的血红蛋白分子中一个氨基酸的遗传密码发生了改变，白化病患者则是 DNA 分子上缺乏产生促黑色素生成的酪氨酸酶的基因所致。肿瘤的发生、病毒的感染、射线对机体的作用等都与核酸有关。

二、核酸的研究

1. 核酸的发现

1869 年，瑞士科学家 F. Miescher 从外科手术绷带上的脓细胞中提取到一种富含磷元素的酸性化合物，因存在于细胞核中而将它命名为"核质"。早期的研究仅将核酸看成是细胞中的一般化学成分，没有人注意到它在生物体内有什么功能这样的重要问题。

2. 证明 DNA 是遗传物质

在生物体中，遗传变异有无物质基础，以及何种物质是遗传物质曾是生物学中的重大问题。直到 1944 年后，借助于微生物这一有利的实验对象进行的三个著名的证实核酸是遗传变异的基本物质的经典实验，证明了核酸才是遗传变异的真正物质基础。

知识链接

三大经典遗传实验

①肺炎双球菌的转化实验

1944 年，Avery 等人在英国医生格里菲斯进行的肺炎双球菌的转化实验的基础上，寻找导致细菌转化的原因，他们从 S 型肺炎球菌中提取的 DNA 与 R 型肺炎球菌混合后，能使某些 R 型菌转化为 S 型菌，且转化率与 DNA 纯度呈正相关，若将 DNA 预先用 DNA 酶降解，转化就不发生。结论是：S 型菌的 DNA 将其遗传特性传给了 R 型菌，DNA 就是遗传物质。从此核酸是遗传物质的重要地位才被确立，人们把对遗传物质的注意力从蛋白质移到了核酸上。

②噬菌体的感染实验

1952 年，候喜和蔡斯利用放射性同位素标记的新技术，他们对大肠杆菌 T2 噬菌体的吸附、增殖和释放进行了一系列研究，进行了 DNA 是噬菌体的遗传物质的著名实验——噬菌体感染实验。他们用含有 ^{35}S 和 ^{32}P 的培养基去标记大肠杆菌，然后再用 T2 噬菌体感染大肠杆菌。结果发现，几乎全部的 ^{32}P 都和细菌一起出现在沉淀物中，而几乎全部 ^{35}S 都在上清液中。说明只有 DNA 进入宿主体内，DNA 才是真正的遗传物质。

③植物病毒的拆开和重建实验

弗朗克-康拉特等人于 1956 年用含 RNA 的烟草花叶病毒（TMV）进行了在植物病毒领域中著名的重建实验，即将 TMV 放在一定浓度的苯酚溶液中振荡，将蛋白质外壳与 RNA 分离。分离后的 RNA 在没有蛋白质外壳的情况下，依然感染了烟草,并且在病斑部位分离出了新的 TMV,证明烟草花叶病毒(TMV)的主要感染成分是其核酸(这里为 RNA,病毒不含 DNA),而病毒外壳的主要作用只是保护其 RNA 核心。他们还选用了与 TMV 近缘的霍氏车前花叶病毒(HRV)与 TMV 互换核酸和蛋白质外壳进行感染的巧妙实验,令人信服地证实了核酸(这里的 RNA)是 TMV 病毒的遗传物质基础。

3. 发现 DNA 是双螺旋结构

核酸研究中划时代的工作是 Watson 和 Crick 于 1953 年创立的 DNA 双螺旋结构模型。双螺旋结构创始人之一的 Crick 于 1958 年提出的分子遗传中心法则,揭示了核酸与蛋白质间的内在关系,以及 RNA 作为遗传信息传递者的生物学功能。并指出了信息在复制、传递及表达过程中的一般规律,即 DNA→RNA→蛋白质。遗传信息以核苷酸顺序的形式贮存在 DNA 分子中,它们以功能单位在染色体上占据一定的位置构成基因。因此,搞清 DNA 顺序无疑是非常重要的。

关于 DNA 顺序模型的提出,建立在对 DNA 下列三方面认识的基础上:

(1)核酸化学研究中所获得的 DNA 化学组成及结构单元的知识,特别是 Chargaff 于 1950~1953 年发现的 DNA 化学组成的新事实:DNA 中四种碱基的比例关系为 $A/T = G/C = 1$;

(2)X 线衍射技术对 DNA 结晶的研究中所获得的一些原子结构的最新参数;

(3)遗传学研究所积累的有关遗传信息的生物学属性的知识。

综合这三方面的知识所创立的 DNA 双螺旋结构模型(见图 3-1),不仅阐明了 DNA 分子的结构特征,而且提出了 DNA 作为执行生物遗传功能的分子,从亲代到子代的 DNA 复制过程中,遗传信息的传递方式及高度保真性。其正确性于 1958 年被 Meselson 和 Stahl 的著名实验所证实。DNA 双螺旋结构模型的确立为遗传学进入分子水平奠定了基础,是现代分子生物学的里程碑。从此核酸研究受到了前所未有的重视。

核酸研究的进展日新月异,所积累的知识几年就要更新。其影响面之大,几乎涉及生命科学的各个领域,现代分子生物学的发展使人类对生命本质的认识进入了一个崭新的天地。

1975 年 Sanger 发明的 DNA 测序加减法起了关键性的作用。由此而发展起来的大片段 DNA 顺序快速测定技术——Maxam 和 Gilbert 的化学降解法(1977 年)和 Sanger 的末端终止法(1977 年),已是核酸结构与功能研究中不可缺少的分析手段。

三、核酸的种类和化学组成

核酸是生物体内的高分子化合物。按照组成成分戊糖的不同,分为脱氧核糖

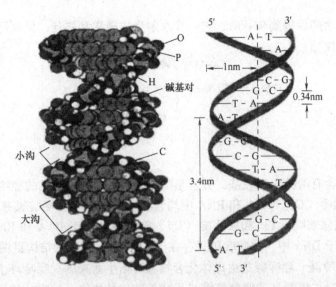

图 3-1 DNA 分子的双螺旋结构

核酸（DNA）和核糖核酸（RNA）两大类。所有的细胞都同时含有这两类核酸。但是，病毒只含二者之一，因此，病毒分为 DNA 病毒和 RNA 病毒两类。原核细胞的 DNA 集中分布在类核区，真核细胞的 DNA 主要集中在细胞核内；RNA 主要存在细胞质中。DNA 和 RNA 都是由核苷酸头尾相连而形成的，RNA 平均长度大约为 2000 个核苷酸，而人的 DNA 却是很长的，约有 3×10^9 个核苷酸。DNA 和 RNA 化学组成的区别见表 3-1。

表 3-1　　　　　　　　DNA 和 RNA 化学组成的区别

类别	DNA	RNA
基本单位	脱氧核糖核苷酸	核糖核苷酸
核苷酸	腺嘌呤脱氧核苷酸 鸟嘌呤脱氧核苷酸 胞嘧啶脱氧核苷酸 胸腺嘧啶脱氧核苷酸	腺嘌呤核苷酸 鸟嘌呤核苷酸 胞嘧啶核苷酸 尿嘧啶核苷酸
碱基	腺嘌呤（A） 鸟嘌呤（G） 胞嘧啶（C） 胸腺嘧啶（T）	腺嘌呤（A） 鸟嘌呤（G） 胞嘧啶（C） 尿嘧啶（U）
五碳糖	脱氧核糖	核糖
酸	磷酸	磷酸

核酸由 C、H、O、N、P 共 5 种元素组成。其中磷的含量比较恒定，为 9%~10%。在核酸定量测定中，可以先测出磷的含量，再推算出样品中核酸的

含量。核酸水解后得到核苷酸，进一步水解生成磷酸和核苷，核苷可继续水解成含氮碱基和戊糖。

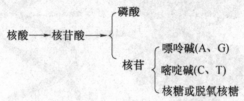

1. 碱基

核酸中含有两类含氮碱基，分别是嘌呤碱、嘧啶碱。常见的嘌呤碱有腺嘌呤（A）和鸟嘌呤（G），DNA 和 RNA 中均含有这两种碱基。嘧啶碱基主要指胞嘧啶（C），胸腺嘧啶（T）和尿嘧啶（U），胞嘧啶存在于 DNA 和 RNA 中，胸腺嘧啶只存在于 DNA 中，尿嘧啶则只存在于 RNA 中。碱基的结构见图 3-2。

（1）嘌呤碱 嘌呤碱是由母体化合物嘌呤衍生而来的。嘌呤环上的 N-9 是构成核苷酸时与核糖（或脱氧核糖）形成糖苷键的位置。腺嘌呤就是 6-氨基嘌呤，鸟嘌呤就是 2-氨基-6-氧嘌呤。

（2）嘧啶碱 嘧啶碱是母体化合物嘧啶的衍生物。嘧啶环生的原子的编号与嘌呤不同。嘧啶环上的 N-1 是构成核苷酸时与核糖（或脱氧核糖）形成糖苷键的位置。胞嘧啶就是 2-氧-4-氨基嘧啶，尿嘧啶就是 2,4-二氧嘧啶，胸腺嘧啶就是 5-甲基-2,4-二氧嘧啶。各种主要嘌呤、嘧啶碱的结构式见图 3-2。

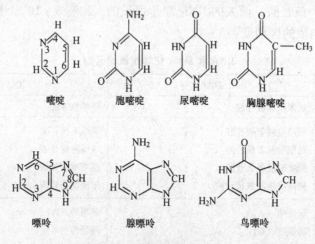

图 3-2 主要碱基的结构式

2. 戊糖

核酸中的戊糖有两类，D-核糖和 D-2-脱氧核糖。RNA 中的戊糖是 D-核糖（即在 2 号位上连接的是一个羟基），DNA 中的戊糖是 D-2-脱氧核糖（即在 2 号位上只连一个 H）。D-核糖的 C-2 所连的羟基脱去氧就是 D-2 脱氧核糖。

戊糖 C-1 所连的羟基是与碱基形成糖苷键的基团，糖苷键的连接都是 β-

构型，见图3-3。

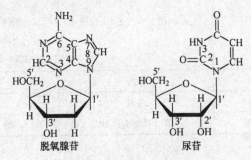

图3-3 戊糖的结构

3. 核苷与核苷酸

核苷是由 D - 核糖或 D - 2 脱氧核糖与嘌呤或嘧啶通过糖苷键连接组成的化合物。核苷中碱基部分与戊糖部分的原子各有一套编号，为了区别，一般将戊糖部分的原子编号加上"'"在糖苷键中，糖的第1位碳原子（C_1'）分别与嘧啶碱基的第1位氮原子（N_1）或嘌呤碱基的第9位氮原子（N_9）相连，所以糖与碱基之间的连接键是N—C糖苷键，见图3-4。

图3-4 核苷的结构

核苷酸分为核糖核苷酸与脱氧核糖核苷酸两大类，是核酸分子的结构单元。核酸分子中的核苷酸都以酯的形式存在，核苷酸是核苷的磷酸酯，是核苷中的戊糖 C_5 碳原子上羟基被磷酸酯化形成核苷酸。DNA 分子中含有 A、G、C、T 四种碱基的脱氧核苷酸；RNA 分子中含有 A、G、C、U 四种碱基的核苷酸。胞嘧啶脱氧核糖核苷酸和腺嘌呤核糖核苷酸的结构见图3-5。

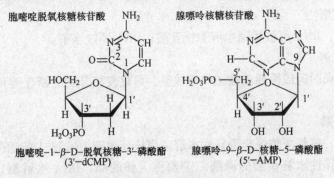

图3-5 胞嘧啶脱氧核糖核苷酸和腺嘌呤核糖核苷酸的结构

第二节 核酸的性质与测定

核酸的性质与其分子的组成和结构有密切的关系，要了解核酸的功能要充分认识核酸的一些重要性质。

一、核酸的性质

（一）核酸的一般性质（表3-2）

表3-2　　　　　　　　　　核酸的一般性质

核酸的性质		DNA	RNA
纯品物理状		白色粉末或结晶	白色纤维状物质
溶液黏度		小	大
分子大小		大 $(1.6\times10^6) \sim (2.2\times10^7)$ u	小 tRNA　25000~30000u mRNA　0.5×10^6u rRNA　$(0.6\sim1.8)\times10^6$u
溶解性	水溶性	微溶	微溶
	盐溶性	易溶	易溶
	有机溶剂	不溶（75% C_2H_5OH）	不溶（50% C_2H_5OH）

（二）两性性质

由于 DNA、RNA、核苷酸都既有碱基又有磷酸基，是两性电解质。但核酸的等电点很低，当溶液的 pH 高于 4 时，全部解离为阴离子状。因此，可以把核酸看作是多元酸，可以和阳离子成盐，或与碱性蛋白质结合。

（三）核酸的水解性质

在一定条件下，磷酸二酯键、糖苷键被破坏，核酸可水解成核苷酸、核苷、碱基、戊糖、磷酸等各种成分。

1. 碱水解

室温下，RNA 可被稀碱水解为核苷酸；DNA 不能水解。

2. 酸水解

用稀酸长时间或高温或强酸处理核酸，可促使核苷酸的糖苷键和磷酸二酯键水解。

3. 酶水解

核酸酶、核苷酸酶等非特异性水解多聚核苷酸链中磷酸二酯键的酶称为磷酸二酯酶，特异性水解核酸的磷酸二酯酶称为核酸酶。DNA 水解酶以 DNA 为底物，RNA 水解酶以 RNA 为底物。根据作用方式又分作两类，核酸外切酶和核酸内切酶。核酸外切酶的作用方式是从多聚核苷酸链的一端（3′-端或5′-端）开始，逐个水解切除核苷酸；核酸内切酶的作用方式刚好和外切酶相反，它从多聚核苷酸链中间开始，在某个位点切断磷酸二酯键。

在分子生物学研究中最有应用价值的是限制性核酸内切酶。这种酶可以特异性的水解核酸中某些特定碱基顺序部位。E.CoRⅠ是一个重要的限制性内切酶，它识别由6个碱基对组成的特殊序列（每条链上是GAATTC）。限制性内切酶具有相同的底物专一性，具有识别相同碱基序列的能力。

（四）沉降特性

由于溶液中的核酸在离心场中可下沉，因而可用超离心法纯化核酸。由于沉降速度有差异，RNA > 环形DNA > 线形，可以将不同构象的核酸分离，也可测沉降系数和分子量。

（五）黏度

DNA黏度比RNA大。当受热或其他因素，由螺旋变为无规则时，黏度下降，可作变性指标。

二、核酸的紫外吸收性质

由于核酸分子中具有的共轭双键体系（单双键交替的键），而导致核酸具紫外吸收特性，对240~290nm的紫外线有强烈吸收峰，最大吸收峰在260nm。

在核酸的紫外吸收特征上，对于DNA而言，DNA分子的紫外吸光率小于形成该DNA分子的各单核苷酸的吸光率之和。这种现象称减色效应。DNA双螺旋结构发生解螺旋（如高温），使分子中碱基堆积程度下降，从而发生紫外吸光率增加。这种现象称增色效应。利用紫外吸收特性可以分析核酸的变性和复性等。用紫外分光光度计测定含量，鉴定纯度，在分光光度计上读出A_{260}、A_{280}（光密度值D）。A_{260}/A_{280}可判断样品的纯度，纯DNA样品：$A_{260}/A_{280} > 1.8$，纯RNA样品：$A_{260}/A_{280} > 2.0$。

三、核酸的变性与复性、分子杂交

1. 核酸的变性

核酸的变性是指在一些物理和化学因素的作用下，核酸中双螺旋区的氢键断裂，双螺旋解开，变成单链，呈现无规则线团的现象，核酸分子中的共价键没有断裂，分子量不变，一级结构也不发生变化。

引起变性的因素有很多，如加热、酸碱度改变、有机溶剂、酰胺、尿素等。核酸变性后引起一系列物理和化学性质的改变，如部分或全部失去生物活性、黏度下降，浮力密度升高、紫外吸收增强等。

高温引起的变性称为热变性。DNA的加热变性一般在较窄的温度范围内发生，就像固体结晶物质在熔点突然熔化的情形一样，所以常将热变性称为"溶解"；而将热变性温度称为"熔点"或"解链温度"，通常把DNA的变性达到50%，即增色效应达到一半时的温度称为该DNA的解链温度。以T_m表示，或以$T_{1/2}$表示，意为DNA失去一半双螺旋时的温度。DNA的T_m值在82~95℃之间。

核酸分子中一般GC碱基对较AT碱基对稳定，故富含GC碱基对的DNA的T_m值相对高，因此测定T_m值可以粗略推算碱基对的含量。

2. 核酸的复性

变性DNA在适当条件下，又可使两条彼此分开的链重新缔合成为双螺旋，这个过程称为DNA的复性。许多理化性质可恢复，生物活性得以部分恢复。但是需要的条件比较复杂。

①热变性的DNA骤然冷却不可能复性，缓慢冷却时可复性。

②DNA的大小。DNA片段越大，复性越慢。因为太大片段在介质中由于扩散的问题，寻找互补链机会大大减少，往往不能准确和快速地重新结合。

③DNA的浓度。DNA浓度越大，复性越快。因为两条互补链彼此相遇的可能性越大，复性速度会越快。

④离子强度。通过增加盐浓度，使得两条互补链重新结合的速度加快，因为盐能中和两条单链中的磷酸基团的负电荷，减少负电荷的互补单链的相互排斥。

3. 分子杂交

两条来源不同但有核苷酸互补关系的DNA单链分子，或DNA单链分子与RNA分子，在去掉变性条件后互补的区段能够退火复性形成双链DNA分子和DNA/RNA分子，称为分子杂交。

基本原理就是应用核酸分子的变性和复性的性质，使来源不同的DNA（或RNA）片段，按碱基互补关系形成杂交双链分子。杂交双链可以在DNA与DNA链之间，也可在RNA与DNA链之间形成。

四、核酸的测定

DNA和RNA经酸水解后，产生的核糖或脱氧核糖分别有特殊显色反应。在一定范围内，所显出的颜色与样品中所含糖的量成正比，因此，可用定糖法来测定核酸的量。

根据元素分析，RNA的平均含磷量为9.4%。因此，如果将样品消化，使核酸所含的磷转变为无机磷，再用比色法测定磷的含量，就可以推算出核酸的量。这就是定磷法的原理。

核酸含量的测定常用的方法有紫外分光光度计法，定磷法，定糖法。

1. 紫外分光光度计法

核酸（DNA，RNA）的最大紫外吸收值在260nm处。可在固定的pH溶液中进行，避免pH的变化对光的吸收造成影响。

$$\text{DNA（或 RNA）}(\mu g/mL) = \frac{\text{甲}_{OD_{260nm}} - \text{乙}_{OD_{260nm}}}{0.020 \text{ 或 } 0.024} \times \text{稀释倍数}$$

2. 定磷法

根据 RNA 的平均含磷量为 9.4%，DNA 的平均含磷量为 9.9%。可以通过测定核酸样品的含磷量计算出核酸的含量。

在酸性环境中，定磷试剂中的钼酸铵以钼酸形式与样品中的磷酸反应生成磷钼酸，当有还原剂存在时磷钼酸立即转变为蓝色的还原产物——钼蓝，钼蓝最大的光吸收在 650~660nm 波长处。在一定浓度范围内，钼蓝溶液的颜色深浅和无机磷酸的含量成正比，可用比色法测定。

3. 定糖法

二苯胺法是定糖法测定 DNA 含量的常用方法。在酸性条件下，DNA 与二苯胺共热，能生成蓝色化合物。该蓝色化合物在 595nm 处能被可见光最大接收。

第三节 核酸与核苷酸的制备

一、核酸的制备

核酸的制备主要从动植物组织和微生物中提取。一般的步骤是先破碎细胞，提取核蛋白，然后分离出核酸和蛋白质，再沉淀核酸进行纯化。纯化过程中应遵循的原则：一是保证核酸一级结构的完整性，尽量避免核酸的损伤；二是尽可能排除污染，保证核酸样品的纯度。

1. 核酸的释放

DNA、RNA 都存在于细胞内，核酸制备的第一步就是对细胞进行破碎。破碎细胞的方法分为机械法与非机械法两大类。机械法是通过机械运动产生的剪切力的作用，使细胞破碎的方法。包括机械捣碎法、研磨法、高压匀浆法和超声波破碎法等；由于机械剪切力对高分子量的线性 DNA 分子损伤较大，因此该类方法不适合于染色体 DNA 的分离与纯化。非机械法包括冻结融化法、干燥法、渗透压法、溶胞法等。由于溶胞法裂解效率高，方法温和，对核酸的损伤较小而得到了广泛的应用。

2. 核酸的分离与纯化

细胞破裂后产生的裂解物成分很复杂。不但含有核酸，并且核酸往往与核蛋白结合在一起，还包括蛋白质、多糖等。除去这些"杂质"的过程，也就是核酸的分离与纯化的过程。在对核酸进行分离纯化时，为防止核酸大分子的变性降解，必须在 0~4℃ 的低温条件下操作。此外，为抑制核酸酶的水解作用，还需要加入 EDTA 或柠檬酸钠等用以抑制核酸酶的活性。

除去蛋白质是核酸分离纯化的重要步骤。常用方法有：

①从提取到分离纯化各阶段均可加入去污剂，如将去污剂与氯仿法或苯酚法

结合使用，效果更加理想。

②利用氯仿-戊醇或辛醇对提取液摇荡抽提，蛋白质在氯仿-水界面形成凝胶，离心后除去，核酸留在水溶液中。

③利用苯酚水溶液抽提，在对氨基水杨酸等阴离子化合物存在下，DNA或RNA都可以进入水相，蛋白质则沉淀于酚层，然后取水相加入乙醇或2-乙氧基乙醇沉淀RNA或DNA，残余的酚可用葡聚糖凝胶G-10或G-25除去。

在制备DNA时，经常混杂着少量RNA，或RNA制品中混杂着少量DNA。由于DNA和RNA结构和性质都很相似，而且分子质量都十分大，所以，要获得单一核酸是核酸纯化工作中比较复杂和烦琐的一步。

从DNA中除去RNA的方法常有：

①使用核糖核酸酶有选择地破坏RNA：但使用的核糖核酸酶中常含有极微量的脱氧核糖核酸酶，必须事先加热处理除去。可以将纯净的核糖核酸酶与样品溶液一起在37℃加热数分钟，就可达到破坏RNA的目的。

②利用钙盐分步沉淀：在核酸溶液中加入1/10体积10%的氯化钙溶液，使DNA与RNA均成为钙盐后，再利用DNA钙盐在1/5体积乙醇中能形成沉淀析出，RNA钙盐不形成沉淀而彼此分离。

③活性炭吸附：将处理好的活性炭按1/15~1/20体积加入每毫升含有0.5~1mg DNA溶液中，0~4℃下搅拌1h，以$30000 \times g$离心1h，除去RNA后的DNA回收率可达90%以上。

在RNA制品中除去DNA，苯酚水溶液抽提是较有效和常用的方法。在没有阴离子化合物存在下，以等体积90%苯酚水溶液反复抽提RNA，可以除去绝大部分DNA。此外，也可采用加入脱氧核糖核酸酶处理。

一般分离纯化步骤越多，核酸的纯度也越高，但得率会逐渐下降，损伤的可能性也越大。相反，分离纯化步骤少的实验方案，可以得到较多的完整性的核酸分子，但纯度不一定高。这需要结合制备核酸的目的而加以选择。

3. 核酸的浓缩、沉淀与洗涤

刚制备的核酸往往浓度不高，需要通过浓缩来获得一定浓度的核酸溶液。一般先用固体的聚乙二醇或丁醇处理核酸溶液对其进行初步浓缩处理后，再加入一定浓度的盐类沉淀核酸。常用的盐类有醋酸钠、醋酸钾、醋酸铵、氯化钠、氯化钾及氯化镁等，常用的有机溶剂则有乙醇、异丙醇和聚乙二醇。由于核酸沉淀后往往含有少量共沉淀的盐，还需用70%~75%的乙醇进行再次洗涤去除。

4. 核酸的保存

核酸的结构与性质相对稳定，在制备完核酸样品后，可以用合适的溶液对核酸进行保存。由于DNA与RNA的性质不同，因此保存的条件也不同。一般都需将核酸样品在低温下进行保存，但反复冻融产生的机械剪切力对DNA与RNA核酸样品均有破坏作用，因此，需对核酸样品进行小量分装后再进行保存。

①DNA 的保存：将 DNA 保存在利用 Tiris（三羟甲基氨基甲烷）配制的 TE 缓冲液中，在 -70℃时可以储存数年。在其中加入螯合剂 EDTA 来螯合 Mg^{2+}、Ca^{2+}等二价金属离子可以抑制 DNA 酶的活性。

②RNA 的保存：RNA 可溶于 0.3mol/L 的醋酸钠溶液或双蒸消毒水中，-70 ~ -80℃保存。另外，将 RNA 沉淀溶于 70％的乙醇溶液或去离子的甲酰胺溶液中，可在 -20℃下进行长期保存。

二、核苷酸的制备

核苷酸不但是核酸分解后的产物也是核酸生物合成的前体，在细胞中存在着与核酸合成和分解代谢相关的酶类。核苷酸的制备可以通过两种途径，一是通过核酸的分解代谢获得核苷酸；二是从 5 - 磷酸核糖焦磷酸开始，经过一系列酶促反应，生成次黄嘌呤核苷酸，再转变为其他嘌呤核苷酸；或由氨甲酰磷酸和天冬氨酸合成嘧啶环，再与磷酸核糖结合为乳清苷酸，再生成尿嘧啶核苷酸，其他嘧啶核苷酸则由尿嘧啶核苷酸转变而成。脱氧核糖核苷酸则由核糖核苷酸还原而成。

1. 嘌呤和嘧啶核苷酸的合成途径

①嘌呤核苷酸的合成途径：用同位素标记的化合物做实验，证明生物体内能利用二氧化碳、甲酸盐、谷氨酰胺、天冬氨酸和甘氨酸作为合成嘌呤环的前体，嘌呤环的元素来源见图 3 - 6。机体可以利用磷酸核糖、氨基酸、一碳单位与 CO_2 经连续酶促反应合成核苷酸，这是从头合成途径；也可以利用体内的碱基，经简单反应合成核苷酸，称为补救合成途径。

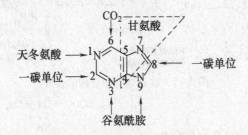

图 3 - 6 嘌呤环的元素来源

次黄嘌呤核苷酸的合成过程可分为两个阶段：第一阶段中，首先由 5 - 磷酸核糖焦磷酸与谷氨酰胺反应生成 5 - 磷酸核糖胺，再与甘氨酸结合，经甲酰化和转移谷氨酰胺的氮原子，然后闭环生成 5 - 氨基咪唑核苷酸，形成嘌呤的咪唑环；第二阶段中对 5 - 氨基咪唑核苷酸羧化，进一步获得天冬氨酸的氨基，再甲酰化，最后脱水闭环生成次黄嘌呤核苷酸，见图 3 - 7。

生物体内由次黄嘌呤核苷酸氨基化生成腺嘌呤核苷酸分为两步进行：次黄嘌呤核苷酸在 GTP 供能的条件下与天冬氨酸合成腺苷酸琥珀酸，接着腺苷酸琥珀酸在裂解酶的作用下分解成腺嘌呤核苷酸和延胡索酸。过程见图 3 - 8。

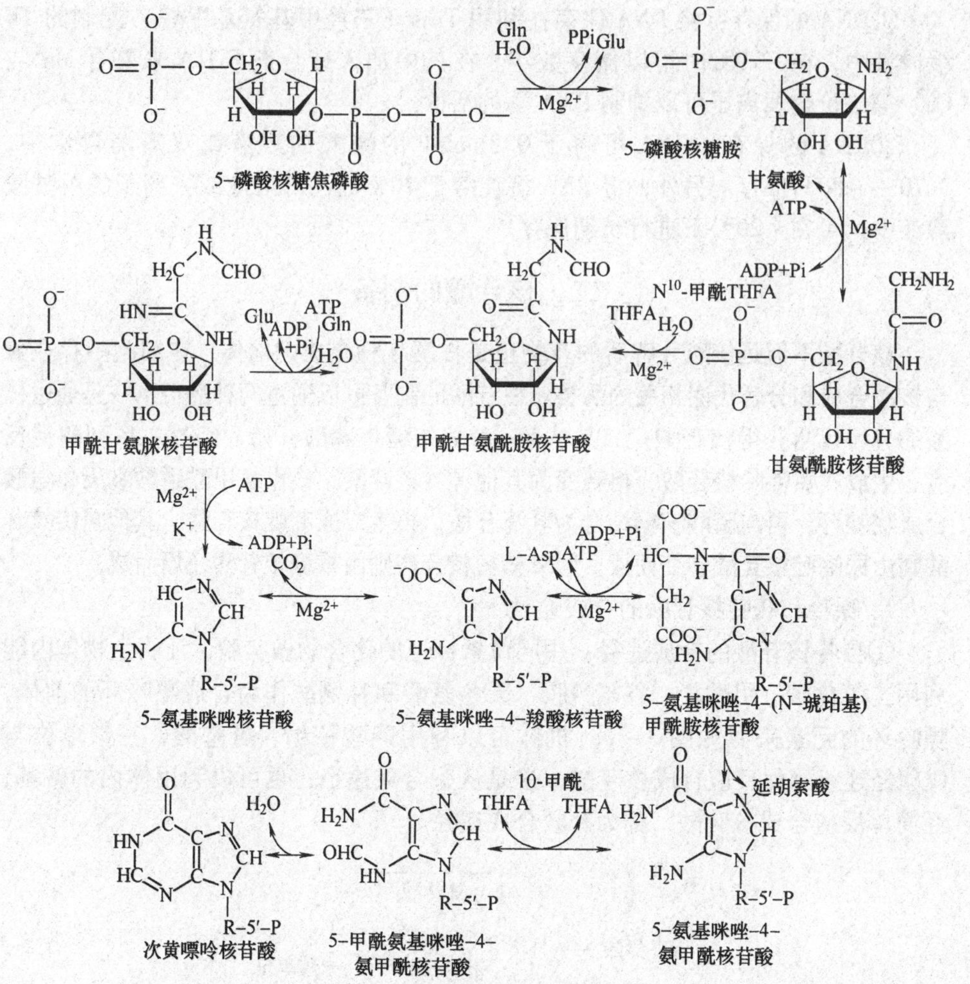

图 3-7 次黄嘌呤核苷酸的合成

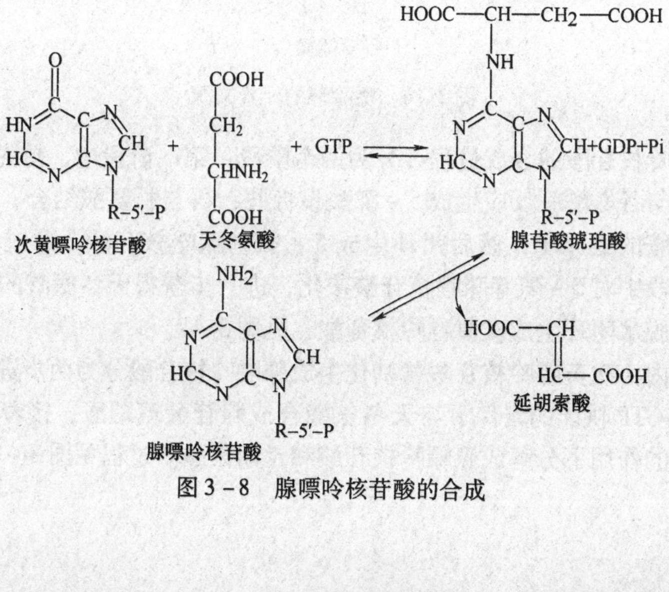

图 3-8 腺嘌呤核苷酸的合成

次黄嘌呤核苷酸在次黄嘌呤脱氢酶的作用下，经氧化生成黄嘌呤核苷酸。黄嘌呤核苷酸再经氨基化生成鸟嘌呤核苷酸，见图3-9。

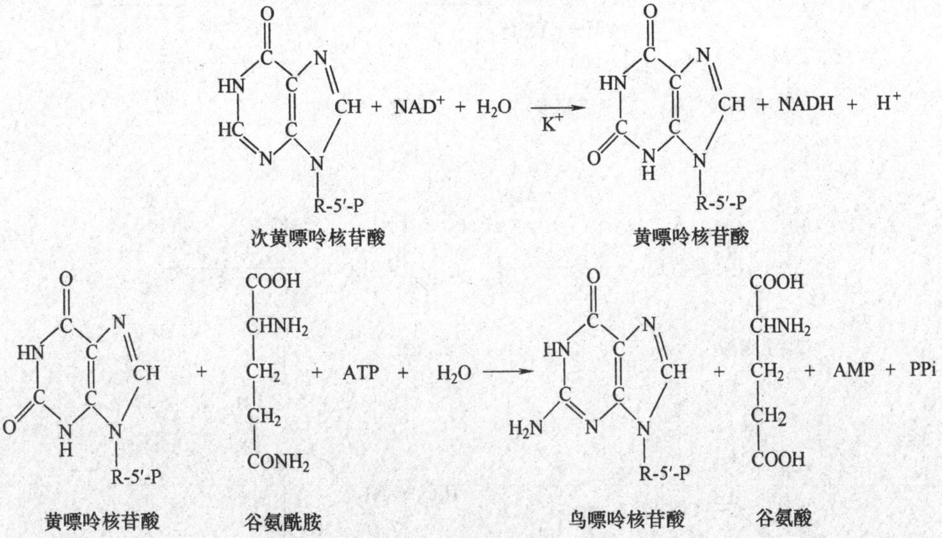

次黄嘌呤核苷酸　　　　　　　　　　黄嘌呤核苷酸

黄嘌呤核苷酸　　谷氨酰胺　　　　　鸟嘌呤核苷酸　　谷氨酸

图3-9　鸟嘌呤核苷酸的合成

②嘧啶核苷酸的合成途径：嘧啶核苷酸的嘧啶环是由氨甲酰磷酸和天冬氨酸合成的（图3-10）。

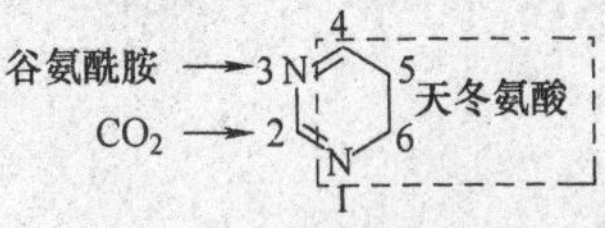

图3-10　嘧啶环的元素

嘧啶核苷酸的合成过程分为两阶段：与嘌呤核苷酸的从头合成途径不同，嘧啶核苷酸的合成是先合成嘧啶环，然后再与磷酸核糖焦磷酸缩合脱羧生成尿嘧啶核苷酸（图3-11）。

胞嘧啶核苷酸是在胞嘧啶合成酶的作用下，在尿嘧啶核苷酸三磷酸水平上反应生成的，细菌中尿嘧啶核苷三磷酸可以直接与氨作用，动物则由谷氨酰胺提供氨基，反应需ATP提供能量。可使UTP转化成CTP，如下式：

$$UTP + Gln + ATP + H_2O \longrightarrow CTP + Glu + ADP + Pi$$

胸腺嘧啶核苷酸（dTMP）是在一磷酸脱氧核苷水平上从尿嘧啶核苷酸转化的。尿嘧啶脱氧核苷酸（dUMP）在胸腺嘧啶核苷酸合成酶的作用下经甲基

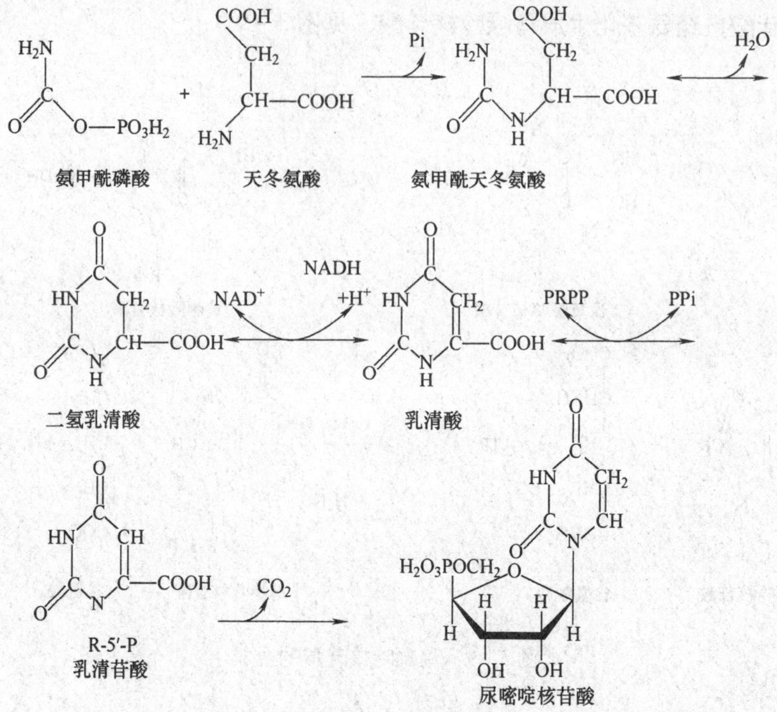

图 3-11 尿嘧啶核苷酸的合成

化即可生成胸腺嘧啶核苷酸，N^5，N^{10}-甲烯基四氢叶酸作为甲基的供体，如下式：

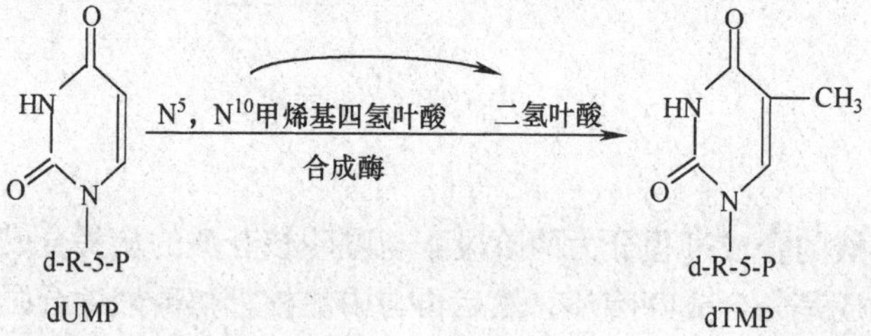

2. 核苷酸的分解代谢途径

核酸酶能够使各种核酸水解，生成单核苷酸。单核苷酸在核苷酸酶的催化下水解为核苷和磷酸。核苷一般都要进一步水解生成各种碱基和 1-磷酸核糖（图 3-12）。磷酸核糖可以通过戊糖磷酸途径进行代谢，磷酸脱氧核糖可能在组织中分解成乙醛和 3-磷酸甘油醛，再进一步氧化分解。嘌呤碱在不同生物中的代谢产物不同（图 3-13），嘧啶碱在体内的分解代谢见图 3-14。

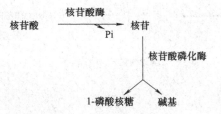

图 3–12 核苷的分解

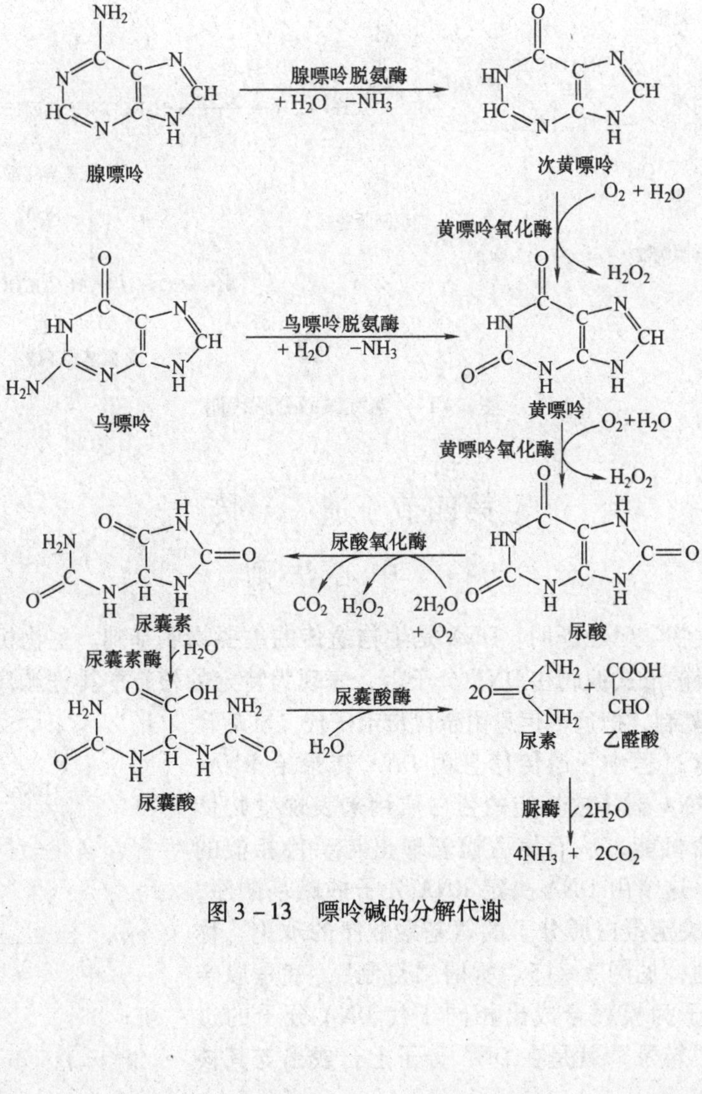

图 3–13 嘌呤碱的分解代谢

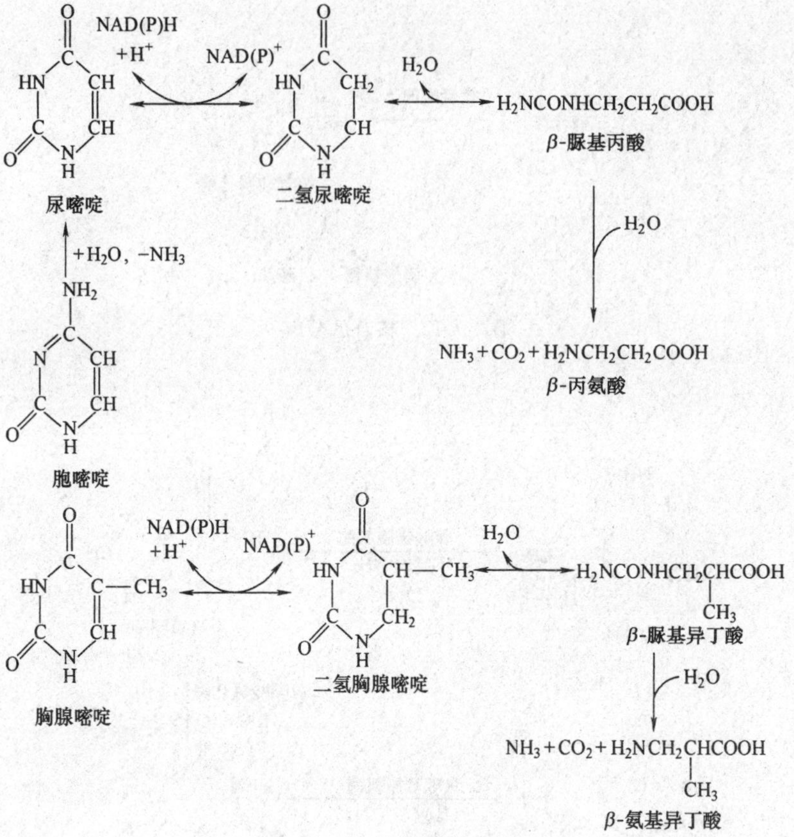

图3-14 嘧啶碱的分解代谢

第四节 遗 传

一、中 心 法 则

现代生物学已经证明，DNA是生物遗传的主要物质基础。生物机体的遗传特征以密码的形式编码在DNA分子上，表现为特定的核苷酸排列顺序，并且通过DNA的复制，把遗传信息由亲代传给子代。在后代的个体发育过程中，遗传信息由DNA转录给RNA，然后通过RNA翻译成特定的蛋白质用来表现生物体的各种生命机能，从而使后代表现出与亲代相似的遗传性状。这个由DNA决定RNA分子的碱基顺序，又由RNA决定蛋白质分子的氨基酸顺序的理论，称为中心法则，见图3-15。所谓"复制"，就是以亲代DNA分子为模板合成出相同子代DNA分子的过程。所谓"转录"就是在DNA分子上合成出与其核

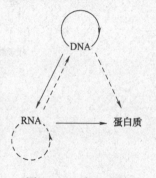

图3-15 中心法则

苷酸顺序相对应的 RNA 的过程。"翻译"则是在 RNA 的控制下，根据核苷酸链上每三个核苷酸决定一种氨基酸的规则，合成出具有特定氨基酸顺序的蛋白质肽链的过程。

二、DNA 是遗传信息的携带者

细胞中 DNA 含量分析结果表明，任何一种生物的细胞，其 DNA 含量都是恒定的，不受外界环境、营养条件和细胞本身代谢状态的影响。此外，每个细胞中的 DNA 含量与生物机体的复杂性有关，越复杂的生物，DNA 的含量越高，携带的遗传信息就越多。并且由于基因能够扩增和重组，增大了生物的多样性，经自然的选择，优胜劣汰，适者生存，最终决定了物种的进化方向。

三、RNA 是遗传信息的传递者

RNA 是单链分子，并且可以自身回折形成局部双螺旋，再折叠成特殊的空间结构，因此，RNA 不但能像 DNA 那样储存和传递遗传信息，还能像蛋白质那样具有催化和调节功能。这就意味着，RNA 可以通过对信息的加工和不同转录水平的调节，使得细胞在不同环境和时空调解下，表达不同基因编码的信息。RNA 的结构决定了它能够作为遗传信息的使者，通过行使"转录"的作用，将 DNA 的遗传信息"翻译"成由三个核苷酸决定的氨基酸的密码，合成具有特定氨基酸顺序的肽链，行使蛋白质的特定功能。

四、遗 传 密 码

20 世纪中期人们已经知道 DNA 是遗传信息的携带者，并通过 RNA 控制蛋白质的合成，人们发现 DNA 分子上的核苷酸序列和蛋白质的氨基酸序列是对应关系，这种核苷酸序列所表达的遗传信息，称为遗传密码。可是 DNA 是如何指导蛋白质中氨基酸的排序问题呢？经过多位科学家不懈的努力，终于发现 mRNA 的核苷酸序列上每 3 个相邻的核苷酸编码一种氨基酸，这 3 个连续的核苷酸被称为密码子，并在 1966 年完全确定了编码 20 种氨基酸的密码子，另有 3 个密码子用作翻译的终止信号。全部 64 个密码子的字典见表 3-3。除了甲硫氨酸和色氨酸只有一个密码子外，其余氨基酸均有一个以上的密码子。

表 3-3　　　　　　　　　　　遗传密码

5'端核苷酸	中间的核苷酸				3'端核苷酸
	U	C	A	G	
U	苯丙氨酸	丝氨酸	酪氨酸	半胱氨酸	U
	苯丙氨酸	丝氨酸	酪氨酸	半胱氨酸	C
	亮氨酸	丝氨酸	终止	终止	A

续表

5'端核苷酸	中间的核苷酸				3'端核苷酸
	U	C	A	G	
	亮氨酸	丝氨酸	终止	色氨酸	G
C	亮氨酸	脯氨酸	组氨酸	精氨酸	U
	亮氨酸	脯氨酸	组氨酸	精氨酸	C
	亮氨酸	脯氨酸	谷氨酰胺	精氨酸	A
	亮氨酸	脯氨酸	谷氨酰胺	精氨酸	G
A	异亮氨酸	苏氨酸	天冬酰胺	丝氨酸	U
	异亮氨酸	苏氨酸	天冬酰胺	丝氨酸	C
	异亮氨酸	苏氨酸	赖氨酸	精氨酸	A
	甲硫氨酸	苏氨酸	赖氨酸	精氨酸	G
G	缬氨酸	丙氨酸	天冬氨酸	甘氨酸	U
	缬氨酸	丙氨酸	天冬氨酸	甘氨酸	C
	缬氨酸	丙氨酸	谷氨酸	甘氨酸	A
	缬氨酸	丙氨酸	谷氨酸	甘氨酸	G

密码子的基本特性：

1. 密码子的简并性

一共有64个三联体密码子，除了3个终止密码子外，其他61个密码子编码20种氨基酸，所以许多氨基酸的密码子不止一个。同一种氨基酸有两个或更多密码子的现象称为密码子的简并性。

2. 密码子的变偶性

密码子的变偶性表现在密码子的第3位碱基上。前两位碱基都相同，只有第3位碱基不同。

3. 密码子的通用性和变异性

密码子的通用性是指无论哪种自然界中生存的生物，基本上都共用同一套遗传密码。但由于复制和转录及翻译过程中可能出现的差错，又使得密码子发生了改变，从而造成了遗传信息的改变。

第五节　核酸的生物合成

一、DNA的生物合成

核酸是遗传的物质基础，具有储存和传递遗传信息的功能。生物体的遗传特征以密码的形式编码在DNA分子上，表现为特定的核苷酸顺序，即遗传信息。通过DNA的复制，将遗传信息传递给子代，并指导蛋白质的合成，表现出特定的生命功能和特征,使子代表现出与亲代相似的遗传性状。

(一) DNA 的半保留复制

1953 年,Watson 和 Crick 在双螺旋结构的基础上提出 DNA 复制的方式是半保留复制。即 DNA 分子在复制时,先将双螺旋的双链解开,形成两条单链,然后各自以解开的单链为模板,按照碱基互补配对的方式合成新链,新形成的链与原来的模板链成为双链 DNA 分子。每个子代分子的一条链来自亲代 DNA,另一条链是新合成的。DNA 的这种复制方式称为半保留复制,见图 3 – 16。

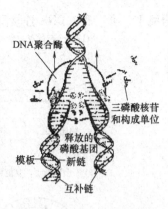

图 3 – 16 DNA 分子半保留复制模型

(二) DNA 的复制起点和方向

原核生物 DNA 复制的起点只有一个,可以是单向或双向复制。起始是 DNA 复制中较复杂的一环,所需的各种酶和蛋白质因子较多。简单来说,就是要把 DNA 解成单链和生成引物。解链酶借助 ATP 的能量解开 DNA 双链,能量主要用于使维持碱基配对的氢键断裂。无论是原核还是真核细胞,复制开始后,由于 DNA 双链解开,在两股单链上进行复制,在电子显微镜下均看到伸展成叉状的复制现象,称为复制叉,见图 3 – 17。

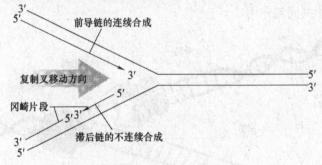

图 3 – 17 DNA 的复制叉

(三) 原核细胞 DNA 的复制过程

原核生物 DNA 的复制是从特定位点开始的,可以单向或双向,见图 3 – 18。DNA 的双螺旋是反平行的,一条链的方向是 3′–5′,另一条链的方向是 5′–3′。在复制叉沿着 DNA 移动,以一条亲代链(3′–5′)为模板时,子代链的合成方向是 5′–3′。以另一条亲代链(5′–3′)为模板时,DNA 的合成不能以相反的方向进行,而是先合成许多小片段,每个小片段的合成方向都是 5′–3′,然后连接起来形成一条子代链。这些小的片段是由日本人冈崎等人于 1968 年发现的,因此称为冈崎片段。DNA 的复制过程包括双链的解开、RNA 引物的合成、DNA 链的延长、RNA 引物的切除、缺口的填补以及相邻 DNA 片段的连接。复制过程涉及 DNA 聚合酶Ⅰ、Ⅱ、Ⅲ、DNA 连接酶、解旋酶、引物和四种原料——脱氧核苷三磷酸。

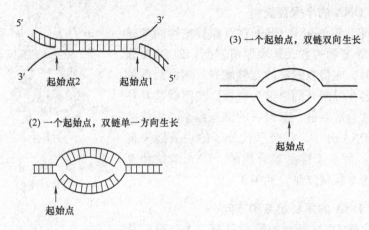

图 3-18 原核生物 DNA 复制的起点

（四）真核细胞的 DNA 复制特点

真核生物的复制比原核生物复杂得多，见图 3-19。真核生物 DNA 的复制有多个起始点。真核生物至少存在五种 DNA 聚合酶，即 α、β、γ、δ、ε。DNA 聚合酶 α、δ 是主要的聚合酶，聚合酶 δ 具有 3′→5′外切功能。聚合酶 α、β、γ 在 DNA 修复中共同起作用。

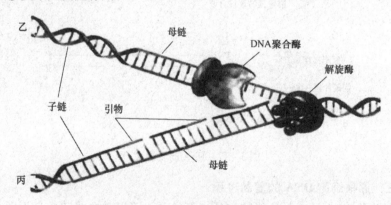

图 3-19 真核生物的复制

二、RNA 的生物合成

以 DNA 的一条链为模板，在 RNA 聚合酶的催化下，以 4 种核糖核苷酸为底物，按照碱基配对的原则，合成与该条 DNA 链互补的 RNA 链的过程，称为转录，见图 3-20。RNA 的转录过程包括起始位点的识别、起始、延伸和终止。在生物体内，DNA 的两条链中仅一条可以作为转录的模板。在真核细胞里，转录是在细胞核内进行的。合成的 RNA 包括 mRNA, rRNA, tRNA 的前体。原核细胞的转录酶类存在于细胞质中。转录产生初级转录物为 RNA 前体,新合成的 RNA 不具有生物学功能,必须经过加工修饰切除部分核苷酸链才能转变成为具有生物活性的成熟的 RNA 分子,这一过程称为转录后加工,主要包括剪接、剪切和化学修饰。

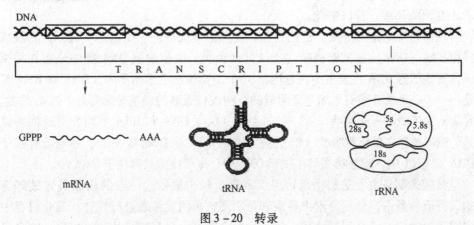

图 3-20 转录

催化 RNA 合成的酶称为依赖 DNA 的 RNA 聚合酶,原核生物 RNA 聚合酶由五个亚基组成,$\alpha 2\beta\beta'\delta$,其中 $\alpha 2\beta\beta'$ 为核心酶,其组成见表 3-4。真核生物 RNA 聚合酶包括聚合酶Ⅰ、Ⅱ、Ⅲ,其特点见表 3-5。

表 3-4　　　　　　　　　大肠杆菌 RNA 聚合酶

亚单位	相对分子质量	亚单位数目	功能
α	36512	2	决定哪些基因被转录
β	150618	1	与转录全过程有关
β	155613	1	结合 DNA 模板
δ	70263	1	辨认起始点

表 3-5　　　　　　　　　真核生物的 RNA 聚合酶

种类	分布	合成的 RNA 类型	对 α-鹅膏蕈碱的敏感性
Ⅰ	核仁	rRNA	不敏感
Ⅱ	核质	hnRNA	低浓度敏感
Ⅲ	核质	tRNA, 5sRNA	高浓度敏感
Mt	线粒体	线粒体 RNAs	不敏感

小　　结

最本质的生命物质是核酸。因为生命的重要性是能自我复制,而核酸能够自我复制，并将自身所携带的亲代信息传递到子代，这就是遗传。遗传是指亲代生物传递给子代与自身性状相同的遗传信息，从而表现为与亲代相同的性状，形成为稳定的物种。与遗传对应的是变异，变异是生物体在某种外因或内因作用下引起的遗传物质水平上发生了改变从而引起某些相对应的性状改变的特性。遗传是相对的，变异是绝对的；遗传中有变异，变异中有遗传，从而使微生物能够适应不断变化的环境，得以进化。

核酸是生物体内的高分子化合物。按照组成成分——戊糖的不同，分为脱氧核糖核酸（DNA）和核糖核酸（RNA）两大类。原核细胞 DNA 集中分布在类核区，真核细胞 DNA 主要集中在核内；RNA 主要存在于细胞质中。DNA 和 RNA 都是由一个一个核苷酸头尾相连而形成的。构成核苷酸的碱基分为嘌呤、嘧啶两类。常见的嘌呤碱基有腺嘌呤（A）和鸟嘌呤（G），DNA 和 RNA 中均含有这两种碱基。嘧啶碱基主要指胞嘧啶（C），胸腺嘧啶（T）和尿嘧啶（U），胞嘧啶存在于 DNA 和 RNA 中，胸腺嘧啶只存在于 DNA 中，尿嘧啶则只存在于 RNA 中。

核酸的制备主要是从动植物组织和微生物中提取。一般的步骤是先破碎细胞，提取核蛋白，然后分离出核酸和蛋白质，再沉淀核酸进行纯化。纯化过程中应遵循的原则：一是保证核酸一级结构的完整性，尽量避免核酸的损伤；二是尽可能排除污染，保证核酸样品的纯度。

DNA 是生物遗传的主要物质基础。生物机体的遗传特征以密码的形式编码在 DNA 分子上，表现为特定的核苷酸排列顺序，并且通过 DNA 的复制，把遗传信息由亲代传给子代。在后代的个体发育过程中，遗传信息由 DNA 转录给 RNA，然后通过 RNA 翻译成特定的蛋白质用来表现生物体的各种生命机能，从而使后代表现出与亲代相似的遗传性状。这个由 DNA 决定 RNA 分子的碱基顺序，又由 RNA 决定蛋白质分子的氨基酸顺序的理论，称为中心法则。所谓"复制"，就是以亲代 DNA 分子为模板合成出相同子代 DNA 分子的过程。DNA 分子在复制时，先将双螺旋的双链解开，形成两条单链，然后各自以解开的单链为模板，按照碱基互补配对的方式合成新链，新形成的链与原来的模板链成为双链 DNA 分子。每个子代分子的一条链来自亲代 DNA，另一条链是新合成的。DNA 的这种复制方式称为半保留复制。所谓"转录"就是以 DNA 的一条链为模板，在 RNA 聚合酶的催化下，以 4 种核糖核苷酸为底物，按照碱基配对的原则，合成与该条 DNA 链互补的 RNA 链的过程。RNA 的转录过程包括起始位点的识别、起始、延伸和终止。DNA 是遗传信息的携带者，并通过 RNA 控制蛋白质的合成。"翻译"则是在 RNA 的控制下，根据核苷酸链上每三个核苷酸决定一种氨基酸的规则，合成出具有特定氨基酸顺序的蛋白质肽链的过程。DNA 分子上的核苷酸序列和蛋白质的氨基酸序列是对应关系，这种核苷酸序列所表达的遗传信息，称为遗传密码。mRNA 的核苷酸序列上每 3 个相邻的核苷酸编码一种氨基酸，这 3 个连续的核苷酸被称为密码子，密码子具有简并性，变偶性，通用性和变异性。

思考与练习

一、名词解释
中心法则　半保留复制　复制　转录　翻译　遗传密码　密码子

二、问答题
1. 什么是生物的遗传和变异？它们的物质基础是什么？如何证明？
2. 试述遗传中心法则的主要内容。
3. DNA 是如何复制的？
4. 为什么说 DNA 的复制是半保留半不连续复制？试讨论之。
5. 什么是遗传密码？简述其基本特点。

第四章 维生素与辅酶

学习目标

1. 明确维生素的概念和功能，了解维生素的种类。
2. 掌握水溶性维生素及有关辅酶理化性质。
3. 熟悉脂溶性维生素的生理功效。

第一节 概 述

一、维生素的概念

维生素是机体维持正常功能所必需，但在体内不能合成，或合成量很少，必须由食物供给的一组低分子量有机物质。维生素的每日需要量甚少，它们既不是构成机体组织的成分，也不是体内供能物质，然而在调节物质代谢和维持生理功能等方面却发挥着重要作用。

知识链接

19世纪中，欧洲学者仍认为人体只需要蛋白质、糖、脂肪、矿物质和水五种营养素。但在航海和探险的传记中，早已记载了许多坏血病的病例。如在17世纪一篇航海日记中记载："有些人完全丧失了力量……更有许多人皮肤上布满了点状的紫色血斑，逐渐影响到肘、膝、股、肩、臂及颈部，他们口有臭味，牙龈发红、剥落，甚至牙根第暴露于外……"这是维生素C缺乏所造成的坏血病。后来欧洲的航海家向美洲印第安人学习用柠檬汁和松针浸出液防治坏血病。以后，现代医学家才知道食物除含上述五种营养素外，还须含有人类营养所必需的其他物质。

维生素的发现是20世纪的伟大发现之一。1897年，艾克曼（Christian Eijkman）在爪哇发现只吃精磨的白米可患脚气病，未经碾磨的糙米能治疗这种病。并发现可治脚气病的物质能用水或酒精提取，当时称这种物质为"水溶性B"。1906年证明食物中含有除蛋白质、脂类、碳水化合物、无机盐和水以外的"辅助因素"，其量很小，但为动物生长所必需。1911年卡西米尔·冯克（KazimierzFunk）鉴定出在糙米中能对抗脚气病的物质是胺类（一类含氮的化合物），它是维持生命所必需的，所以建议命名为"Vitamine"。即Vital（生命的）amine（胺），中文意思为"生命胺"。以后陆续发现许多维生素，它们的化学性质不同，生理功能不同，也发现许多维生素根本不含胺，不含氮，但冯克的命名延续使用下来了,只是将最后字母"e"去掉。最初发现的维生素 B 后来证实为维生素 B 复合体,经提纯分离发现,是几种物质,只是性质和在食品中的分布类似,且多数为辅酶。有的供给量须彼此平衡,如维生素 B_1、维生素 B_2 和维生素 PP,否则可影响生理作用。维生素 B 复合体包括:泛酸、烟酸、生物素、叶酸、维生素 B_1(硫胺素)、维生素 B_2(核黄素)、吡哆醇(维生素 B_6)和钴胺素(维生素 B_{12})。有人也将胆碱、肌醇、对氨基苯酸(对氨基苯甲酸)、肉毒碱、硫辛酸包括在 B 复合体内。

二、维生素的命名

维生素一般按其被发现的先后以拉丁字母顺序命名,如 A、B、C、D;也有根据它们的化学结构特点和生理功能命名的,如硫胺素、抗癞皮病维生素等;还有发现时以为是一种,后来证明是多种维生素混合存在,便又在拉丁字母下方注 1、2、3 等数字加以区别,如 B_1、B_2、B_6、B_{12} 等。

小知识

维生素有的名称相互混淆,如有的将 B_2 称维生素 G,将泛酸称 B_3,将烟酸称 B_5,将叶酸称维生素 M 或 R,将生物素称维生素 H。这些混淆的名称现多废弃不用,这就是目前我们见到的维生素名称无论从拉丁字母或阿拉伯数字顺序来看都是不连贯的原因。

三、维生素的分类

维生素的种类繁多,化学结构差异很大,通常按溶解性质将其分为脂溶性维生素和水溶性维生素两大类。根据分布情况,水溶性维生素又可分为维生素 B 混合体与维生素 C 两类。在水溶性维生素中除维生素 C 外,B 族维生素都作为辅酶的成分在酶反应中担负催化作用,各种维生素见表 4-1。

表 4-1　　　　　　　　　　　维生素的分类

类别	种类	辅酶或其他功能	生化作用
水溶性维生素	硫胺素	焦磷酸硫胺素(TPP)	α-酮酸氧化脱羧等
	核黄素	黄素单核苷酸(FMN)	氢原子(电子)转移
		黄素腺嘌呤二核苷酸(FAD)	氢原子(电子)转移
	尼克酸(烟酸)	烟酰胺腺嘌呤二核苷酸(NAD)	氢原子(电子)转移
		烟酰胺腺嘌呤二核苷酸磷酸(NADP)	氢原子(电子)转移
	泛酸	辅酶 A	酰基基团的转移
	吡哆醛	磷酸吡哆醛	氨基基团的转移
	生物素	胞生物素	羧基的转移
	叶酸	四氢叶酸	一碳基团的转移
	维生素 B_{12}	辅酶 B_{12}	氢原子的 1,2 移(位)
	硫辛酸	硫辛酰赖氨酸	氢原子和酰基基团的转移
	维生素 C		羟化作用中的辅助因素

续表

类别	种类	辅酶或其他功能	生化作用
脂溶性维生素	维生素A 维生素D 维生素E 维生素K	11-视黄醛 1,25-羟胆钙化甾醇	视觉循环，防止皮肤病变 钙和磷酸的代谢 抗氧化剂，预防不育症 凝血酶原的生物合成

维生素原：能在人及动物体内转化为维生素的物质称为维生素原。

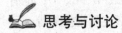 思考与讨论

为什么家长经常让大家多吃蔬菜，里面富含哪些营养素？

第二节 水溶性维生素及有关辅酶

一、维生素 B_1 和焦磷酸硫胺素（TPP）

维生素 B_1 又称硫胺素，存在于许多植物种子中，尤其是在谷物种子的外皮中，在未经研磨的大米和全麦粒制作的食物中，此种维生素的含量较丰富。在动物组织和酵母中，维生素 B_1 主要以辅酶即焦磷酸硫胺素的形式存在。维生素 B_1 在酸性条件下相当稳定，在碱性条件下加热及 SO_2 处理易破坏，常因热烫预煮而损失。

焦磷酸硫胺素在 α-酮酸脱氢酶，丙酮酸脱羧酶，转酮酶和磷酸酮糖酶中起辅酶的作用。

 知识链接

维生素 B_1 缺乏时可引起"脚气病"，主要发生在高糖饮食及食用高度精细加工的米、面时。此外因慢性酒精中毒而不能摄入其他食物时也可发生维生素 B_1 缺乏，初期表现为末梢神经炎、食欲减退等，进而可发生浮肿、神经肌肉变性等。成人每天膳食中宜有 1.1~2.1mg 的硫胺素。人体在摄入糖类多时，对硫胺素的需求量也大。

二、维生素 B_2 和 FAD、FMN

维生素 B_2 又称核黄素。化学结构中含有二甲基异咯嗪和核醇两部分。核黄素是黄素蛋白（FP）的辅基，有黄素单核苷酸（FMN）和黄素腺嘌呤二核苷酸（FAD）两种形式。

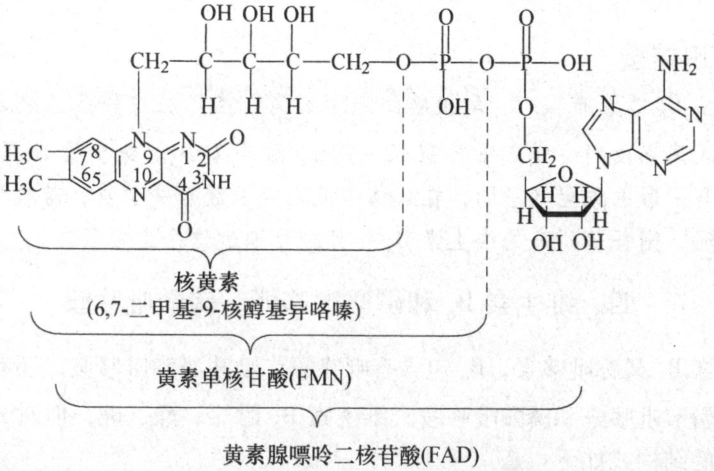

[结构式图]

核黄素
(6,7-二甲基-9-核醇基异咯嗪)

黄素单核甘酸(FMN)

黄素腺嘌呤二核苷酸(FAD)

核黄素辅酶的功能是起氧化还原作用。还原型的核黄素是无色的，暴露在空气中时极易氧化而变为黄色。核黄素在酸性溶液中对热稳定，在碱性溶液及光下易分解。FMN 和 FAD 与蛋白质紧密联结，而且在酶提纯时，也仍与蛋白质结合。可以用冷酸或用煮沸处理使它们从酶蛋白中分离出来，后一种方法能破坏酶蛋白质性质，所以是不可逆的；用冷酸分离是可逆的，将核黄素部分与酶蛋白重新混合又可恢复活性。

 知识链接

核黄素可以在绿色植物、细菌和真菌中合成，但不能在动物体内合成。在动物中它以黄素辅酶的形式存在。成人每日约需核黄素量为 1.2～2.1mg。人类维生素 B_2 缺乏时，可引起口角炎、唇炎、阴囊炎、眼睑炎、羞明等症。

三、维生素 B_5 和辅酶Ⅰ、辅酶Ⅱ

维生素 B_5 又称为烟酸或维生素 PP，包括烟酸和烟酰胺两种化合物。在体内，烟酸以烟酰胺态存在，维生素 B_5 不受光、热、氧破坏，是最稳定的一种维生素。

烟酰胺核苷酸是一些催化氧化还原反应的脱氢酶的辅酶。NDA^+ 也称为辅酶Ⅰ（缩写 CoI）或二磷酸吡啶核苷酸（缩写 DPN）。$NADP^+$ 也称辅酶Ⅱ（CoⅡ）或三磷酸吡啶核苷酸（TPN）。

NAD^+ 和 $NADP^+$ 都是脱氢酶的辅酶，这两个辅酶都传递氢，区别在于 $NADPH,H^+$ 一般用于生物合成代谢中的还原作用，提供生物合成作用所需的还原力，如脂肪酸合成，而 $NADH,H^+$ 则常用于生物分解代谢过程，如氧化磷酸化作用，通过偶联形成 ATP 而提供生命活动所需的能量。

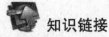
知识链接

维生素 B_5 的分布很广,动植物组织中都有,肉产品中较多。缺乏这种维生素会引起人患癞皮病。成人每日需 12~21mg 维生素 B_5。维生素 B_5 虽然是维生素,但它与一般的维生素不同,在人体中能由色氨酸合成少量,若饮食中含有适量色氨酸时,则每日所需的维生素 B_5 一部分可通过这个途径获得。

四、维生素 B_6 和磷酸吡哆醛、磷酸吡哆胺

维生素 B_6 又称吡哆素,B_6 包含有吡哆醇、吡哆醛和吡哆胺,还有它们的辅酶形式:磷酸吡哆醛和磷酸吡哆胺。维生素 B_6 耐热、酸、碱,但对光敏感。这些化合物的结构式如下:

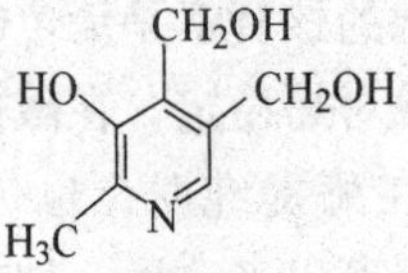

吡哆醇 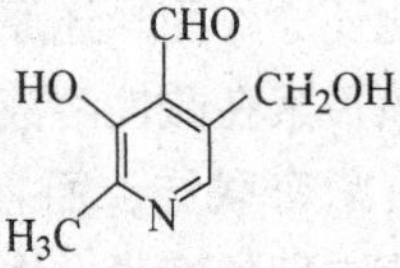　　　　　　吡哆醛 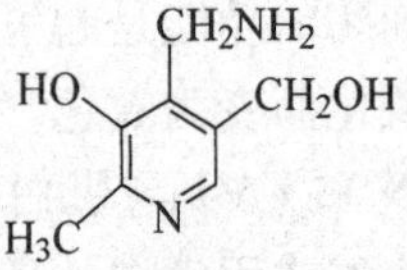　　　　　　吡哆胺

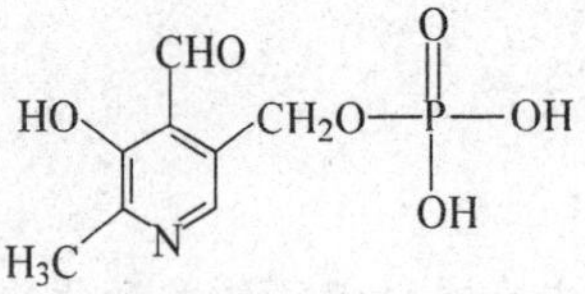

磷酸吡哆醛 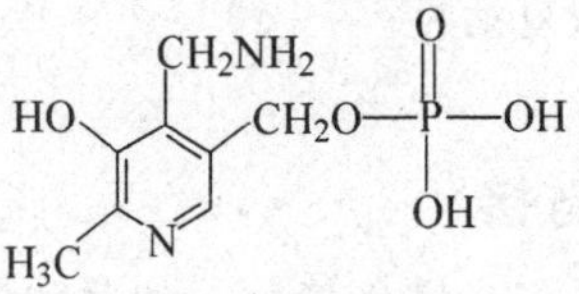　　　　　　　磷酸吡哆胺

磷酸吡哆醛和磷酸吡哆胺是维生素 B_6 的辅酶形式,有时也称脱羧辅酶。它们是转氨酶、氨基酸脱羧酶的辅酶。在氨基酸的转氨、脱羧和外消旋等重要反应中起着催化作用。

五、维生素 B_3

维生素 B_3 又称为泛酸,是辅酶 A 和酰基载体蛋白的组成成分,是乙酰化作用的辅酶。泛酸在碱性溶液中易水解。

人在营养上需要泛酸,但泛酸广泛存在于植物和动物食物中,所以泛酸缺乏症极少见。

辅酶 A 是酰基转移酶的辅酶。它所含的巯基可与酰基形成硫酯,在代谢中起传递酰基的作用。在生物体内辅酶 A 是由泛酸作为前体合成的。许多微生物可以从缬氨酸的脱氨产物——α-酮异戊二酸开始合成泛解酸,由天冬氨酸脱羧生成 β-丙氨酸,二者在泛酸合成酶的催化下利用 ATP 的能量合成泛酸:

泛解酸 + β-丙氨酸 + ATP → 泛酸 + AMP + PPi

六、生物素与羧化酶辅酶

生物素又称维生素 B_7，或维生素 H。生物素为无色针状结晶体，耐酸而不耐碱，氧化剂及高温可使其失活。

生物素是体内多种羧化酶的辅酶，如丙酮酸羧化酶等，参与 CO_2 的羧化过程。在组织内生物素的分子侧链中，戊酸的羧基与酶蛋白分子中的赖氨酸残基上的 ε-氨基通过酰胺键牢固结合，形成羧基生物素-酶复合物，又称生物胞素。

 知识链接

人体缺乏生物素时引起皮炎和毛发脱落。生鸡蛋清中有一种蛋白质，称为抗生物素蛋白，可以与生物素紧密结合，从而使生物素失去作用。生物素可将活化的羧基转移给酶的相应作用物。生物素来源极广泛，人体肠道细菌也能合成，很少出现缺乏症。新鲜鸡蛋中的抗生物素蛋白能与生物素结合使其失去活性并不被吸收，蛋清加热后这种蛋白便被破坏，也就不再妨碍生物素的吸收。长期使用抗生素可抑制肠道细菌生长，也可能造成生物素的缺乏，主要症状是疲乏、恶心、呕吐、食欲不振、皮炎及脱屑性红皮病。

七、叶酸与辅酶 F

叶酸也称维生素 B_{11}，因绿叶中含量十分丰富而得名，又称蝶酰谷氨酸。动物细胞不能合成对氨基苯甲酸，也不能将谷氨酸接到蝶酸上去，所以动物所需的叶酸需从食物中供给。植物中的叶酸含 7 个谷氨酸，肝中的叶酸一般为 5 个谷氨酸残基，谷氨酸之间是以 γ-羧基和 α-氨基连接形成的 γ 多肽。

辅酶 F 是体内一碳单位转移酶的辅酶，分子内部 N_5、N_{10} 2 个氮原子能携带一碳单位。一碳单位在体内参加多种物质的合成，如嘌呤、胸腺嘧啶核苷酸等。当叶酸缺乏时，DNA 合成必然受到抑制，骨髓幼红细胞 DNA 合成减少，细胞分裂速度降低，细胞体积变大，造成巨幼红细胞贫血。

 知识链接

叶酸在肉及水果、蔬菜中含量较多，肠道的细菌也能合成，所以一般不发生缺乏症。孕妇及哺乳期快速分裂细胞增加或因生乳而致代谢较旺盛，应适量补充叶酸。口服避孕药或抗惊厥药物能干扰叶酸的吸收及代谢，如长期服用此类药物时应考虑补充叶酸。抗癌药物甲氨蝶呤因结构与叶酸相似，它能抑制二氢叶酸还原酶的活性，使四氢叶酸合成减少，进而抑制体内胸腺嘧啶核苷酸的合成，因此有抗癌作用。

八、维生素 B_{12} 及维生素 B_{12} 辅酶

维生素 B_{12}，又称钴胺素，维生素 B_{12} 分子中有氰、钴和咕啉，是唯一含金属元素的维生素。它是抗恶性贫血的维生素，存在于肝中。维生素 B_{12} 也是一些微生物的生长因素。

维生素 B_{12} 辅酶与钴胺素辅酶跟维生素 B_{12} 的差别，在于氰被 $5'$-脱氧腺苷所取代。维生素 B_{12} 辅酶在微生物中参与丙酸代谢、甲基活化、变位酶反应等 11 种不同的生化反应。

九、硫辛酸

硫辛酸是酵母及一些微生物的生长因素。硫辛酸可以传递氢。硫辛酸氧化型和还原型之间相互转化的反应式如下：

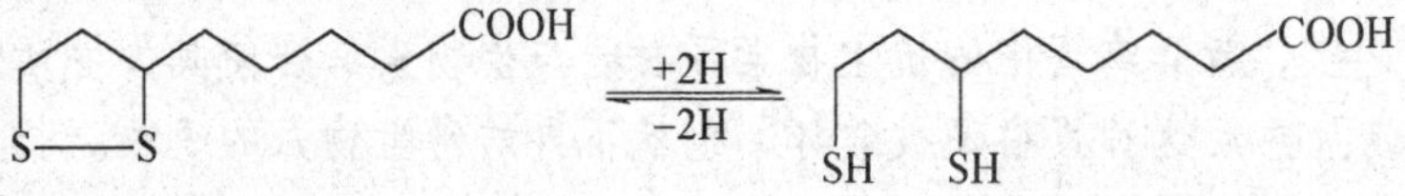

硫辛酸(氧化型)　　　　硫辛酸(还原型)

硫辛酸是丙酮酸脱氢酶和 α-酮戊二酸脱氢酶多酶复合物中的一种辅助因素，在此复合物中，硫辛酸起着转酰基作用，同时在这个反应中硫辛酸被还原以后又重新被氧化。

十、维生素 C

维生素 C 即抗坏血酸。人体不能合成维生素 C。哺乳动物中灵长类和豚鼠的体内不能合成它。如果食物中缺乏维生素 C，会出现坏血病，表现为毛细管脆弱、皮肤上出现小血斑，牙龈发炎出血，牙齿动摇等。

在生物体内，抗坏血酸在抗坏血酸酶的作用下，脱去氢，转化为脱氢抗坏血酸。抗坏血酸在细胞内的作用是与细胞的羟基化作用有关，还很可能跟氧化还原有关。抗坏血酸的化学结构式和氧化还原反应如下：

L-抗坏血酸　　　　L-脱氢抗坏血酸　　　　二酮基古洛糖酸

抗坏血酸没有羧基，其酸性来自烯二醇的羟基。由于羟基和羰基相邻，所以烯二醇基极不稳定，在水溶液中极易氧化。温度、光线、金属离子（Cu^{2+}，Fe^{2+} 等）及碱性环境等因素对抗坏血酸的氧化都有促进作用。糖类、氨基酸、

果胶、明胶及多酚类等物质则对抗坏血酸有保护作用。

在食品中，把L-抗坏血酸和L-脱氢抗坏血酸称为有效维生素C，如再加上脱氢抗坏血酸发生内酯环水解而生成的没有生物活性的二酮基古洛糖酸，则合计称为总维生素C。

D-异抗坏血酸易于合成，成本低，虽无生物活性，但在抗氧化性上与天然的L-抗坏血酸相同。因此，食品工业中多采用D-异抗坏血酸为抗氧化剂。抗坏血酸的脂肪酸酯类则用于脂肪性食品的抗氧化剂。

维生素C的主要食物来源为水果、蔬菜。成人需求量为30mg/d。

维生素C可促进胶原蛋白抗体的形成，因胶原蛋白抗体能够包围癌细胞，因此，维生素C具有抗癌作用。维生素C能促进胆固醇转化为胆汁酸，可使高胆固醇血症患者的胆固醇下降，维生素C的强还原性能将Fe^{3+}还原成Fe^{2+}，而使其易于吸收，有利于血红蛋白的形成。

此外，维生素C还具有解毒作用等，但摄入过多时（每人每天口服4~9g维生素C），则会改变血液的酸度，造成尿酸沉积，引起关节剧痛，并可形成肾结石等疾病而损害肾脏，还可加重糖尿病等。

思考与讨论

1. 为什么孕妇需要适量补充叶酸，它在人体内有什么作用？
2. 多吃水果能美容是什么道理？

第三节 脂溶性维生素

一、维生素A

维生素A已发现有A_1和A_2两种。A_1存在于动物肝脏、血液和眼球的视网膜中，又称视黄醇；A_2只在淡水鱼中存在。A_2比A_1在化学结构上多一个双键。它们的化学结构式和物理性质如下：

维生素$A_1(C_{20}H_{30}O)$，熔点64℃，
λ_{max}325nm（乙醇溶液）

维生素$A_2(C_{20}H_{28}O)$，熔点17~19℃，
λ_{max}325nm（乙醇溶液）

维生素A的化学结构和β-胡萝卜素的结构有联系。一个β-胡萝卜素分子加水断裂为两分子维生素A_1。其过程主要在动物的小肠黏膜内进行。动物的肝脏为储存维生素A的主要场所。

(β^1环) (β^2环)

β-胡萝卜素$(C_{40}H_{56})$，熔点184℃

 **知识链接**

维生素 A 和视觉有关。缺乏时，导致视紫质恢复的延缓和暗视觉的障碍，这就是夜盲症的病因所在。供给足够的维生素 A，或某几类胡萝卜素时，夜盲症可以得到纠正。在一般情况下如果膳食中常有绿色蔬菜供给胡萝卜素，即不易患夜盲症。维生素 A 还可促进上皮细胞的正常形成，防止皮肤病变。

1 国际单位维生素 A 等于 $0.3\mu g$ 视黄醇。

二、维生素 D

维生素 D 是由维生素 D 原经过紫外光激活后形成的。维生素 D 原是环戊烷多氢菲类化合物。目前已发现了六种结构相似的物质都具有维生素 D 的生理功能，被分别称为维生素 D_2、$D_3 \cdots D_7$。其中 D_2、D_3 和 D_7 的生物效价基本相等，而 D_4、D_5、D_6 的相对生物效价分别为前三者的 $1/2 \sim 1/3$、$1/40$ 和 $1/300$。动物体内普遍存在 7-脱氢胆固醇，经紫外光照射后形成维生素 D_3（图 4-1），在 D_3 的 24 位增加一个甲基，则为 D_4，若改为乙基，则为 D_5，大多数植物中都含有麦角固醇，在阳光下可形成 D_2（图 4-2），在 D_2 的 28 位上增加一个碳，即 24 位上连接一个乙基侧链，则为 D_6。

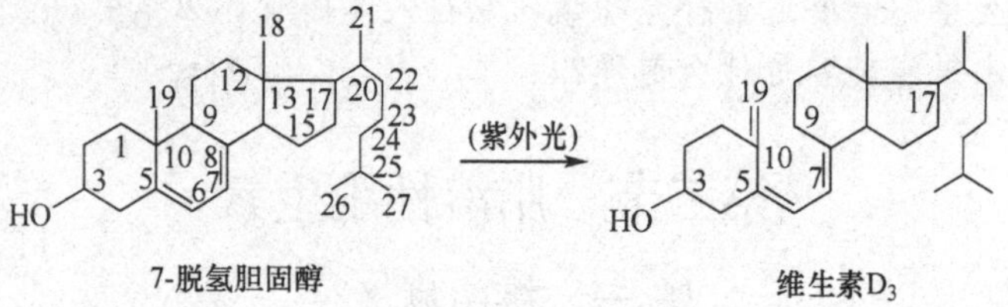

图 4-1 7-脱氢固醇转化为维生素 D_3 的反应式

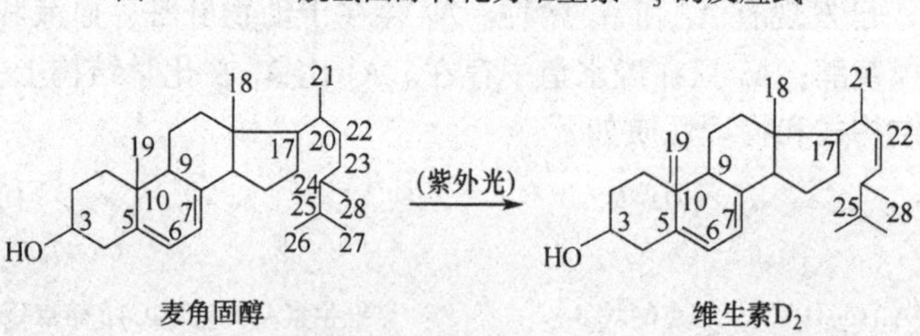

图 4-2 麦角固醇转化为维生素 D_2 的反应式

维生素 D 和动物骨骼的钙化有联系，因此，维生素 D 被命名为钙化醇。骨骼的正常钙化必须有足够的钙和磷，而且钙和磷的比例要合适，这个比例的范围在 1:1 或 2:1 之间；此外还必须有维生素 D 的存在。维生素 D 有促进动物小肠吸收钙的功能。

当钙化醇通过血液进入人体的肝脏后转化为 25-氢胆钙化醇；进入肾脏后

转化为1,25-二氢胆钙化醇,进入肠后促进Ca^{2+}的运输;进入骨骼时促进钙的吸收与沉积。至于胆钙化醇如何促进Ca^{2+}的运输,还有跟PO_4^{3-}的关系,最后在骨中沉积等,都尚待研究。

维生素D在中性及碱性溶液中能耐高温和耐氧化,在酸性溶液中则会逐渐分解,所以油脂氧化酸败可引起维生素D破坏,而在一般烹调加工中不会损失。

 小知识

维生素D通常在食品中与维生素A共存,在鱼、蛋黄、奶油中含量丰富,尤其是海产鱼肝油中含量特别丰富。

三、维生素K

维生素K是一类2-甲基-1,4-萘醌的衍生物,是一种和血液凝固有关的维生素。它具有促进凝血酶原合成的作用。凝血酶原是在肝脏中合成的。

维生素K在绿色蔬菜中含量丰富,动物肠道微生物能够合成维生素K,初生婴儿会出现维生素K缺乏症。阻塞性黄疸病人由于维生素K的吸收发生障碍,从而引起血浆中凝血酶原含量的降低,出现血凝迟缓。

维生素K是黄色黏稠油状物,可被空气中氧缓慢地氧化而分解,并迅速地被光进一步破坏,对热稳定,但对碱不稳定。

 **知识链接**

天然存在的维生素K只有K_1和K_2两种,其余均为人工合成,共有70多种,维生素K_1和K_2是分别由苜蓿和鱼粉等天然产品中分离提纯的。现在都能人工合成。维生素K_3是人工合成产物,同样具有维生素K的生物作用。维生素K跟脂蛋白联结在一起,存在于线粒体中。

四、维生素E

维生素E也称生育酚,广泛分布于植物组织中,以蔬菜、麦胚、植物油的非皂化部分中含量较多。维生素E有八种,差别只在甲基的数目和位置,其中两种在侧链上含有三个双键,但都具有相同的生理功能,以α-生育酚的生物效价最高。

α-生育酚为黄色油状液体,对热和酸较稳定,对碱不稳定,可缓慢地被氧化破坏。金属离子如Fe^{2+}能促进维生素E氧化为α-生育酚醌,在食品中,尤其是植物油中维生素E主要起着抗氧化剂的作用,能使脂肪及脂肪酸自动氧化过程中产生的游离基淬灭。维生素E的抗氧化作用能使细胞膜和细胞器的完整性和稳定性免受过氧化物的氧化破坏,还能保护巯基不被氧化而保持许多酶系的活性。

1国际单位维生素E等于1.1mg α-生育酚，食品中一般不缺乏维生素E。

思考与讨论

1. 小孩子多晒太阳有助于长高吗？为什么？
2. 多吃胡萝卜有助于防止近视吗？为什么？

思考与练习

一、填空

1. 维生素按溶解性质将其分为_____和_____两大类。
2. 未经研磨的大米和全麦粒制作的食物富含维生素_____。
3. 维生素 B_6 的辅酶形式是_____和_____。
4. 夜盲症是与缺乏维生素_____有关。
5. 维生素 B_1 的辅酶形式是_____。

二、选择题

1. 维生素 B_2 是下列哪种酶辅基的组成成分？（　　）
   A. NAD^+　　　　　B. $NADP^+$　　　　C. 吡哆醛
   D. TPP　　　　　　E. FAD

2. 维生素 PP 是下列哪种酶辅酶的组成成分？（　　）
   A. 乙酰辅酶A　　　B. FMN　　　　　　C. NAD^+
   D. TPP　　　　　　E. 吡哆醛

3. 人类缺乏维生素C时可引起：（　　）
   A. 坏血病　　　　　B. 佝偻病　　　　　C. 脚气病
   D. 癞皮病　　　　　E. 贫血症

4. 转氨酶的作用活性同时需下列哪种维生素？（　　）
   A. 烟酸　　　　　　B. 泛酸　　　　　　C. 硫胺素
   D. 磷酸吡哆醛　　　E. 核黄素

5. 脚气病是由于缺乏下列哪一种物质所致？（　　）
   A. 胆碱　　　　　　B. 乙醇胺　　　　　C. 硫胺素
   D. 丝氨酸　　　　　E. 丙酮

6. 下列哪一个维生素的作用能被氨喋呤及氨甲喋呤所拮抗？（　　）
   A. 维生素 B_6　　　B. 核黄素　　　　　C. 维生素 B_8
   D. 叶酸　　　　　　E. 遍多酸

7. 人体肠道细菌能合成的维生素是（　　）
   A. 维生素 K　　　　B. 泛酸　　　　　　C. 生物素

D. 叶酸　　　　　E. 以上都是

8. 维生素 B_{12} 缺乏引起（　　）

A. 唇裂　　　　　B. 脚气病　　　　　C. 恶性贫血

D. 坏血病　　　　E. 佝偻病

9. 长期过量摄入哪一种维生素可以引起蓄积性中毒（　　）

A. 维生素 B_1　　B. 维生素 C　　　　C. 维生素 B_{12}

D. 维生素 A　　　E. 维生素 B_6

三、想一想，答一答

1. 简单说明维生素 B_2 和 FAD、FMN 的关系。
2. 维生素 C 有哪些生理功能？
3. 脂溶性维生素的缺乏症都有哪些？

第五章 糖与糖类发酵原料

学习目标

1. 明确糖类化合物的概念和功能，了解糖的种类。
2. 掌握单糖重要的理化性质。
3. 熟悉重要的二糖。
4. 掌握淀粉重要的性质，了解淀粉的应用。
5. 了解常见的糖类发酵原料。
6. 了解纤维素在发酵工业中的发展前景。

第一节 重要的单糖

糖类是指多羟基醛或多羟基酮以及它们的缩合物和某些衍生物的总称。根据它们所含羰基的化学性质分类，若羰基是醛，则为醛糖；若羰基是酮，则为酮糖。糖类化合物主要是由碳、氢、氧三种元素构成。由于人们早期发现的一些糖类物质的分子式中 H 和 O 的比与水的相同为 2∶1，故曾经称为碳水化合物。

糖类是自然界中分布最广、数量最多的有机化合物。大多数糖类是植物利用 CO_2 和 H_2O 经光合作用而形成的。生物体内很多物质具有糖类成分。如核酸中的核糖、脱氧核糖；细胞膜的糖蛋白、糖脂；植物细胞壁的主要成分纤维素、半纤维素、果胶等；细菌细胞壁中的肽聚糖等都属于糖类。微生物体内糖含量不完全一致，但糖类物质是微生物的营养源之一，对微生物的生存有极其重要的意义。

糖类是人体所需的三大常量营养素之一，人类的很多食物中有糖类物质存在。各类食物中所含糖类见表 5-1。

表 5-1　　常见食物中糖类物质的大约含量及存在形式

食物种类		糖类含量	存在形式	食物举例
粮谷类		70%~80%	以淀粉为主	如小麦、大米、玉米等
豆类	杂豆类	约55%	以淀粉为主	如绿豆、黑豆、豇豆等
	大豆	约20%	多为膳食纤维和低聚糖	—
鲜果类		5%~20%	多以单糖或双糖存在，也富含膳食纤维	如苹果、梨、香蕉等
坚果类	油脂类坚果	10%~30%	以膳食纤维为主	如核桃仁、花生等
	淀粉类坚果	50%~77%	以淀粉为主	如栗子、白果、莲子等

续表

食物种类		糖类含量	存在形式	食物举例
蔬菜类	根茎类蔬菜	15%~30%	以淀粉为主	如甘薯、山药、马铃薯等
	其他蔬菜	5%以下	以膳食纤维为主	白菜、芹菜、菠菜等
菌类		20%~30%	主要是真菌多糖，富含膳食纤维	如银耳、香菇等

根据分子能否水解以及水解产物组成情况，可将糖类化合物分为三类：

(1) 单糖　是指不能再继续分解为更小分子的糖，只含有一个羰基。如葡萄糖、核糖等；

(2) 寡糖（又称低聚糖）　是指水解后生成 2~10 个单糖分子的糖，如蔗糖、麦芽糖等；

(3) 多糖　指水解生成 10 个以上单糖或寡糖的糖，又称多聚糖。如淀粉、纤维素等。

一、单糖的分子结构

单糖的种类很多，其中以葡萄糖的数量最多，在自然界分布广泛。糖的结构及性质虽各有不同，但相同之处也不少。葡萄糖结构及性质有代表性，现以葡萄糖为例来阐述单糖的分子结构。

1. 直链结构

葡萄糖分子式为 $C_6H_{12}O_6$。葡萄糖分子含有六个碳原子，五个—OH 和一个—CHO。由于分子中有四个不对称碳原子，所以具有旋光异构现象（+）、（-），以及对映体 D-型和 L-型。单糖的旋光性可通过旋光仪测出；其构型的判断依据是 D-型、L-型甘油醛，以糖分子中倒数第二个碳原子上羟基在空间的左右来判别，羟基在左侧为 L-型，在右侧为 D-型。天然产物的单糖大多是 D-型。

L-葡萄糖　　　D-葡萄糖

2. 环状结构

葡萄糖的某些物理、化学性质不能用糖的链状结构来解释，因此提出了葡萄糖的环状结构，该结构具有半缩醛羟基。天然葡萄糖多以六元环，即吡喃葡萄糖的形式存在。环状糖分子中半缩醛羟基与决定单糖构型的 C_5 上的羟基在同一侧称为 α-型葡萄糖；不在同一侧的称为 β-型葡萄糖。

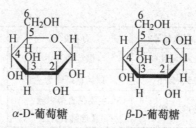

α-D-葡萄糖　　　β-D-葡萄糖

单糖的链状结构和环状结构，实际上是同分异构体，以环状结构最为重要。糖的链状与环状结构在水溶液中是可以互变的。葡萄糖在溶液中有α-D-葡萄糖、β-D-葡萄糖和直链式三种结构存在，它们在溶液中相互转化，最后达到动态平衡。

二、单糖的分类

单糖根据碳原子数目的多少，分别称为丙糖、丁糖、戊糖、己糖、庚糖等。最简单的单糖是甘油醛和二羟丙酮，它们属于丙糖，其磷酸酯是糖代谢的重要中间产物。庚糖是自然界中已知碳链最长的单糖。

单糖中最重要的是戊糖和己糖。

1. 戊糖

含五个碳原子的糖称为戊糖。戊糖在生物界分布很广，在生命活动中具有重要作用。主要有D-木糖、L-阿拉伯糖、D-核糖及其衍生物D-2-脱氧核糖。作为糖代谢中间产物的戊酮糖有D-核酮糖和D-木酮糖。这些戊糖的结构式如下：

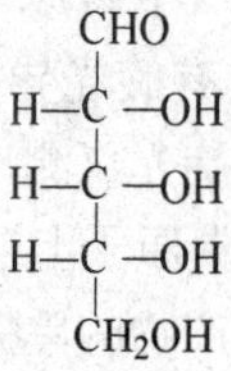

D-核糖 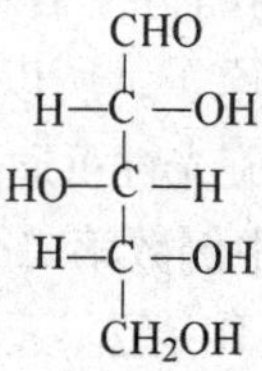　　　D-木糖 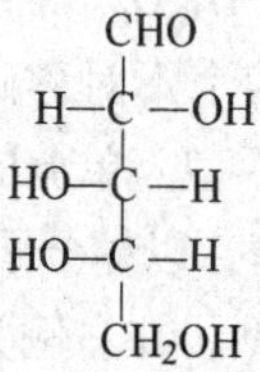　　　L-阿拉伯糖

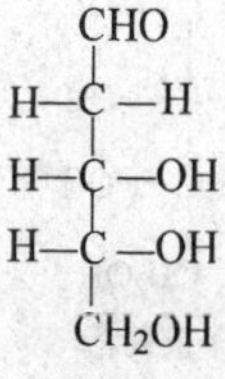

D-2-脱氧核糖 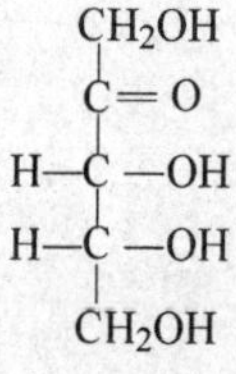　　　D-核酮糖 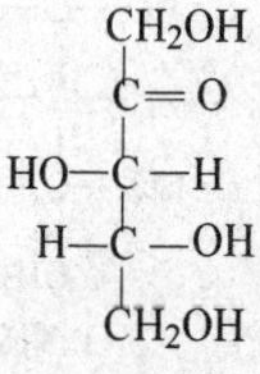　　　D-木酮糖

D-核糖主要存在于细胞核内，是核酸的重要成分。生物体内的核糖有两种：D-核糖和D-脱氧核糖。

D-木糖广泛存在于植物界，麸皮、木材、棉子壳、玉米穗等水解可得到

D-木糖。D-木糖是糖代谢的中间产物，在生命活动中具有重要作用。酵母不能使其发酵。

L-阿拉伯糖广泛存在于植物界，多以多聚戊糖形式存在，在松柏科植物的心材中有游离存在。L-阿拉伯糖是植物分泌的胶黏质及半纤维多糖的组成成分，不能被酵母利用发酵。

2. 己糖

含有六个碳原子的糖称为己糖。生物体中常见的己糖有D-葡萄糖、D-半乳糖、D-果糖及D-甘露糖。它们的链状结构与环状结构的结构式如下：

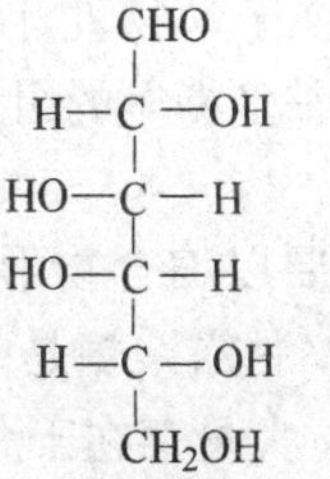

D-半乳糖 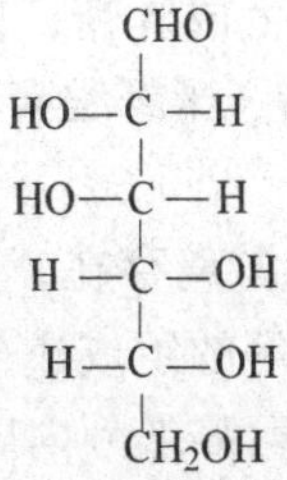　　　D-甘露糖 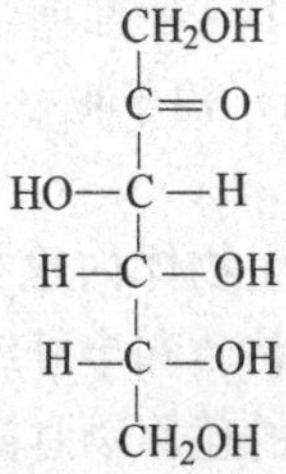　　　D-果糖

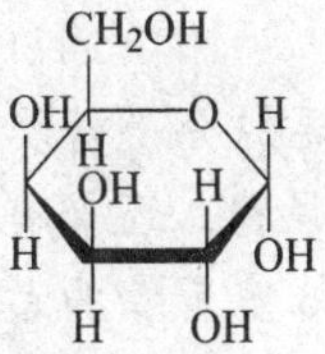

α-D-半乳糖 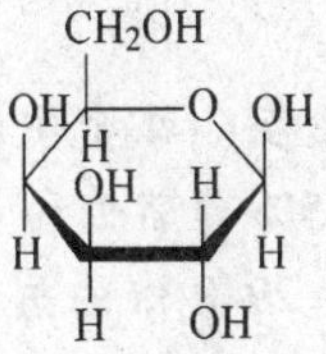　　　β-D-半乳糖

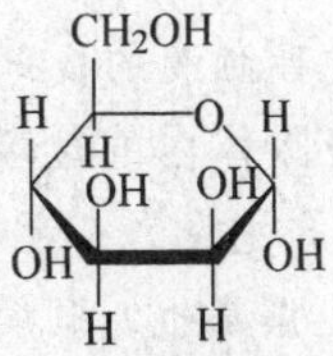

α-D-甘露糖 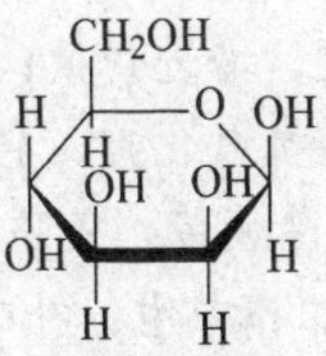　　　β-D-甘露糖

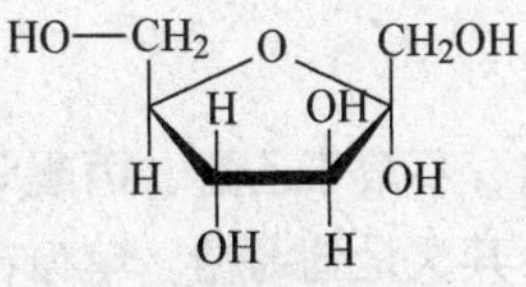

α-D-果糖 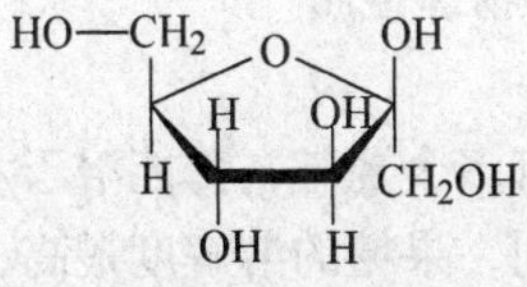　　　β-D-果糖

D-葡萄糖是自然界分布最广的己糖，广泛分布于各种植物体中，是多种多

糖的组成成分。酵母可使其发酵。动物的血、脑脊液和淋巴都含有葡萄糖。血液中的葡萄糖称为血糖，正常人空腹血糖浓度在 3.89~6.11mmol/L。葡萄糖是人体的营养品，也是重要的工业生产原料。葡萄糖由于具有还原性和抗氧化性，可用于烘烤食品增色和延长货架期，如制面包、饼干、糕点食品等。

D-果糖是自然界重要的己糖，几乎总是和葡萄糖共存于植物中，在水果果实和蜂蜜中有游离状态存在。D-果糖能被酵母利用发酵。果糖甜度高、风味好、吸湿性强，在食品中广泛使用。果糖是糖类中最甜的自然糖，是天然甜味剂的重要来源。

D-半乳糖与D-葡萄糖结合生成乳糖，存在于动物乳汁中。D-半乳糖也是植物中的蜜二糖、棉子糖、琼脂、半纤维素和黏多糖等的组成成分，在生物体内很少游离存在。

D-甘露糖在生物体内也很少游离存在，主要以缩合物形态存在于多糖中。D-甘露糖是植物黏质和半纤维素等的组成成分，甘露聚糖是坚果类果壳的主要成分。D-甘露糖的还原物甘露醇可降低颅内压，大量存在于海藻、洋葱等内。

 知识链接

蜂蜜是一种营养丰富的食品。蜂蜜中的主要成分是糖类，它占蜂蜜总量的3/4以上。蜂蜜中含有大约35%葡萄糖和40%果糖，还含有各种维生素、矿物质和氨基酸。1kg的蜂蜜含有2940卡的热量。蜂蜜是糖的过饱和溶液，低温时会产生结晶，生成结晶的是葡萄糖，不产生结晶的部分主要是果糖。蜂蜜比蔗糖（砂糖的主要成分）更容易被人体吸收，因为蜂蜜是由单糖类的葡萄糖和果糖构成，可以被人体直接吸收，而不需要酶的分解，对妇、幼、特别是老人具有良好保健作用，因而被称为"老人的牛奶"。

服用蜂蜜可促进消化吸收，增进食欲；能改善血液的成分，促进心脑和血管功能；蜂蜜中含有数量惊人的抗氧化剂，它能清除体内的垃圾——氧自由基，可防衰老；能迅速补充体力，消除疲劳，提高机体的免疫力；还有镇静安眠的作用。《本草纲目》："入药之功有五，清热也，补中也，解毒也，润燥也，止痛也。"

三、单糖的性质

（一）单糖的物理性质

1. 溶解度

单糖分子含有多个羟基，都能溶于水，不溶于乙醚、丙酮等有机溶剂。各种单糖的溶解度不同，果糖的溶解度最高，其次是葡萄糖。单糖在热水中的溶解度都很大。

2. 甜度

各种糖的甜度不同，常以蔗糖为标准（100%）进行比较（表5-2）。

表 5-2　　　　　　　　　　各种糖的甜度

糖的种类	甜度/%	糖的种类	甜度/%
蔗糖	100	鼠李糖	32.5
果糖	173.3	麦芽糖	32.5
转化糖	130	半乳糖	32.1
葡萄糖	74.3	棉籽糖	22.6
木糖	40	乳糖	16.1

甜味是由物质分子的构成所决定的，单糖都有甜味，绝大多数的二糖和一些三糖也有甜味，多糖则无甜味。

3. 旋光性

具有不对称碳原子的化合物溶液能使偏振光平面旋转，即具有旋光性。能使偏振光平面发生顺时针方向偏转，称为右旋，用 D- 或（+）表示；发生逆时针方向偏转的，称为左旋，用 L- 或（-）表示。单糖分子（除二羟丙酮外）都有不对称碳原子，因此其溶液都有旋光性。

（二）单糖的化学性质

1. 氧化作用

醛糖的醛基能被氧化，酮糖的羟基也能被氧化，因此所有的单糖都是还原糖。醛糖的还原性强于酮糖，在弱氧化剂（如硫酸铜的碱性溶液）作用下，醛糖能被氧化成糖酸，酮糖则不能被氧化。例如葡萄糖与菲林试剂的反应中，单糖被氧化成糖酸，二价铜离子被还原成氧化亚铜。测定氧化亚铜的生成量即可测知溶液中的含糖量。

因氧化条件的不同，单糖可被氧化成不同的糖酸类衍生物。以葡萄糖为例：在弱氧化剂（如溴水）的作用下，葡萄糖被氧化成葡萄糖酸；在强氧化剂（如稀硝酸）作用下，葡萄糖的醛基和末端的一个羟基同时氧化生成葡萄糖二酸；生物体内，在专一性酶作用下，伯醇基被氧化，生成葡萄糖醛酸。

 小知识

醛糖被氧化后生成糖酸，其中最常见的有葡萄糖酸、半乳糖醛酸等。它们是一些胶质多糖的组成单体。糖酸是一种比较强的有机酸，常以内酯形式存在。

葡萄糖酸内酯在水溶液中慢慢分解，生成葡萄糖酸。葡萄糖酸内酯可用作豆腐凝固剂及蛋糕、面包的膨松剂等。葡萄糖酸能与钙、铁等离子形成可溶性盐类，易被吸收。葡萄糖酸钙可作为药物，用于消除过敏、补充钙质。

葡萄糖醛酸是人体内一种重要的解毒剂，可通过糖苷键与各种羟基化合物如苯酚、固醇类等结合，增加它们在水中的溶解度，从而易于从体内排出。用于肝炎、肝硬化、食物与药

COOH
(CHOH)4
CH2OH
葡萄糖酸
溴水
CH2OH
(CHOH)4
CH2OH
HNO3
COOH
(CHOH)4
COOH
葡萄糖二酸
酶
CHO
(CHOH)4
COOH
葡萄糖醛酸

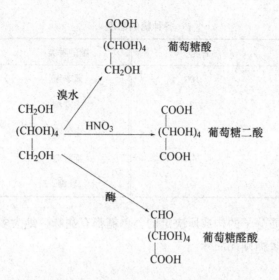

物中毒的治疗。

抗坏血酸是一个重要的糖酸，存在于植物和某些动物体内，从结构上看是含有双键的古洛糖的糖酸。抗坏血酸是还原剂，可用来保护蛋白质中的半胱氨酸残基的－SH免受氧化。

2. 还原作用

单糖含有游离的羰基，所以易被还原成多羟基醇类（糖醇）。如D－葡萄糖被还原成D－葡萄糖醇（山梨醇）；D－甘露糖被还原成D－甘露醇等。

D－葡萄糖$\xrightarrow{[H]}$D－葡萄糖醇（山梨醇）

D－甘露糖$\xrightarrow{[H]}$D－甘露醇

D－ 果糖$\xrightarrow{[H]}$D－甘露醇 ＋D－葡萄糖醇

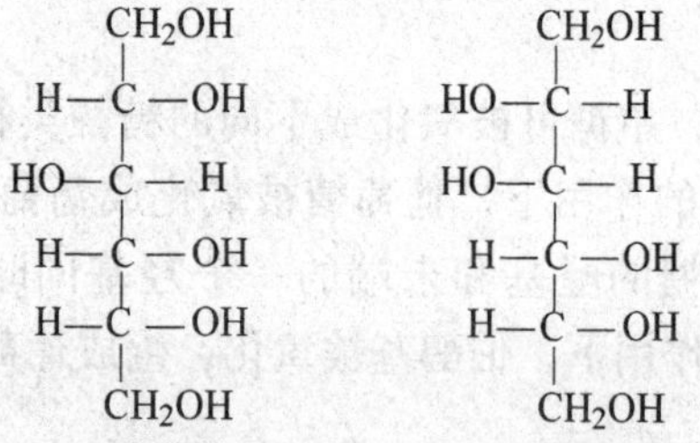

CH2OH
H—C—OH
HO—C—H
H—C—OH
H—C—OH
CH2OH
CH2OH
HO—C—H
HO—C—H
H—C—OH
H—C—OH
CH2OH

D-葡萄糖醇　　　　D-甘露醇

糖醇有直链的和环状的，它们是有机体的代谢产物，同时也是食品、化工和医药上的重要原料。常见的有甘露糖醇、山梨醇和木糖醇，大都存在于植物中。

知识链接

单糖还原后生成糖醇，山梨醇、甘露醇是广泛分布于植物界的糖醇，在食品工业上，它们是重要的甜味剂和湿润剂。

在自然界中，木糖醇广泛存在于果品、蔬菜、谷类、蘑菇之类食物和木材、稻草、玉米芯等植物中。木糖醇是白色晶体，外表和味觉都与蔗糖相似，热量相当于葡萄糖，可作为新型甜味剂替代蔗糖和葡萄糖。木糖醇入口后往往伴有微微的清凉感，这是因为它在溶解时会吸收一定热量，在一定程度上也有助于牙齿的清洁。木糖醇是防龋齿的最好甜味剂，应用于口香糖和糖果生产。

肌醇是环糖醇，具有许多生理功能，如临床上将其与复合维生素B一起作用，可以阻止或降低过量的脂肪在肝脏沉积，具有抗脂肪肝作用。肌醇还是植酸、磷酸肌醇酯等化合物的前体。

3. 强酸作用

单糖在稀酸溶液中是稳定的，在强的无机酸作用下，戊糖和己糖皆可被脱水。戊糖与强酸共热，产生糠醛；己糖与强酸共热，得到5－羟甲基糠醛。糠醛和5－羟甲基糠醛能与某些酚类作用生成有色的缩合物。利用这一性质可以鉴定糖。

4. 碱的作用

在弱碱作用下，葡萄糖、果糖、甘露糖三者可以通过烯醇式相互转化，形成同分异构体的混合液。生物体内，在酶的催化下也能进行类似的转化。单糖在强碱溶液中很不稳定，分解成各种不同的物质。

5. 酯化作用

单糖为多元醇，与酸作用生成酯。生物化学上较重要的糖酯是磷酸酯。它们是糖代谢的中间产物。如葡萄糖－6－磷酸、果糖－1，6－二磷酸、核糖－5－磷酸等。

6. 形成糖苷

单糖的半缩醛羟基很容易与醇及酚的羟基反应，失水而形成糖苷。由于单糖有α－型、β－型之分，形成的糖苷也有α－型、β－型两种形式。糖苷由糖与非糖部分组成，糖部分称为糖苷基，非糖部分称为糖苷配基。根据不同的糖，糖苷有葡萄糖苷、果糖苷、阿拉伯糖苷、半乳糖苷、芸香糖苷等。糖苷没有旋光性和还原性，比糖稳定。

 小知识

糖苷是糖在自然界存在的一种重要形式，几乎各类生物都有，以植物界分布最为广泛，它主要存在于植物的种子、叶子及皮内。糖苷大多极毒，但微量糖苷可作为药物。重要的糖苷有：能引起溶血的皂角苷、有止咳作用的杏仁苷、有抗疲劳、抗感染等功能的人参皂苷等。因此，糖苷物质在医药工业上占十分突出的位置。

7. 褐变反应

在食品加工中，由于受热等因素影响，低分子的糖会有极少量的合成多糖，形成棕色缩合物，即发生褐变反应。包括美拉德反应和焦糖化反应。

（1）美拉德反应　又称羰氨反应，即指羰基和氨基经缩合、聚合反应生成类黑色素的反应。几乎所有食品均含有羰基（来源于糖类）和氨基（来源于蛋白质），因此都可能发生羰氨反应，引起食品颜色加深现象。如焙烤面包产生的金黄色，烤肉产生的棕红色，松花蛋蛋清的茶褐色，啤酒的黄褐色等。

（2）焦糖化反应　糖类尤其是单糖在没有氨基化合物存在的情况下，加热到熔点以上的高温（一般是140~170℃以上），也会发生褐变，这种反应称为焦糖化反应。糖在强热情况下，生成焦糖或酱色。蔗糖通常被用于制造焦糖色素和风味物，在可乐饮料、烘焙食品、糖果等食品中常用。

知识链接

糖类的生理功能

（1）氧化供能　人体所需的能量来源于食物中蛋白质、脂肪和糖类化合物三种产能营养素。根据我国人民的饮食习惯和生理需要，我国居民所需热能的10%~15%应由蛋白质提供，20%~30%应由脂肪提供，55%~65%应由糖类化合物提供。所以糖类是人类最主要的能源物质。人体内作为能源的糖主要是糖原和葡萄糖，糖原是糖的贮存形式，在肝脏和肌肉中含量最多，而葡萄糖是糖的运输形式，两者均可氧化而释放能量，1g糖类化合物在体内完全氧化为CO_2和H_2O可释放16.74kJ的能量。

（2）构成组织结构　糖及其衍生物可与其他成分一起构成糖复合物。如糖脂、糖蛋白等，它们是细胞膜、神经组织和结缔组织的组成成分。

（3）其他生物分子合成的前体　糖代谢的中间产物可转变为其他含碳的化合物，如氨基酸、脂肪酸、核苷酸等；还可参与一些重要物质的构成，如高能化合物ATP等许多重要生物活性物质都是糖的衍生物。糖还参与免疫球蛋白、部分激素及绝大部分凝血因子（如肝素）的构成，在体内发挥重要作用。

小知识

糖类物质氧化产能的场所——线粒体

生物细胞的基本结构有细胞壁、细胞膜、细胞质、细胞核。在生命旺盛的细胞中，在光学显微镜下可以看到细胞基质缓缓流动着，这对于细胞内部物质运输十分有利。在真核细胞的细胞质中，存在着许多具有一定形态结构和功能的细胞器。细胞质中的细胞器主要有：线粒体、内质网、溶酶体、叶绿体、高尔基体、核糖体等。它们组成了细胞质的基本结构，使细胞能正常的工作、运转。

叶绿体是绿色植物细胞吸收二氧化碳和水生成糖类的主要场所，是植物细胞的"养料制造车间"和"能量转换站"。内质网是交织分布在整个细胞质中的一种相互贯通的管道系统，由两层膜连接而成一层层扁平的腔或囊，是细胞内蛋白质的合成和加工以及脂质合成的"车间"。核糖体是由 RNA、蛋白质和酶共同构成的微小颗粒，大多附着在内质网上，是合成蛋白质的场所。高尔基体是由一些单层膜紧密地重叠在一起形成的囊状结构，是对来自内质网的蛋白质加工、分类和包装的"车间"及"发送站"，在植物细胞中与细胞壁形成有关。溶酶体是"消化车间"，内部含有多种水解酶，能分解衰老、损伤的细胞器，吞噬并杀死入侵的病毒或细菌。

线粒体普遍存在于真核生物细胞中，是细胞进行生物氧化的细胞器。在能量代谢活跃的细胞（如人体肝细胞）内，线粒体数目可超过 1000 个。

线粒体一般呈短棒状或圆球状，具有双层膜结构，外膜是平滑而连续的界膜；内膜反复延伸折入内部空间，形成嵴。内外膜不相通，形成膜腔。在内膜和基质中，分布着许多呼吸酶系。在内膜和嵴的表面分布有许多小颗粒，称为基粒。基粒是线粒体进行氧化磷酸化反应、产生 ATP 的功能单位。线粒体是细胞进行有氧呼吸的主要场所，又称"动力车间"。细胞生命活动所需的能量，大约 95% 来自线粒体。

线粒体结构见图 5-1。

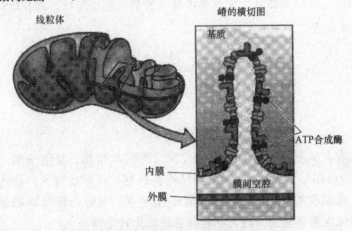

图 5-1 线粒体结构图

思考与讨论

1. 新鲜大枣保存期短，为什么制成蜜枣后可保存较长时间？
2. 蜂蜜为什么可以保存很长时间不变质？
3. 查阅资料，了解酱油酿造过程中，酱油色是如何形成的。

第二节 重要的寡糖

寡糖又称低聚糖，是少数单糖（2~10 个）缩合的聚合物。寡糖可从多糖水解得到。自然界中重要的寡糖有二糖（双糖）和三糖等。

一、二 糖

二糖又称双糖，是最简单的低聚糖，被水解可生成二分子单糖。双糖的单糖基有两种状态：一种是以一个单糖的半缩醛羟基与另一个单糖的非半缩醛羟基形成糖苷键，这种双糖仍有一个游离的半缩醛羟基，因而有还原性，称为还原糖；另一种双糖的糖苷键由两个半缩醛羟基连接而成，因没有游离的半缩醛羟基，为非还原糖。本节主要介绍食品、发酵工业中重要的二糖以及分解这些二糖的酶类。

1. 蔗糖及蔗糖酶

人类日常食用的糖主要是蔗糖。甘蔗、甜菜、胡萝卜和有甜味的果实（如香蕉、菠萝等）里面都含有蔗糖。其中甘蔗含蔗糖约26%，甜菜达20%，是主要的蔗糖生产原料。

蔗糖是由一分子α-D-葡萄糖和一分子β-D-果糖通过α-1,2-β-糖苷键连接而成，所以蔗糖分子中没有半缩醛羟基，无还原性，为非还原糖。其结构如下：

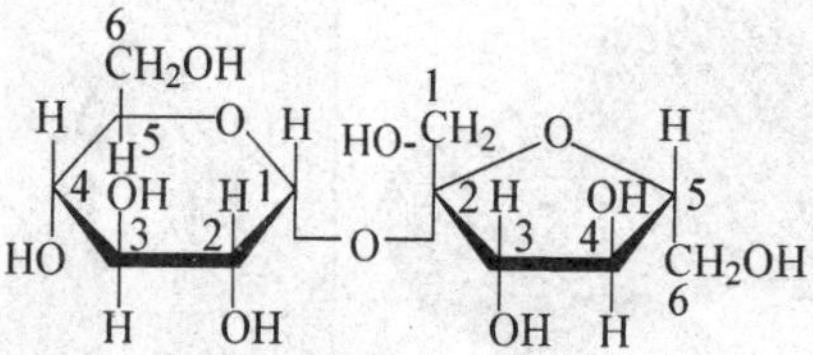

蔗糖具有右旋光性，$[\alpha]_D^{20}$为+66.5°。蔗糖易结晶，易溶于水，较难溶于乙醇，熔点为186℃，加热至200℃则呈褐色焦糖。蔗糖甜度大，是传统的甜味剂。蔗糖在稀酸或蔗糖酶（又称转化酶）作用下，水解为葡萄糖和果糖的混合液，其溶液比蔗糖溶液甜，通常称此混合糖液为转化糖液。

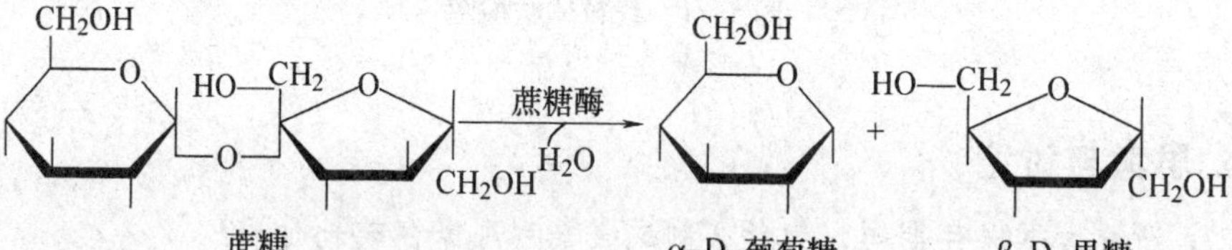

在某些生物体内含有蔗糖磷酸化酶，可催化蔗糖发生磷酸解反应生成1-磷酸葡萄糖和β-D-果糖。

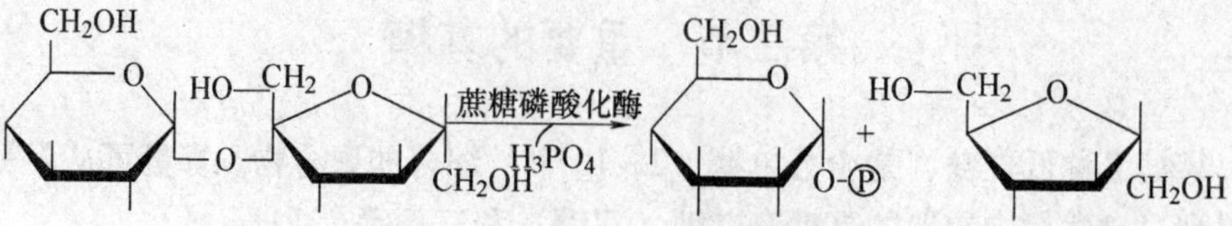

知识链接

日常生活中的白糖、红糖、冰糖,都是从甘蔗和甜菜中提取的,这些糖的主要成分都是蔗糖。

红糖是蔗糖和糖蜜的混合物,一般指甘蔗经榨汁、浓缩形成的带蜜糖。红糖里的蔗糖含量在89%以上,除了糖的成分,还含有维生素和微量元素,营养成分比白砂糖高很多,有一定的药用价值。

白糖是由甘蔗和甜菜榨出的糖蜜制成的精糖,是红糖经洗涤、离心、分蜜、脱色等几道工序制成的,蔗糖的含量在98%以上。白糖主要有白砂糖和绵白糖两种。颜色洁白、颗粒如砂者,称白砂糖;颜色洁白、粒细而软,入口易化者,称绵白糖。绵白糖的口感优于白砂糖。绵白糖最宜直接食用,冷饮凉食用之尤佳,但不宜用来制作高级糕点。

冰糖是以白砂糖为原料,经过再溶,清净,重结晶而制成,分为单晶冰糖和多晶冰糖两种。蔗糖含量在99.7%以上,纯度最高,具有养阴生津,润肺止咳的功效。冰糖品质纯正,不易变质,除可作糖果食用外,还可用于高级食品甜味剂,配制药品浸渍酒类和滋补佐药等。

2. 麦芽糖及麦芽糖酶

麦芽糖大量存在于发芽的谷粒,特别是麦芽中。谷物种子发芽时或用酸水解淀粉的过程中都有麦芽糖产生。面团发酵和甘薯蒸烤时有麦芽糖生成,生产啤酒所用的麦芽汁中所含的糖主要成分就是麦芽糖。麦芽糖易消化,在糖类中营养最为丰富。工业上制麦芽糖的原料是发芽谷物(主要是大麦芽),利用所含的麦芽糖淀粉酶使淀粉水解而得。

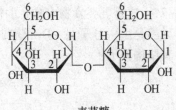

麦芽糖

麦芽糖是由两分子α-D-葡萄糖缩合而成的双糖,有还原性。右旋,$[\alpha]_D^{20}$为+136°。其结构如下:

麦芽糖为透明针状晶体,易溶于水,微溶于酒精,不溶于乙醚。其熔点为102℃,甜度介于蔗糖和乳糖之间,口感柔和。

麦芽糖能被酵母菌发酵,即麦芽糖在麦芽糖酶的作用下水解生成两分子葡萄糖后进行。在生物体内还有麦芽糖磷酸化酶,可催化麦芽糖磷酸解生成一分子1-磷酸葡萄糖和一分子α-D-葡萄糖。

 知识链接

饴糖也称麦芽糖浆,是以高粱、米、大麦、粟、玉米等淀粉质的粮食为原料,经发酵糖化制成的食品,属于淀粉糖(包括果糖、葡萄糖、饴糖、部分转

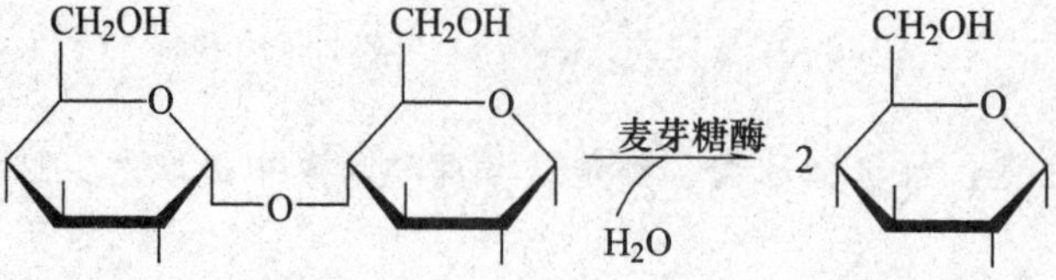

$$\text{麦芽糖} \xrightarrow[H_2O]{\text{麦芽糖酶}} 2\ \alpha\text{-D-葡萄糖}$$

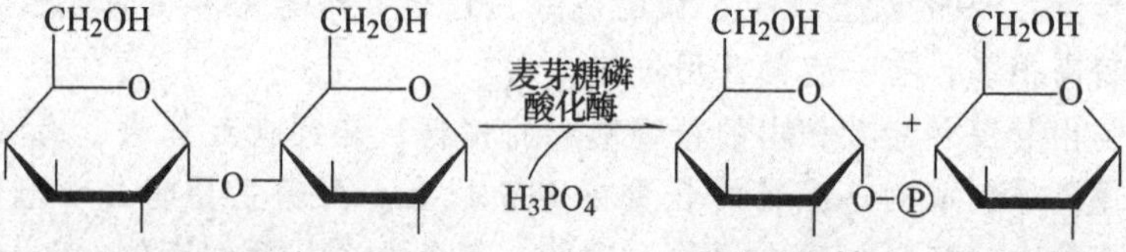

$$\text{麦芽糖} \xrightarrow[H_3PO_4]{\text{麦芽糖磷酸化酶}} \text{1-磷酸葡萄糖} + \alpha\text{-D-葡萄糖}$$

化糖、糖蜜等），又称饧、胶饴。主要含麦芽糖（约89.5%），并含维生素B和铁等。呈浅黄色，甜味温和，具有特殊风味。有软、硬之分，软者为黄褐色黏稠液体，黏性很大，称胶饴；硬者系软饴糖经搅拌，混入空气后凝固而成，为多孔之黄白色糖块，称白饴糖。药用以软饴糖为好。味甘，性温。能补中缓急，润肺止咳，解毒。溶化饮，入汤药，噙咽，或入糖果等，是老少皆宜的食品。饴糖主要用于加工焦糖酱色及糖果、果汁饮料、罐头、豆酱、酱油、药用等方面。

3. 乳糖及乳糖酶

乳糖是哺乳动物乳汁中主要的糖。牛乳中含乳糖4%，人乳中含乳糖5%~7%，这是乳婴食物中唯一的糖。

乳糖是由一分子 α - D - 葡萄糖和一分子 β - D - 半乳糖缩合而成，有还原性。其结构如下：

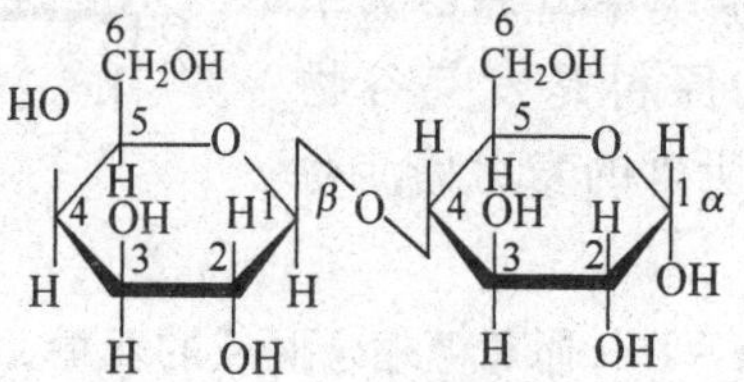

乳糖

乳糖在水中溶解度低，甜度也不高。乳糖右旋，$[\alpha]_D^{20}$ 为 + 55.4°。酵母不能发酵乳糖。乳糖在体外可被稀盐酸水解，在体内可被乳糖酶水解，生成半乳糖和葡萄糖。

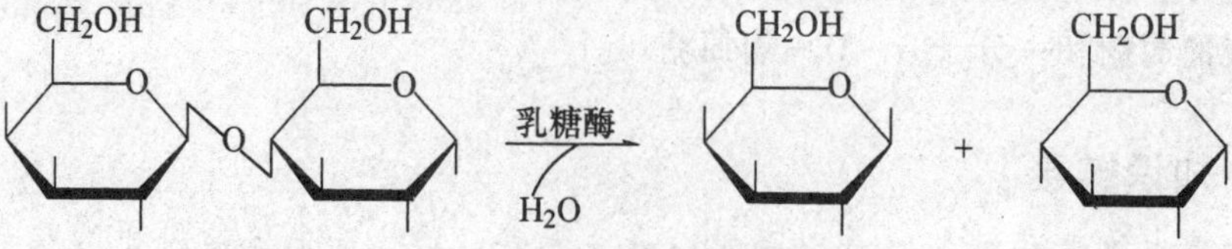

$$\text{乳糖} \xrightarrow[H_2O]{\text{乳糖酶}} \beta\text{-D-半乳糖} + \alpha\text{-D-葡萄糖}$$

知识链接

有些人喝牛奶会腹泻或腹痛,这种病称为"乳糖不耐症"。这是因为这类人胃肠中缺乏分解乳糖的酶,或者是由于乳糖酶的活性已减弱,牛奶中的乳糖不能被分解成葡萄糖和半乳糖,因此当他们喝牛奶时就会出现腹胀、腹痛、肠道痉挛,甚至呕吐或腹泻。据估计,全球约75%的成年人体内乳糖酶的活性有减弱的迹象,大多成人体内乳糖酶的活性只有刚出生时的10%。该症状发生的概率在北欧约5%,而在一些亚洲及非洲国家则超过90%。此类病症在亚洲及非洲很常见。

对于大多数乳糖不耐症的人来说,喝酸奶应该是一个最有效的办法。酸奶是在牛奶中加入一定乳酸菌经发酵后制成的,发酵过程使得原奶中的20%~30%的乳糖被分解,生成半乳糖和葡萄糖,后者又被转化为乳酸,因此降低了牛奶中的乳糖含量。蛋白质和脂肪也分解成为较小的组分,使其更有利于胃肠的消化吸收。同时,酸奶中的乳酸菌对于正常人群也具有助消化的功能,所以对饮用牛奶后常有腹胀、腹泻的乳糖不耐症的人群最为适宜。

4. 废糖蜜

制糖工业的母液中残存的糖,通称为废糖蜜。其主要成分是蔗糖、转化糖及一些其他物质,见表5-3。

表5-3 废糖蜜的化学成分 单位:%

糖	锤度/°B$_X$	全糖	蔗糖	转化糖	纯度	非发酵糖	胶体	总氮	灰分	pH
甘蔗糖蜜	85.87	53.89	33.89	20.0	62.78	5.14	9.91	0.485	10.28	6~6.5
甜菜糖蜜	48.76	48.76	48.76		59.76		10.0	2.08	7.33	7.4

注:糖锤度,简称Bx,指糖液中所含的可溶性固形物的百分率。由于可溶性固形物的主要成分是糖分,所以锤度高,说明糖分含量也高。如糖锤度为60%,即表示100kg糖液中含60kg固形物,含40kg水。

我国南方地区盛产甘蔗,北方地区盛产甜菜,制糖工业发达,其母液中的废糖蜜可作为发酵工业的原料,是综合利用的一条很重要的途径。

 小知识

制糖工业的副产品之一为废糖蜜,是一种黏稠、黑褐色、呈半流动的液体。废糖蜜的组成因制糖原料、加工条件的不同而有差异,其主要成分为糖类。甘蔗糖蜜含蔗糖24%~36%,其他糖12%~24%;甜菜糖蜜所含糖类几乎全为蔗糖,约47%之多。糖蜜产量较大的有甜菜糖蜜、甘蔗糖蜜、葡萄糖蜜,产量较小的有转化糖蜜和精制糖蜜。每加工100kg甜菜可生产14kg砂糖、4kg废糖蜜。

废糖蜜中的蔗糖和还原糖都是可发酵糖类,可作为工业发酵的原料。用于酒精生产,大约每生产1t酒精，消耗4.0t糖蜜。目前可用于工业生产规模的产品有酒精、柠檬酸、味精、丙醇、乙酸、乳酸、草酸、葡萄糖酸和抗生素等。

二、三　糖

三糖是由三个单糖分子通过糖苷键连接而成。常见的三糖有棉子糖、龙胆三糖和松三糖等。

1. 棉子糖

棉子糖与人类关系最密切，常见于很多植物中，棉子、甜菜等含较多的棉子糖。棉子糖又称蜜三糖，由 $\alpha-D-$ 半乳糖、$\alpha-D-$ 葡萄糖、$\beta-D-$ 果糖各一分子组成。棉子糖无还原性，酵母不可发酵。棉子糖可被蔗糖酶和 $\alpha-$ 半乳糖苷酶水解。人体本身不具有合成 $\alpha-$ 半乳糖苷酶的能力，但肠道细菌中含有这种酶，因此棉子糖可通过肠道菌作用分解。

2. 龙胆三糖

龙胆三糖主要存在于龙胆属植物根内。由 $\beta-D-$ 葡萄糖、$\alpha-D-$ 葡萄糖、$\beta-D-$ 果糖各一分子组成。

3. 松三糖

松三糖存在于松属植物中。由 $\alpha-D-$ 葡萄糖、$\beta-D-$ 果糖、$\alpha-D-$ 葡萄糖各一分子组成。

三、寡糖的应用

寡糖的功能不断地被发现，它的应用也日益广泛。由于寡糖类物质具有防病、抗病及有益健康等生理功效，被称为功能性食品。应用较多的是麦芽低聚糖和异麦芽低聚糖。国际上最近开发的主要低聚糖见表5-4。

表5-4　　　　　　　　国际上最近开发的主要低聚糖

名称	主要成分与结合类型	主要用途
麦芽低聚糖	葡萄糖（$\alpha-1,4$糖苷键结合）	滋补营养性，抗菌性
分支低聚糖	葡萄糖（$\alpha-1,6$糖苷键结合）	防龋齿，促双歧杆菌增殖
环状糊精	葡萄糖（环状$\alpha-1,4$糖苷键结合）	低热值，防止胆固醇蓄积
龙胆二糖	葡萄糖（$\beta-1,6$糖苷键结合），苦味	能形成包接体
偶联糖	葡萄糖（$\alpha-1,4$糖苷键结合），蔗糖	防龋齿
果糖低聚糖	果糖（$\beta-1,2$糖苷键结合）	促双歧杆菌增殖
	果糖（$\beta-1,2$糖苷键结合），蔗糖	
潘糖	葡萄糖（$\alpha-1,6$糖苷键结合），果糖	防龋齿
海藻糖	葡萄糖（$\alpha-1,1$糖苷键结合），果糖	防龋齿，优质甜味

续表

名称	主要成分与结合类型	主要用途
蔗糖低聚糖	葡萄糖（α-1,6糖苷键结合），蔗糖	防龋齿，促双歧杆菌增殖
牛乳低聚糖	半乳糖（β-1,4糖苷键结合），葡萄糖骨架，半乳糖（β-1,3糖苷键结合），乙酰胺基葡萄糖等	防龋齿，促双歧杆菌增殖
壳质低聚糖	乙酰胺基葡萄糖（β-1,4糖苷键结合）	抗肿瘤性
大豆低聚糖	半乳糖（α-1,6糖苷键结合），蔗糖	促双歧杆菌增殖
半乳糖低聚糖	半乳糖（β-1,6糖苷键结合），葡萄糖	促双歧杆菌增殖
木低聚糖	木糖（β-1,4糖苷键结合）	水分活性调节

寡糖除了具有低热量、稳定性高及安全无毒等理化特性外，还具有重要的生理活性。寡糖能够改善消化道菌群和肠道内环境，促进消化道有益细菌的生长，抑制有害微生物的繁殖，提高机体抵抗力。双歧杆菌是肠道菌群中典型的有益菌。由于双歧杆菌在人体内随年龄增长而呈减少趋势，但直接摄入含有该菌的食品很难保持该菌的成活率，故而摄入可促进其增殖的食品成为较好的选择。现在已发现多种双歧杆菌增殖的促进物质为寡糖，如乳果糖、果聚糖、异麦芽糖、大豆低聚糖等。寡糖可作为一种免疫原，刺激机体产生免疫应答，一些寡糖还可以直接活化巨噬细胞、自然杀伤细胞（NK细胞）、B淋巴细胞、T淋巴细胞，消除体内有毒有害因子，增强机体免疫功能。

寡糖在植物生长发育过程中起着重要的调节功能。植物和有些植物病原体细胞壁中的多糖长期以来都认为仅起到结构支持作用，但近年来发现在植物细胞壁受到病原体侵袭时，一些细胞壁中的多糖降解为有生物活性的寡糖，被称为寡糖素，是一类新的植物调节分子。已知有葡七糖、寡聚半乳糖醛酸和寡聚木糖等。寡糖素在植物体内作为信号分子调节植物生长、发育和在环境中的生存能力，它们可以分别专一地诱导植物基因表达、合成和分泌多种不同性质的防御分子，在不同层次上起到抗病和防病作用，也能影响体外培养的植物组织的分化和形态发生。

 小知识

功能性寡糖——木寡糖

在功能性寡糖中，木寡糖是公认的迄今为止功能性最强的双歧因子，可广泛应用于食品、饮料、医药、保健、饲料等产品中，具有良好的保健功能，因而成为国际功能性寡糖市场的热点。

木寡糖（又叫低聚木糖）是由2~7个木糖分子以β-1,4-糖苷键结合而构成的低聚

糖，其中以二糖和三糖为主。木寡糖的甜度约为蔗糖的40%，甜味纯正，类似蔗糖。木寡糖对人体的营养与保健作用，尤其是木二糖和木三糖在活化双歧杆菌等肠道益生菌等方面优于其他寡糖。

木寡糖的突出功能有：①高选择性增殖双歧杆菌：木寡糖在肠道内对双歧杆菌的高选择性增殖效果，高于其他的功能性寡糖。双歧杆菌是人体中重要的有益菌之一，该菌对人体健康作用很大，具体表现为：产生有机酸，使肠道pH下降，抑制病原菌的感染；抑制腐败菌的生长，使肠道内腐败物质减少；合成B族维生素；促进肠道蠕动，防止便秘；促进蛋白质的消化吸收；提高人体免疫力；分解致癌物。②难为人体消化酶系统分解：木寡糖的能量值几乎为零，不影响血糖浓度，不会形成脂肪沉积，适合糖尿病、低血糖和肥胖人群；③酸热稳定性好：在酸性条件下加热到100℃，也几乎不分解，不需担心加工或贮存过程中可能导致有效成分的分解，加工贮存方便；④甜度低，可预防龋齿：木寡糖甜度约为蔗糖的40%，具有耐热性和防结晶性，可成为食品加工物质的改良剂，可替代蔗糖，广泛应用于饮料、糖果、乳制品、冷饮等产品。同时，木寡糖不是致龋齿空腔微生物的合适作用底物，不会引起龋齿。

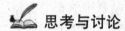
思考与讨论

1. 利用牛奶发酵生产酸奶时，如果牛奶中残留有抗生素，对生产有何影响？
2. 为什么说啤酒是一种营养丰富的酒类饮料？
3. 化学实验中，能否用白糖替代蔗糖作为试剂使用？

第三节 自然界的多糖与糖类发酵原料

一、自然界的多糖

多糖是由多个单糖单位通过糖苷键连接而成的多聚体。多糖的相对分子质量很大，在水中不能形成真溶液，呈胶态溶液，无甜味，无还原性，在酶或酸的作用下，可部分水解或完全水解。

天然糖类绝大多数是以多糖的形式存在。自然界中动物、植物和微生物体内都含有糖，但主要存在于植物和海藻中，约占其干重的85%~90%；微生物中的糖类化合物占菌体干重的10%~30%，是微生物的营养源之一，对微生物的生存有极其重要的意义；在人和动物体内，糖类化合物含量较少，占干重的2%以下。天然糖类主要有淀粉、纤维素、果胶、阿拉伯胶等。

微生物含有的多糖类物质相当复杂，特别是许多细菌、真菌和酵母所分泌的胞外多糖，在食品、医药、化妆品、纸张、油和纺织等工业有广泛的用途。利用这些微生物生产多糖类物质，已成为微生物工业发酵的一个门类。微生物多糖可以改变水的液流性质，可以使水成胶。某些微生物多糖还可作为新型材料成膜、拉丝或成型,制品有独特的品质,被称为生物塑料。重要的微生物多糖产品有黄原胶、右旋糖酐、微生物藻酸、茁霉多糖、热凝多糖等。

 小知识

糖类物质可被微生物利用生成生物塑料。

生物塑料是指以淀粉等天然物质为基础,通过微生物培养,产生的一种高分子聚酯。其生产方法是,细菌把糖类物质转变成一种聚酯(一种塑料),细菌积累这种塑料是作为能量储存,就像人类和动物积存脂肪一样。当细菌积累达到它们体重的80%时,就用蒸汽把这些细胞冲破,把塑料收集起来。生物塑料有塑料性能,并且环保,埋在土内三个月,会完全分解为二氧化碳和水。生产生物塑料的原料有土豆淀粉、玉米淀粉等。

二、多糖的组成与分类

用酸或特定的酶可使各种多糖完全水解,得到许多单糖或单糖的衍生物。组成多糖最普遍的单糖是 D-葡萄糖、D-果糖、D-甘露糖、D-或 L-半乳糖、D-木糖、D-阿拉伯糖等。常见的单糖衍生物有 D-氨基葡萄糖、D-氨基半乳糖、D-葡萄糖醛酸、N-乙酰葡萄糖胺、硫酸 D-2-葡萄糖胺等。它们的结构式如下:

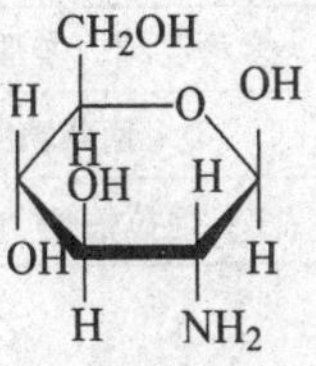

β-D-葡萄糖胺 β-D-葡萄糖醛酸

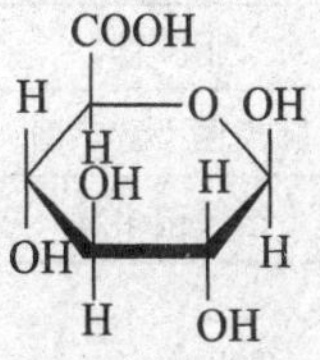

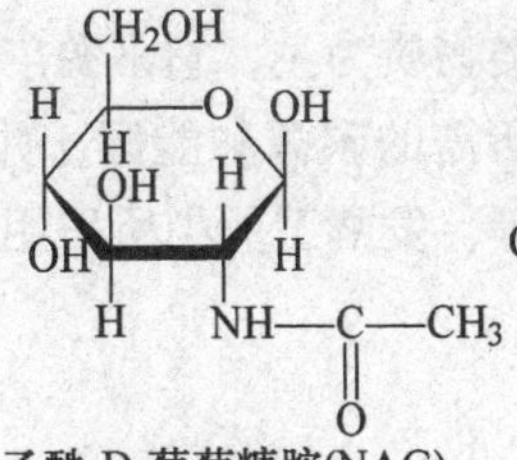

N-乙酰-D-葡萄糖胺(NAG) 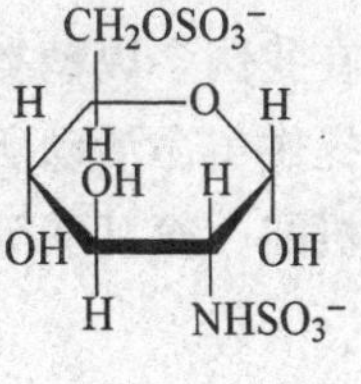   二硫酸葡萄糖胺

自然界多糖的种类很多,根据组成上的不同,多糖一般可分为两类:只有糖类无其他组分的为单纯多糖;除了糖还有其他组分(如蛋白质、脂类等)的为复合多糖。单纯多糖根据其水解生成相同或不同的单糖,可分为同多糖和杂多糖。主要的多糖如表 5-5 所示。

表 5-5　　主要多糖的类别和组成

多糖			组分
同多糖	戊聚糖	阿拉伯聚糖	L-阿拉伯糖
		木聚糖	木糖
	己聚糖	淀粉	D-葡萄糖
		糖原	D-葡萄糖
		纤维素	D-葡萄糖
		糊精	D-葡萄糖
		葡聚糖	D-葡萄糖
		琼胶	D-半乳糖、L-半乳糖
		果胶	D-半乳糖醛酸甲酯
		菊粉	果糖
杂多糖		半纤维素	木糖、葡萄糖、甘露糖、半乳糖、果糖等
		阿拉伯胶	半乳糖、L-阿拉伯糖、L-鼠李糖、葡糖醛酸
		印度胶	L-阿拉伯糖、半乳糖、葡糖醛酸
		黏多糖	己糖胺、糖醛酸
	细菌多糖	肽聚糖	肽、NAG、乙酰胞壁酸
		菌壁酸	磷酸、葡萄糖、甘油或核糖醇
		脂多糖	多种己糖、辛酸衍生物、糖脂等
		肺炎菌I型多糖	D-葡萄糖胺、葡糖醛酸
		结核菌多糖	L-阿拉伯糖、葡萄糖、甘露糖

三、糖类发酵原料

发酵工业的原料在我国多以糖类物质为主，它来源广、价格低廉，为发酵工业中所采用的微生物提供生命活动所需的碳源和能源，并大量转化为发酵产品，如生产食醋、酒、有机酸、氨基酸等。发酵工业中所采用的糖类物质主要包括如下几种：

(1) 淀粉质原料，包括：

薯类：甘薯、木薯、马铃薯等。

谷类：玉米、高粱、大米、麦子等。

豆类：大豆、黑豆、蚕豆、豌豆等。

野生植物：橡子仁、葛根、土茯苓、蕨根、石蒜等。

(2) 糖质原料，主要有甘蔗糖蜜、甜菜糖蜜、葡萄、柑橘、猕猴桃、刺梨等水果果汁。

(3) 其他糖类原料有纤维素、含糖工业废液、农产品加工的副产品等。

多糖的分子结构复杂,相对分子质量大,不能透过细胞膜。作为微生物的营养物质时,必须在细胞外先经相应的水解酶作用生成单糖或二糖,才能被吸收利用。这种能被某一类微生物发酵的糖称为这一类微生物的可发酵糖。例如酵母能使葡萄糖、果糖、麦芽糖等发酵,则它们是酵母的可发酵糖。反之不能被某一类微生物发酵的糖称为不可发酵糖。如酵母不能使乳糖以及较高的低聚糖和糊精发酵,它们是酵母的不可发酵糖,这是因为酵母细胞不能分泌水解这些糖的酶。

 小知识

在啤酒酵母发酵过程中,酵母对糖的代谢顺序是葡萄糖、果糖、蔗糖、麦芽糖和麦芽三糖。双糖和三糖代谢速度慢于单糖是因为双糖、三糖首先要被酵母降解成单糖后才能被利用。在典型的啤酒中基本不含单糖,但含有微量麦芽糖,少量麦芽三糖和大比例糊精,而这些未被发酵的糖类和糊精是构成成品啤酒热量的最主要成分。

我国自然条件好,物产众多,淀粉质原料丰富,使发酵工业有用之不尽的资源。但因为重要的淀粉质物质是人类的主食,所以发酵工业总希望少消耗些粮食原料,为此人们考虑以野生糖类物质代替主粮发酵,如以纤维素作为发酵原料。现在各国都关心和研究这一课题,并已取得一定的进展。另外,随着石油工业的发展,利用石油作为发酵工业的原料,也正在开拓研究之中。

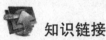 **知识链接**

发 酵 食 品

利用微生物的作用而制得的食品都可以称为发酵食品,发酵食品是食品原料经微生物作用所产生的一系列特定的酶所催化的生物、化学反应综合的代谢活动的产物。这些反应既包括生物合成作用,也包括原料的降解作用,以及推动生物合成过程所必需的各种化学反应。原料中的不溶性高分子物质被分解为可溶性低分子化合物,不但提高了产品的生物有效性,而且由于这些分解物的相互组合,多级转化和微生物的自溶,形成了种类繁多的呈味、生香和营养物质,从而形成了一类色、香、味、形等诸项调和的特殊食品。而传统发酵食品是采用传统发酵工艺、利用天然微生物发酵而获得的食品,如酿酒、酱油、食醋、豆酱、腐乳、风干肠及酸泡菜等。新型发酵产品有:黄原胶、味精、柠檬酸、苹果酸、赖氨酸、抗生素等。这些发酵产品的原料多利用的是糖质原料。

 知识链接

酒类发酵产品

中国早在9000年前就发明了酿酒技术,是世界上最早掌握酿酒技术的国家。中国的酒,绝大多数是以粮食酿造的,酒紧紧依附于农业,成为农业经济的一部分。粮食生产的丰歉是酒业兴衰的晴雨表。

宾夕法尼亚大学的 Patrick McGovern 研究小组在中国河南省一个新石器早期的村庄——嘉湖，搜集到了留有酒残迹的 16 件陶器，研究表明，这些陶器距今大约 9000 年。残留物的化学成分包括已发酵过的稻米、蜂蜡、山楂果和野葡萄。

我国晋代的江统在《酒诰》中写道："酒之所兴，肇自上皇，或云仪狄，又云杜康。有饭不尽，委之空桑，郁积成味，久蓄气芳，本出于此，不由奇方。"在这里，古人提出剩饭自然发酵成酒的观点，是符合科学道理及实际情况的。江统是我国历史上第一个提出谷物自然发酵酿酒学说的人。

知识链接

抗生素类发酵产品

1929 年，英国的弗莱明发现了青霉素，由此，第一代抗生素——青霉素诞生。第二次世界大战期间，青霉素开始大规模发酵生产，是世界上最早用于临床的抗菌素。1943 年，美国的瓦克士曼发现了用来治疗肺结核病人的链霉素。以链霉素的发现为起点，科学家们又从放线菌中陆续发现了四环素等四环类抗生素，苄那霉素等氨基糖苷类抗生素，红霉素等大环内酯类抗生素，利福霉素等安莎类抗生素等，从而进入了抗生素的黄金时代。80% 的抗生素来自于放线菌，我国发酵生产的这类天然抗生素已达 30 种。

思考与讨论

你所了解的新型发酵产品有哪些？

第四节　淀粉与糖原

在多糖中，与人类关系最为密切的是淀粉。淀粉是人类的食物，又是食品加工、发酵工业的主要原料。

一、淀粉的组成与结构

淀粉主要存在于植物的种子（如麦、米、玉米）、块根（如薯类）、块茎（如马铃薯）和果实中。在所有的多糖中，只有淀粉是以独立组成形式（颗粒）普遍存在的。淀粉在植物细胞中被生物合成，其颗粒大小与形状随植物的品种而改变。显微镜下淀粉粒为透明的小颗粒，形状多为圆形、椭圆形、也有多角形的。

淀粉是一种植物多糖，是由 D-葡萄糖通过 α-糖苷键连接而成的高分子物质。淀粉分为直链淀粉和支链淀粉。直链淀粉占总淀粉量的 20%~30%，由葡

萄糖以 α-1,4 糖苷键连接而成，含 200~980 个葡萄糖残基，分子平均以 6 个葡萄糖单位构成一个螺旋圈再构成弹簧状的空间结构。直链淀粉的两个末端，一端因有游离的半缩醛羟基称为还原端，另一端为非还原端。其结构见图 5-2。

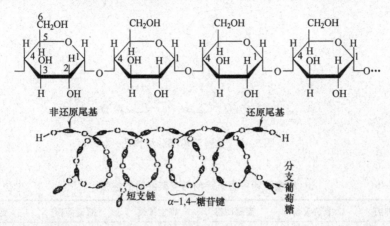

图 5-2 直链淀粉部分结构图

支链淀粉是许多淀粉的主要成分。支链淀粉中除了 α-1,4 糖苷键外，还有 α-1,6 糖苷键，分子较大，其主链每隔 8~9 个葡萄糖残基即有一个分支，每个支链淀粉约有 50 个以上的分支，每个分支的直链平均含 20~30 个葡萄糖单位，也呈螺旋状。见图 5-3。

支链淀粉结构的一部分

天然淀粉中都包括直链结构和支链结构。不同来源的淀粉粒中所含的直链淀粉和支链淀粉比例不同。如玉米淀粉含有约 26% 的直链淀粉，马铃薯淀粉含有约 22% 的直链淀粉，糯米中全为支链淀粉。见表 5-6。

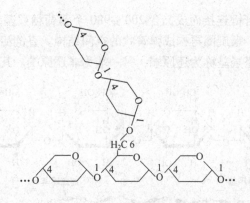

图 5-3　支链淀粉部分结构图

表 5-6　　　　　粮食淀粉中直链淀粉与支链淀粉的含量　　　　　单位:%

粮食种类	直链淀粉	支链淀粉	粮食种类	直链淀粉	支链淀粉
粳米	17	83	高粱	27	73
糯米	0	100	皱皮豌豆	75	25
小麦	24	76	圆柱豌豆	30	70
甜玉米	70	30	甘薯	20	80
玉米	26	74	马铃薯	22	78
糯玉米	0	100			

二、淀粉的性质

1. 还原性

从结构上看,淀粉的多苷链末端仍有游离的半缩醛羟基,但是在数百以至数千个葡萄糖单位中才存在一个游离的半缩醛羟基,所以一般情况下不显示还原性。

2. 糊化与溶解

将淀粉与冷水混合,并不断搅拌则形成乳状悬浮液,称为"淀粉乳"。若停止搅拌,则淀粉粒慢慢下沉,这是因为淀粉不溶于冷水,相对密度(约1.6)大于水。若将淀粉乳加热到一定温度时,淀粉颗粒开始膨胀,分子之间氢键断裂,晶体结构消失。淀粉粒体积膨胀至原来的几十倍,最终破裂,淀粉分子分散于溶液中,变成黏稠糊状液体,虽停止搅拌,淀粉也不再会沉淀,这种现象称为"淀粉的糊化"。生成的黏稠液体称为"淀粉糊"。

各种淀粉的糊化温度不同;同一种淀粉因颗粒大小不同,糊化温度也不同。通常以糊化开始的温度至糊化完全的温度来表示淀粉糊化温度范围。见表5-7。

表5-7　　　　　　　　　几种粮食淀粉的糊化温度

粮食种类	糊化温度 起始~完成/℃	粮食种类	糊化温度 起始~完成/℃
大米	65~73	甘薯	82~83
小麦	53~64	马铃薯	62~68
玉米	64~71		

在应用淀粉为原料生产发酵产品时，总是将淀粉糊化后，继续升高温度达到120℃以上，使淀粉成为可溶性的淀粉，以利于其在淀粉酶的作用下水解。

3. 淀粉的凝沉现象

稀淀粉糊缓慢冷却放置一段时间后，黏度加大、溶解度降低、产生沉淀的现象称为淀粉的凝沉，又称淀粉糊的回生或简称淀粉回生。日常生活中，热饭冷后变硬，稀饭冷后变稠，馒头冷后变硬，面包的陈化等现象都是淀粉糊凝沉的结果。淀粉凝沉是稀淀粉糊在缓慢冷却时，直链淀粉分子之间相互又形成氢键，结合成束状的晶形结构，但与原来的淀粉粒的形状不同，这使淀粉在溶液中的溶解度降低而沉淀出来。凝沉的淀粉不易被淀粉酶水解，所以在发酵生产中，淀粉加热膨胀后生成稀淀粉液时，要特别注意防止凝沉。

淀粉的凝沉程度与所含的直链淀粉和支链淀粉的比例有关。直链淀粉越多，老化越快；支链淀粉几乎不发生老化。玉米类谷物淀粉的凝沉性强，凝胶稳定性弱，影响应用。

不同品种的淀粉，糊化后的透明度、热黏度、热稳定性及冷却后的凝沉性不同，这均影响淀粉糊的用途。表5-8为几种普通淀粉糊的性质比较。

表5-8　　　　　　　　　　淀粉糊性质比较

淀粉糊名称	糊丝	热黏度	黏度的热稳定性	冷却时结成凝胶体强度	透明度
麦	短	低	较稳定	很强	不透明
玉米	短	较高	较稳定	强	不透明
高粱	短	较高	较稳定	强	不透明
黏高粱	长	较高	降低很多	不结成凝胶体	半透明
木薯	长	高	降低	很弱	透明
马铃薯	长	较高	降低很多	很弱	很透明

注：糊丝，指木片浸淀粉糊中，取出后附于木片上的糊落下时拉成的丝。

 小知识

凝沉后的淀粉难以被淀粉酶水解，因而不易被人体消化吸收。淀粉含水量为30%~60%、温度在2~4℃易凝沉。食品工业上为防止淀粉凝沉，可将糊化后的α-淀粉在80℃以下的高温迅速脱水（水分含量最好达10%以下）或冷却至0℃以下迅速脱水。这样淀粉分子就不能移动和相互靠近，称为固定的α-淀粉。α-淀粉加水后，水易于浸入淀粉分子，不需加热也易糊化。这就是制备方便食品如方便面条、饼干等的原理。

发酵工业中，淀粉质原料一般要经过糊化、糖化工艺，生成还原性糖或低聚糖，才能被微生物利用。由于淀粉糊凝沉后不易被淀粉酶水解，所以糖类糊化后，要特别防止凝沉现象。

4. 淀粉的碘反应

直链淀粉与支链淀粉都与碘作用而显色，直链淀粉遇碘呈蓝色，支链淀粉遇碘作用则显紫红色。

多糖链的螺旋构象是碘显色反应的必要条件。淀粉链呈螺旋排列，其中每6个葡萄糖残基构成螺旋的一圈，正好束缚1个碘分子，形成淀粉-碘复合物。见图5-4。

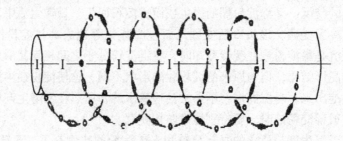

图5-4　淀粉-碘复合物结构

淀粉吸附碘的量很大，为其本身质量的20%左右。

碘显色反应的颜色与淀粉链的长度有关。当链长小于6个葡萄糖基时，不能形成一个螺旋圈，故不能与碘反应因而不显色；当链长为8~12个葡萄糖基时呈红色；链长为13~30个葡萄糖基呈紫色；大于30个葡萄糖基时呈蓝色。

支链淀粉相对分子质量虽大，但分支的长度单位只有20~30个葡萄糖基，故与碘作用呈紫红色。

 小知识

淀粉的碘显色反应还与反应温度有关

淀粉遇碘呈蓝色后，若加热到70℃以上高温，则蓝色消失。这是因为淀粉的螺旋链受热解体，不能再束缚碘分子，因而淀粉-碘复合物解体。加热后再冷却时，淀粉的螺旋链重新恢复，又可束缚碘分子，形成淀粉-碘复合物，所以蓝色又会重新出现。

5. 淀粉的水解及淀粉酶

淀粉在酸或淀粉酶的催化下可发生水解反应，水解最终产物为葡萄糖。其水解过程是逐步的，可生成各种糊精和麦芽糖等一系列中间产物。各种糊精与碘作用可产生不同的颜色，分别称之为紫色糊精、红色糊精和无色糊精等。淀粉的水解程序如下：

淀粉→紫糊精→红糊精→无色糊精→麦芽糖→葡萄糖
碘反应的颜色：蓝色→紫色→红色→无色→无色→无色

淀粉酶是催化水解淀粉分子中糖苷键的一类酶的总称，是目前生产上应用最广的一类酶。生物淀粉酶的种类也很多，根据其来源命名的有胰淀粉酶、唾液淀粉酶、麦芽淀粉酶、细菌淀粉酶等。按照各种淀粉酶的作用方式主要可以分为四种类型，即 α - 淀粉酶、β - 淀粉酶、葡萄糖淀粉酶和脱支酶。

（1）α - 淀粉酶 α - 淀粉酶广泛存在于动物、植物和微生物中。α - 淀粉酶水解淀粉是从分子内部水解 α - 1,4 糖苷键，是一种内切酶。水解时先后次序没有一定的规律，淀粉链越长，水解的效果越明显。随着庞大的淀粉分子断裂成较小的糊精，酶的水解速度逐渐变慢，此时淀粉糊的黏度急剧降低，工业上称这种现象为"液化"，故又称此酶为"液化酶"。该酶水解的最终产物为麦芽糖、异麦芽糖和葡萄糖。α - 淀粉酶的最适 pH 为 6.0 左右，最适反应温度为 70℃。

（2）β - 淀粉酶 β - 淀粉酶存在于高等植物及微生物体内，哺乳动物中不存在。β - 淀粉酶水解淀粉时，从淀粉分子的非还原端开始，每次水解下两个葡萄糖基，即一个麦芽糖分子。β - 淀粉酶不能裂开支链中的 α - 1,6 糖苷键，并且不能越过 α - 1,6 糖苷键去水解淀粉，因此它对支链淀粉的水解是不完全的，仅能水解支链淀粉分支点以外的部分，产生相当于支链淀粉总量 50%~60% 的麦芽糖，其余部分称为界限糊精。β - 淀粉酶的最适 pH 为 5.0~6.0 之间，但在 pH 4~9 范围内，于 20℃ 温度下，酶的稳定性可保持 24h。

（3）葡萄糖淀粉酶 葡萄糖淀粉酶作用于淀粉时，从淀粉分子的非还原端开始逐个水解糖苷键，生成葡萄糖。该酶不仅能水解 α - 1,4 糖苷键，也能水解 α - 1,6 糖苷键和 α - 1,3 糖苷键，但速度很慢。葡萄糖淀粉酶的最适 pH 范围为 4~5，最适温度范围为 50~60℃。这类酶主要由根霉、黑曲霉等霉菌产生。

（4）脱支酶（异淀粉酶） 脱支酶能水解支链淀粉中的 α - 1,6 糖苷键，使支链淀粉变成直链淀粉。

工业生产中常将不同种类的淀粉酶配合使用，其目的是加速水解反应，提高淀粉的水解率，使原料淀粉得到充分利用，同时提高产量和产品的质量。例如用双酶法（液化型淀粉酶和糖化型淀粉酶）水解粗质淀粉原料进行谷氨酸发酵，即先用液化型淀粉酶（α - 淀粉酶）使淀粉浆迅速水解成分子量小的糊精，然后在糖化型淀粉酶（葡萄糖淀粉酶）作用下使糊精全部水解为葡萄糖。淀粉或糊精经液化酶处理，变为更多的小片段，暴露出更多的非还原端，有利于糖化酶的作用。酶法水解比酸法水解的出糖率大大提高，一般提高收率 10%，此外还可节省酸、碱、汽，使生产周期缩短，残糖含量低，转化率高，并容易提取精制，故发酵工业中淀粉酶得到广泛的应用。

根据淀粉水解的程度不同，工业上利用淀粉水解生产不同的产物。

①糊精：糊精是在淀粉水解过程中产生的多糖链片段。糊精具有旋光性、黏度、还原性，能溶于水，不溶于乙醇。一般称为可溶性淀粉。普通淀粉在稀酸（7.5%HCl）中于常温下浸泡5~7d，即得化学实验室常用的可溶性淀粉。

②淀粉糖浆：淀粉糖浆是淀粉不完全水解的产物，为无色、透明、黏稠的液体，贮存性好，无结晶析出。糖浆的糖分组成为葡萄糖、低聚糖、糊精等。淀粉水解可以得到多种淀粉糖浆，它们具有不同的物理化学性质和不同的用途。

③麦芽糖浆：也称为饴糖，其主要糖分是麦芽糖，呈浅黄色，甜味温和，具有特有的风味。工业上利用麦芽糖酶水解淀粉来制得。

④葡萄糖：葡萄糖是淀粉水解的最终产物。利用酶法水解淀粉，其糖化液含葡萄糖达95%~99%（干物质计），其余为少量的低聚糖。

⑤改性淀粉：为了适应各种使用的需要，需将天然淀粉经化学处理或酶处理，使淀粉原有的物理性质发生一定的变化，如水溶性、黏度、色泽、味道、流动性等。这种经过处理的淀粉总称为改性淀粉。

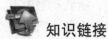 **知识链接**

淀粉在发酵工业中的应用

在酱油酿造工业，淀粉质原料为酱油酿造的辅助原料。淀粉质经微生物酶解成简单的糖类物质，如葡萄糖、麦芽糖和糊精，经酵母、细菌发酵，产生各种醇类和有机酸，进一步合成各种酯类，形成酱油风味。酱油的味道包含着咸、鲜、甜和酸味，其中的甜味主要来源于糖类。酱油的颜色主要由糖与氨基酸通过美拉德反应产生酱油色素。传统的酱油生产以面粉和小麦为淀粉质原料，为节约粮食，现多改用麸皮或麸皮加部分小麦粉。

食醋是淀粉质原料经淀粉糖化、酒精发酵、醋酸发酵，或糖质原料经酒精发酵和醋酸发酵，或酒精质原料经醋酸发酵，再经后熟陈酿而制成的一种酸性调味品。淀粉质原料主要包括谷类和薯类，谷类主要有高粱、大米、玉米、大麦、小麦等；薯类，主要有甘薯、马铃薯和木薯等。

酒类酿造更是需要淀粉类原料。黄酒是以糯米、粳米、黍米为原料，经过不同种类微生物共同作用酿造而成的一种酒类。在生产中，应尽量选用淀粉含量高、且支链淀粉比例较高的大米作为黄酒酿造的原料，也有以黍米、粟米和玉米等为主要原料的。甜酒酿多以糯米为原料，拌入酒曲发酵而成。糯米中的淀粉几乎全部为支链淀粉，在生产上以选用米性糯、黏性强、精度高、杂米少的糯米为最好。啤酒酿造的原料为大麦芽和其他谷类原料，白酒生产的原料也都是谷类原料如高粱、大麦、小麦、豌豆等。

柠檬酸工业发酵中，广义上来说，任何含淀粉和可发酵性糖的农产品、农产品加工品及其副产物，某些有机化合物以及石油中的某些成分都可以作为柠檬酸发酵的原料。常用的原料有甘薯、木薯等。国内薯干原料发酵生产柠檬酸水平较高,产酸率在12%以上。

味精生产中,谷氨酸发酵主要以糖蜜和淀粉水解糖为原料。国外几乎都以糖蜜为原料生产谷氨酸,国内以淀粉水解糖为原料居多。所以,味精工业是以大米、淀粉、糖蜜为主要原料的加工工业。

赖氨酸是世界上除谷氨酸以外,产量居第二位的商品氨基酸。赖氨酸工业所用的原料主要为淀粉水解糖和糖蜜。

抗生素工业发酵生产是利用特定的微生物在一定的条件下使之生长繁殖,并在代谢过程中产生抗生素。其发酵液中的碳源为葡萄糖、淀粉、豆饼粉、玉米浆等。

三、糖原和糖原的降解

糖原广泛存在于人及动物体中,在肝脏和肌肉中含量较高,其结构成分与淀粉相似,故又称动物淀粉。许多微生物细胞内也含有糖原。

糖原是由 α-D-葡萄糖组成的多糖,化学结构和支链淀粉极相似,但糖原的分支程度比支链淀粉高。糖原分子中平均每隔3~5个葡萄糖单位就有一分支,每个分支的平均长度有8~12个葡萄糖残基。糖原的支链分支点也是 α-1,6糖苷键(图5-5)。

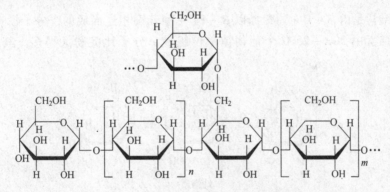

图5-5 糖原分子的部分结构示意图

糖原不溶于冷水,易溶于热的碱溶液,并在加入乙醇后析出。糖原的性质相似于红糊精,遇碘呈红色,无还原性,完全水解后生成葡萄糖。

糖原在细胞内的降解是经磷酸化酶的磷酸解作用生成1-磷酸葡萄糖。磷酸化酶只能磷酸解糖原的 α-1,4糖苷键,而不作用于 α-1,6糖苷键。从糖原分子的非还原端开始逐个地进行磷酸解,连续释放1-磷酸葡萄糖,直至距分支点还有4个葡萄糖单位为止。糖原的进一步降解需要寡聚1,4→1,4葡萄糖转移酶和脱支酶协同作用,寡聚1,4→1,4葡萄糖转移酶将上述剩余的4个葡萄糖单位水解下3个并转移至另一链,在分支点还留下一个1,6-键葡萄糖单位,接着由脱支酶水解该1,6糖苷键。

糖原是人体贮存糖类化合物的主要形式，在维持人体能量平衡方面起着十分重要的作用。糖原的两个主要贮藏部位为肝脏及骨骼肌，肝脏中的糖原浓度比肌肉中要高些，但是在肌肉中贮存的糖原比肝脏多，这是因为肌肉的总量大得多的缘故。糖原在细胞的胞液中以颗粒状存在，直径 10~40nm，较植物中淀粉颗粒小得多。

查阅文献

1. 改性淀粉的研究进展。
2. 具有保健作用的糖类研究进展。

第五节 纤 维 素

纤维素是自然界中分布最广、含量最多的一种多糖。植物中的碳素一半以上存在于纤维素中。天然纤维素主要来源于棉花、麻、树木、野生植物等。例如，棉花纤维中纯纤维素占 97%~99%，木材纤维中占 41%~43%。

一、纤维素的结构与性质

纤维素是由 β-D-葡萄糖以 β-1,4 糖苷键相连而成的，分子没有分支。一般纤维素由 300~2500 个葡萄糖单位组成，分子比淀粉大得多。其结构式如下：

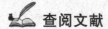

纤维素

植物纤维一般由 60 个纤维素分子结为一束，相互之间以氢键连接成平行的微晶束（图 5-6）。这些微晶束的排列是平行有序的，有一定的规律性。

纤维素为无色、无味的白色丝状物，极不溶于水，在稀酸溶液中可得到纤维二糖。在浓硫酸（低温）或稀硫酸（高温高压）下水解产生部分葡萄糖。

纤维素与半纤维素同时存在于植物中，是构成植物细胞壁和支撑组织的重要成分。然而大部分动物缺乏能分解这种物质的纤维素酶，所以大多数动物对纤维素无法消化和利用。

反刍动物的消化道中含有水解 β-1,4 糖苷键的酶，所以它们可以消化纤维素，某些微生物和昆虫也能消化纤维素。

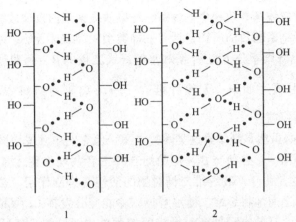

图 5-6 纤维素的平行分子间氢键图解
1—干纤维素　2—湿纤维素

纤维素虽不能被人体消化，但具有重要的保健功能。例如膳食纤维（包括纤维素、半纤维素与果胶等）：可促进胃肠蠕动，能避免便秘，是很好的减肥食品；纤维素与胆汁酸结合后减少了胆汁酸的再吸收，能降低胆固醇等。纤维素还可应用于纺织、造纸、炸药、胶卷、医药和食品包装、发酵（酒精）、饲料生产（酵母蛋白和脂肪）、吸附剂和澄清剂等。

二、半 纤 维 素

半纤维素是一些与纤维素一起存在于植物细胞壁中的多糖的总称。半纤维素大量存在于植物的木质化部分，如秸秆、种皮、坚果壳、玉米穗轴等。

半纤维素是含 D-木糖的一类杂聚多糖，它一般以水解产生大量戊糖、葡萄糖醛酸和一些脱氧糖而著称。

半纤维素在焙烤食品中的作用很大，它能提高面粉结合水能力。在面包面团中，改进混合物的质量，降低混合物能量，有助于蛋白质的进入和增加面包的体积，并能够延迟面包的老化。

半纤维素是膳食纤维的一个重要来源，对肠蠕动、粪便通过的时间产生有益生理效应，对促使胆汁酸的消除和降低血液中的胆固醇方面也会产生有益影响。事实表明它可以缓解心血管疾病、结肠紊乱，特别是防止结肠癌。食用高纤维膳食的糖尿病人可以减少对胰岛素的需求量，但是，多糖胶和纤维素在小肠内会减少某些维生素和必需微量元素的吸收。

三、纤维素的应用

有些微生物能够产生水解纤维素的酶，在真菌中有木霉、漆斑霉、黑曲霉、青霉、根霉等，在细菌中有纤维黏菌属、生孢纤维黏菌属和纤维杆菌属，在放线菌中有黑红旋丝放线菌、玫瑰色放线菌、纤维放线菌及白玫瑰放线菌。这些微生物产生的分解纤维素酶目前所知包括有三种类型，即破坏天然纤维素晶状结构的 C_1 酶、水解游离纤维素分子的 C_x 酶和水解纤维二糖的 β-葡萄糖苷酶。这三类纤维素酶的作用顺序如下：天然纤维素 $\xrightarrow{C_1 酶}$ 游离直链纤维素 $\xrightarrow{C_x 酶}$ 纤维二糖  葡萄糖。

C_1 酶和 C_x 酶虽然是纤维素这类酶的主酶，但它们单独或协同作用时酶的活力很低（不足10%），必须与 β-葡萄糖苷酶三者共同作用才具有较高的活性（大于90%）。这是由于产物纤维二糖对酶的活性有抑制作用，必须在 β-葡萄糖苷酶的作用下迅速地将纤维二糖水解掉，才能充分发挥 C_1 酶和 C_x 酶的作用。但是，总的来说，目前发现的产生纤维酶的菌株中，分解天然纤维素的能力较弱，即 C_1 酶的活力不高。培育高效性的纤维素酶的菌种，是目前世界科学工作者致力研究的重要课题，人们把长远解决粮食和能源问题寄托于取之不尽的纤维素的利用上，也是为发酵工业的原料开辟新途径。

合理有效利用纤维素等糖类资源，为不断增加的人口提供生存所需的粮食、化工原料和能源，解决环境污染等危机，有着十分重要的意义。现在已经研究成功将纤维素水解，再经发酵生产单细胞蛋白、酵母等营养物，供作饲料和食品应用，扩大食品来源。纤维素能被纤维素酶水解，很多真菌和细菌能产生纤维素酶，因而利用纤维素分解菌使大量废弃的纤维素变为宝贵的燃料、饲料、工业发酵原料和食品等一直受到重视。纤维素是自然界最丰富的糖类资源，其量约占全部糖类物质的一半以上，但利用率很低，这是因为纤维素和半纤维素，特别是木质素难以分解，因此，寻找高效分解纤维素的菌种或纤维素酶，是纤维素糖化的关键之一。每年农业、林业、工业及日常生活产生的种种纤维素废料量很大，如麦、稻、玉米等作物的秆、叶以及玉米芯等；木材加工产生的碎木、木屑和锯末等；废报纸、废纸盒和袋包装材料等。这些纤维素废料都能作为发酵乙醇的原料，乙醇用作动力燃料既是解决能源的好途径，也可以减少环境污染。

知识链接

食 物 纤 维

食物纤维是以多糖为主体的高分子化合物的总称，分为非水溶性食物纤维和水溶性食物纤维两大类。非水溶性食物纤维主要是结构多糖（纤维素和半纤维素）和非多糖聚合物（木质素），主要来源于植物的叶、茎以及豆类植物的外皮。水溶性的食物纤维包括果胶、藻胶、树胶和黏质等。食物纤维与人类健康，特别是对胃肠道功能的影响，关系极为密切。食物纤维可刺激肠壁，促进肠的蠕动，缩短肠道内容物在肠道内的停留时间，使摄入体内的和体内合成的有害物质能够及时排出体外。进入肠道的食物纤维可被肠道细菌选择性地分解发酵而滋养菌体。食物纤维可部分被分解成为繁殖菌体的成分或低级脂肪酸的代谢产物，低级脂肪酸的生成导致肠道 pH 下降，这不仅有利于肠道有益菌的增殖，也能刺激肠黏膜促进粪便的排出。水溶性的食物纤维有明显的降低血糖的作用，能延缓糖的吸收，降低空腹和餐后血糖水平。食物纤维的果胶和木质素等能与胆汁酸盐构成复合物，阻碍微胶粒的形成，从而减少胆固醇的吸收。

思考与讨论

1. 牛、羊为什么能吃草而人类却不能？
2. 查阅资料，试述纤维素在发酵工业中的应用前景。

第六节 其他多糖

存在于动植物和微生物体内的天然糖类物质还有不少，如植物胶质、微生物多糖、氨基酸多糖等。

植物胶质是从植物得到的多糖胶质，除了有重要工业价值的阿拉伯胶、果胶、琼脂等，还有黄芪胶、刺梧桐胶、瓜尔豆胶、角豆胶、海藻胶、鹿角藻胶等；微生物多糖是许多微生物在生长中产生的一些胶质胞外多糖或胞壁质，如右旋糖酐、黄原胶、茁霉胶等；氨基酸多糖属于糖和非糖物质——蛋白质的复合物，如黏多糖、壳多糖等。

一、琼　　脂

琼脂俗称凉粉、洋菜，习惯上称为琼脂，是一种海藻多糖，存在于红藻类海藻中。其结构是 $\beta-D-$ 半乳糖之间以 $\beta-1,3$ 糖苷键连接成链，在链的末端以 $\beta-1,4$ 糖苷键与 $\alpha-D-$ 葡萄糖硫酸酯连接。琼脂实际上是琼脂糖和琼脂胶两种多糖的混合物。

琼脂无色无味，能吸水膨胀，溶于热水，冷却后变成凝胶。琼脂是一种热可逆性凝胶，其凝点在 45～50℃，熔点为 97℃ 左右，凝点与熔点相差很大。由于它与水有很强的结合能力，在低浓度（1%～2% 水溶液）时也能形成坚软的凝胶，所以在食品加工中是果冻制品的凝胶剂。人和微生物都不能利用琼脂，人们常在微生物培养基中加入少量的琼脂以保持凝胶状态，以利用在固态介质上进行各种微生物培养的技术操作。

二、果　　胶

果胶是一种植物多糖，存在于植物细胞壁和果实汁液中，在含有大量水分的果实和嫩芽中含量丰富。果实中以山楂（红果）含量较多，约为 6.6%，苹果含量为 1.0%～1.8%，柑橘含量为 0.7%～1.5%，桃子含量为 0.56%～1.25%，梨含量为0.5%~1.4%，杏含量为0.5%~1.2%。在蔬菜中以南瓜含量较多，为7%~17%，胡萝卜含量为8%~10%，卷心菜含量为5%~7.5%，熟西红柿含量为2%~2.9%。

果胶的基本结构是α-D-半乳糖醛酸的盐和甲酯化半乳糖醛酸之间以α-1,4糖苷键结合成的长链，并掺有多聚半乳糖等的混合物。果胶可分为两类：不溶性果胶多存在于细胞壁，是初生细胞壁的主要成分，也称原果胶；可溶性果胶多存在于果实汁液中，是一种溶于水的亲水胶体物质，条件适当时水溶液可形成凝胶，如在pH 3.0~3.5时，与糖共沸，冷却后形成果胶-糖-酸固体胶冻。果胶是一种耐酸的凝胶，被广泛应用于饮料生产、面点、乳制品等食品加工业。

 知识链接

未成熟的果实细胞内含有大量原果胶，因而组织坚硬，随着果实成熟，原果胶水解成可溶于水的果胶，并渗入细胞液中，果实组织变软而有弹性，最后，果胶发生去甲酯化作用生成果胶酸，果胶酸不具黏性，果实变软。

南瓜中含有较丰富的果胶。果胶有很好的吸附性，可黏结和消除体内的细菌毒素和其他有害物质，如铅、汞、放射性元素等，具有解毒作用。此外，果胶还具有保护胃肠黏膜、促进溃疡面愈合的功效。

在实际生产中，根据甲酯化程度的不同，可将果胶分为下列四类：

（1）全甲酯化聚半乳糖醛酸 100%甲酯化，只要有脱水剂（如糖）存在时即可形成凝胶。

（2）速凝果胶 甲酯化程度在70%（相当于甲氧基含量11.4%）以上，在加糖、加酸（pH 3.0~3.4）后可在较高温度下形成凝胶，可防止果块在酱体中浮起或沉底。

（3）慢凝果胶 甲酯化程度在50%~70%之间（相当于甲氧基含量8.2%~11.4%），加糖、加酸（pH 2.8~3.2）后，在较低温度下凝结。慢凝果胶用于柔软果冻、果酱、点心等的产生，在汁液类食品中用做增稠剂、乳化剂。

（4）低甲酯果胶 甲酯化程度不到50%（相当于甲氧基含量≤7%），与糖、酸即使比例恰当也难形成凝胶。

在果酒发酵时，由于果胶酯酶的作用，将果胶结构中的甲酯基除去，生成半乳糖醛酸和甲醇。甲醇对人体有害，误饮后会使眼睛失明。甲醇氧化生成甲酸对人体也有毒害。所以酒中甲醇含量规定不得超过0.04~0.12g/100mL。

酒精生产工艺中原料的蒸煮也使用甲基化羧基分离出甲氧基，甲氧基水解生成甲醇。控制工艺条件可以使生成的甲醇尽量排尽。

三、魔芋胶

魔芋胶来源于植物魔芋的块茎。魔芋主要生长在中国大陆南方和西南各省。魔芋中含低热量、低蛋白、高膳食纤维,是理想的减肥食品。

魔芋胶是由 D-甘露糖与 D-葡萄糖连接而成的多糖。D-甘露糖与 D-葡萄糖的比为 1:1.6。魔芋胶能溶于水,形成高黏度的假塑性溶液,它经碱处理后形成弹性凝胶,是一种热不可逆凝胶。

利用魔芋胶能形成热不可逆凝胶的特性,可制作多种食品,如魔芋糕、魔芋豆腐、魔芋粉丝以及各种仿生食品(如虾仁、腰花、蹄筋、海参、海蜇皮等)。

四、阿拉伯胶

阿拉伯树胶也称金合欢树胶,是最古老和最著名的天然胶质,是金合欢属植物阿拉伯树的树皮渗出液,是一种混合多糖。其组成有 D-半乳糖、L-阿拉伯糖、D-葡萄糖醛酸、L-鼠李糖等。

阿拉伯胶易溶于水,溶解度在胶质中居首位,达到 50% 左右,溶液黏度较低。阿拉伯树胶溶液只有在高浓度时黏度才开始急剧增大。可用作食品乳化剂和稳定剂,能阻止糖结晶和脂肪分离以及冰淇淋中产生冰晶,广泛用于生产太妃糖、软糖等;还可用作饮料的泡沫稳定剂,稳定固体饮料的香味等。

五、黄原胶

黄原胶是一种微生物多糖,是应用较广的食品胶。它由 D-葡萄糖、D-甘露糖及 D-葡萄糖醛酸以 3:3:2 的比例缩合而成,分子中还结合有乙酰基和丙酮酰基。其相对分子质量约为 2×10^6。

黄原胶溶液在 28~80℃ 以及 pH 1~11 范围内黏度基本不变,与高盐具有相溶性,在酸性食品中保持溶解与稳定,同其他胶具有协同作用,能稳定悬浮液和乳状液,具有良好的冷冻与解冻稳定性。黄原胶应用覆盖面达 20 多个行业,用于三四十种产品,尤其是在食品行业,黄原胶用作增稠剂、成型剂已相当普遍。另外,黄原胶在采油、轻工业、印染、造纸、纺织、陶瓷、涂料、医药等行业用量也相当大。

 小知识

黄原胶别名汉生胶、黄杆菌胶,又称黄单胞多糖,是国际上 20 世纪 70 年代发展起来的新型发酵产品。它是由甘蓝黑腐病黄单胞细菌以碳水化合物为主要原料,经通风发酵、分离提纯后得到的微生物多糖,是一种高分子酸性胞外杂多糖,其作为新型优良的天然食品添加剂用途越来越广。国际上,黄原胶开发及应用最早的是美国。美国农业部北方地区 Peoria 实验室于 20 世纪 60 年代初首先用微生物发酵法获得黄原胶。世界黄原胶的总产量，2002 年达 50000t。在美国，黄原胶年产值仅次于抗生素和溶剂的年产值，在发酵产品中居第 3 位。

六、氨基多糖

1. 黏多糖

黏多糖是由动物组织中分离得到的黏液质中的多糖，有多种类型，其中之一是透明质酸。透明质酸的基本结构是 β - 葡萄糖醛酸（1→3），β - 乙酰胺基葡萄糖二糖单位，以 β - 1，4 糖苷键成链。存在于关节液、软骨、结缔组织基质、皮肤、脐带、眼球玻璃体液、鸡冠、鸡胚、卵细胞、血管壁等，其中以人脐带、公鸡冠、关节滑液和眼玻璃体含量较高。人体内透明质酸减少是促使皮肤老化的主要原因之一，所以在化妆品中添加透明质酸对抗皱纹、美容皮肤、保湿效果较好，另外，它在外科手术上有防止感染、防止肠粘连、促进伤口愈合等特殊效果。

 小知识

透明质酸（HA）又名玻璃酸，1934 年美国 Meyer 等首先从牛眼玻璃体中分离出该物质。20 世纪 70 年代，Balazs 等从鸡冠和人脐带提取 HA，并配制成眼科手术用黏弹性辅助剂。由于 HA 优良的保湿和润滑性能，20 世纪 80 年代初开始用于高档护肤化妆品。采用提取法生产的 HA 产量低、成本高，不能满足市场需求。此后，人们利用现代发酵技术和设备，以提高 HA 产率为目的，对发酵生产 HA 进行了较全面地研究。发酵法具有产量不受原料限制、成本低、产量高、分离纯化工艺简便、易于大规模生产等特点，成为透明质酸生产的发展方向。80 年代中期，日本已有发酵生产的 HA 上市。目前，透明质酸的生产方法逐渐转向主要以链球菌为生产菌种的微生物发酵法。

透明质酸是一种国际上公认的生物大分子保湿剂，用于眼科显微手术、关节炎治疗、高档化妆品、食品添加剂等领域。

2. 壳多糖

壳多糖又名几丁质、甲壳质、甲壳素。昆虫、甲壳类（虾、蟹）等动物的外骨骼主要由壳多糖与碳酸钙所组成，一些霉菌的细胞壁成分中也含有壳多糖。壳多糖是 N - 乙酰 - 2 - 氨基葡萄糖以 β - 1，4 糖苷键连接而成的多糖。

壳多糖不溶于水、稀酸、稀碱和一般有机溶剂中，可溶于浓无机酸，但同时发生支链降解。壳多糖脱去分子中的乙酰基后，转变为壳聚糖，其溶解性大为改善，壳聚糖可溶于稀酸，不同黏度的产品有不同的用途。

壳多糖在温和的条件下局部酸水解后粉碎成末，可在食品中作冷冻食品和室温存放食品（蛋黄酱等）的增稠剂和稳定剂。用水解方法可以制得纯的 N - 乙酰氨基葡萄糖，它是肠道中双歧杆菌的生长因子，可以作为保健食品添加剂添加到婴儿食品中。

 小知识

自 1859 年，法国人 Rouget 首先得到壳聚糖后，这种天然高分子的生物相容性、血液相容性、安全性、微生物降解性等各种优良性能被各行各业广泛关注，在医药、食品、化工、化妆品、水处理、金属提取及回收、生化和生物医学工程等诸多领域的应用研究取得了重大进展。其生理活性有：控制人体胆固醇水平、抑制细菌活性、预防和控制高血压、吸附和排泄重金属等。在食品工业，壳聚糖因有较好的抗菌活性，能抑制一些微生物的生长繁殖，可用于果蔬保鲜；作为抗氧化剂，可抑制肉类食品的氧化；还可作为果汁的澄清剂等。

思考与讨论

多糖都具有胶凝作用，试比较它们各自的特点。

小　　结

糖类是指多羟基醛或多羟基酮以及它们的缩合物和某些衍生物的总称。生物体内很多物质具有糖类成分，糖类是人体所需的三大常量营养素之一，在食品生产和发酵工业中也有重要的作用。

根据分子能否水解以及水解产物组成情况，可将糖类化合物分为三类：单糖、寡糖和多糖。单糖是指不能再继续分解为更小分子的糖；寡糖是指水解后生成 2~10 个单糖分子的糖；多糖指水解生成 10 个以上单糖或寡糖的糖。天然糖类主要以寡糖或多糖的形式存在，主要有淀粉、纤维素、果胶、阿拉伯胶等。

自然界中的单糖多为醛糖，其中以己糖最为重要，戊糖次之。己糖中的葡萄糖分布最广，是构成淀粉、糖原、纤维素及其他许多糖类物质的基本单位，是微生物生命活动中重要的能源物质。单糖有链状结构和环状结构。单糖的物理性质有：单糖都易溶于水，都有甜度，其溶液都有旋光性。单糖的化学性质有：氧化作用、还原作用、与酸作用、与碱作用、酯化作用、形成糖苷、褐变反应等。

自然界中重要的寡糖有二糖（双糖）和三糖等。双糖是最简单的低聚糖，自然界中游离存在的重要的二糖有蔗糖、麦芽糖和乳糖等。它们可被多种微生物的酶水解、磷酸解，产生的单糖、单糖的磷酸酯直接参与代谢。寡糖的功能不断地被发现，它的应用也日益广泛。由于寡糖类物质具有防病抗病及有益健康等生理功效，被称为功能性食品。应用较多的是麦芽低聚糖和异麦芽低聚糖。

发酵工业的原料多以糖类物质为主，它为发酵工业中所采用的微生物提供生命活动所需的碳源和能源，并大量转化为发酵产品。发酵工业中所采用的糖类物质主要包括如下几种：淀粉质原料、糖质原料、其他糖类原料等。

在多糖中，与人类关系最为密切的是淀粉。淀粉是一种植物多糖，是由 D-葡萄糖通过 α-糖苷键连接而成的高分子物质。淀粉分为直链淀粉和支链淀粉，

天然淀粉粒在冷水中不溶。淀粉无还原性,可发生淀粉的糊化和凝沉（老化）现象。淀粉可与碘反应,形成淀粉－碘复合物。淀粉在酸或淀粉酶的催化下发生水解反应,水解程序如下：淀粉→紫糊精→红糊精→无色糊精→麦芽糖→葡萄糖。工业上利用淀粉水解生产不同的产物。多糖必须经水解为单糖或二糖后方可被微生物吸收。

纤维素是 $\beta-D-$ 葡萄糖以 $\beta-1,4$ 糖苷键相连而成的直链大分子。纤维素是自然界最丰富的有机物,完全水解后的产物是葡萄糖,这极大地吸引着人们开发利用纤维素资源。但纤维素分子结晶牢固,难以大量、方便地水解处理,这在目前仍成为人们利用纤维素资源的主要限制因素。

存在于动植物和微生物体内的天然糖类物质还有不少,如植物胶质、微生物多糖、氨基酸多糖等。

思考与练习

一、填空题

1. _____是从分子内部水解 $\alpha-1,4$ 糖苷键,是一种内切酶,工业上又称此酶为"液化酶"。

2. 各种单糖中,溶解度最高的是_____。

3. 根据分子能否水解以及水解产物的组成情况,可将糖类化合物分为_____、_____和_____三类。天然糖类大多以_____或_____形式存在。

4. 淀粉在_____或_____的催化下可发生水解反应,水解最终产物为_____。

5. 食品中含有羰基和氨基,可能发生_____反应,引起食品颜色加深现象；糖类在没有氨基化合物存在时,高温下发生褐变,称为_____反应；这两种反应统称为_____。

二、判断题

1. 所有糖类物质都具有甜味。（ ）
2. 凝沉能使淀粉彻底恢复到生淀粉状态。（ ）
3. 所有的单糖都是还原糖。（ ）
4. 蔗糖是天然糖类中最甜的糖,所以常用作甜味剂。（ ）
5. 经过糊化的淀粉都是可溶性的淀粉。（ ）

三、选择题

1. 可被人体消化吸收的糖类有（ ）。

A. 纤维素   B. 淀粉   C. 果胶   D. 琼脂

2. 具有还原性的糖类有（ ）。

A. 单糖   B. 多糖   C. 寡糖   D. 糊精

3. 能溶于水的糖类物质有（ ）。

A. 果胶　　B. 淀粉　　C. 果糖　　D. 纤维素

4. 能被酵母直接利用的糖类有（　　）。

A. 葡萄糖　B. 淀粉　　C. 糖原　　D. 纤维素

5. 遇碘变蓝色的食品有（　　）。

A. 白糖　　B. 牛乳　　C. 蜂蜜　　D. 馒头

四、想一想，答一答

1. 为什么能用葡萄直接酿制葡萄酒，而不能用大麦直接做啤酒？

2. 天然淀粉在水中搅拌会成为浑浊液体，静置后出现淀粉与水分层的现象，如何制备淀粉溶液呢？

3. 有哪几种主要的淀粉酶？它们分别如何与淀粉分子作用？

4. 微生物细胞能不能直接利用多糖？为什么？

第六章 糖类分解代谢

学习目标

1. 了解多糖的酶促降解。
2. 掌握糖酵解（EMP途径）、有氧氧化途径（EMP—TCA途径）和单磷酸己糖支路（HMP途径）的过程及意义。
3. 熟悉某些微生物代谢途径中的磷酸解酮酶（PK）途径和脱氧酮糖酸途径（ED途径）。
4. 明确三羧酸循环重要的回补反应及柠檬酸发酵的生化机理。

第一节 多糖的酶促降解

淀粉、纤维素和果胶质是比较常见的多糖类物质。生物体最常利用的多糖是淀粉。多糖是分子结构很复杂的碳水化合物，在植物体中占有很大部分。多糖可以分为两大类：一类是构成植物骨架结构的不溶性的多糖，如纤维素、果胶质等，是构成细胞壁的组成成分；另一类是贮藏的营养物质，如淀粉等。多糖分子不能进入细胞，动物或微生物在利用多糖作为碳源或能源时，需要将多糖分子降解为单糖或双糖，才能被细胞吸收。

一、淀粉的酶促降解

淀粉是很重要的一种多糖，是由许多葡萄糖分子以 $\alpha-1,4$ 或 $\alpha-1,6$ 糖苷键连接而成的大分子物质。淀粉有直链淀粉和支链淀粉之分。淀粉在淀粉酶的催化下可发生水解反应，水解最终产物为葡萄糖。

淀粉可以通过两种不同的过程降解成葡萄糖。一种过程是水解，动物的消化或植物种子萌发时就是利用这一途径使多糖降解成糊精、麦芽糖、异麦芽糖和葡萄糖。其中的麦芽糖和异麦芽糖又可被麦芽糖酶和异麦芽糖酶降解生成葡萄糖。葡萄糖进入细胞后被磷酸化并经糖酵解作用降解。淀粉的另一种降解途径为磷酸降解过程。

1. 淀粉的水解

淀粉水解酶类： 淀粉水解酶是指一类能作用于糖苷键催化淀粉水解的酶的总称。它又可分两种：一种称为 $\alpha-$淀粉酶，又称为 $\alpha-1,4-$葡聚糖水解酶，是一种内切型淀粉酶，它随机地从分子内部切开 $\alpha-1,4$ 糖苷键，遇到分支点的

α-1,6键不能切，但能跨越分支点而切开内部的α-1,4糖苷键，生成葡萄糖与麦芽糖的混合物，如果底物是支链淀粉，则水解产物中含有支链和非支链的寡聚糖类的混合物，其中存在α-1,6键。

第二种水解酶称为α-1,4-葡聚糖基-麦芽糖基水解酶，又称为β-淀粉酶，是一种外切型淀粉酶，它作用于多糖的非还原性末端而生成麦芽糖，所以当β-淀粉酶作用于直链淀粉时能生成定量的麦芽糖。因为此酶仅能作用于α-1,4键而不能作用于α-1,6键，所以当底物为分支的支链淀粉或糖原时，生成的产物为麦芽糖和多分枝糊精。淀粉酶在动物、植物及微生物中均存在。在动物中主要在消化液（唾液及胰液）中存在。图6-1所示为α-淀粉酶及β-淀粉酶水解支链淀粉的示意图。

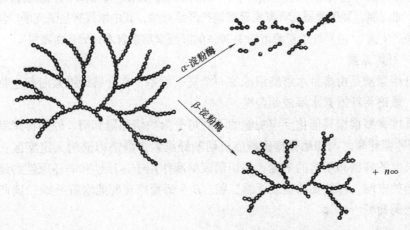

图6-1　α-淀粉酶及β-淀粉酶对支链淀粉的水解作用

 知识链接

α-淀粉酶和β-淀粉酶中的α与β，并非表示其作用于α或β糖苷键，而只是用来标明两种不同的水解淀粉的酶。

由于α-淀粉酶和β-淀粉酶只能水解淀粉的α-1,4键，因此只能使支链淀粉水解54%~55%，剩下的分支组成了一个淀粉酶不能作用的糊精，称为极限糊精。

第三种水解酶称为脱支酶：又称R酶，极限糊精中的α-1,6键可被R酶水解故称脱支酶，脱支酶仅能分解支链淀粉外围的分支，不能分解支链淀粉内部的分支，只有与α、β-淀粉酶共同作用才能将支链淀粉完全降解，生成麦芽糖和葡萄糖。麦芽糖被麦芽糖酶水解生成葡萄糖，进一步被植物利用。

2. 淀粉的磷酸解

淀粉的磷酸解是在淀粉磷酸化酶的催化下，用磷酸代替水，将淀粉α-1,4键降解生成1-磷酸葡萄糖的作用。

淀粉磷酸解的好处是：生成的产物1-磷酸葡萄糖不能扩散到细胞外，可直接进入糖酵解途径，节省了能量；而淀粉的水解产物葡萄糖，能进行扩散，但还必须经过磷酸化消耗一个 ATP 才能进入糖酵解途径。

二、纤维素的生物降解及纤维素酶

1. 纤维素的生物降解

纤维素是自然界中分布最广、含量最多的一种多糖。是植物的结构多糖，是植物细胞壁的主要成分。由于纤维素具有水不溶性的高结晶构造，其外围又被木质素层包围，要把其水解成可利用的葡萄糖相当困难。大部分动物缺乏能分解纤维素的纤维素酶，因此不能消化纤维素。

然而自然界中，纤维素能被千百种真菌、细菌和放线菌等微生物所降解。纤维单胞菌和高温单胞菌是广泛研究的两种产纤维素酶的细菌。真菌中的白腐真菌以及木霉属、曲霉属、裂殖菌属和青霉属等都能产纤维素酶，其中木霉属是研究最广泛的纤维素酶产生菌。世界纤维素酶市场中20%的纤维素酶来自木霉属和曲霉属。

2. 纤维素酶

纤维素酶是由多种水解酶组成的一个复杂酶系，在分解纤维素时起生物催化作用。最终将纤维素水解成葡萄糖。

纤维素酶根据其催化反应功能的不同可分为内切葡聚糖酶、外切葡聚糖酶和 β - 葡萄糖苷酶。内切葡聚糖酶能随机切割纤维素多糖链内部的无定型区，产生不同长度的寡糖和新链的末端。外切葡聚糖酶作用于还原性和非还原性的纤维素多糖链的末端，释放葡萄糖或纤维二糖。β - 葡萄糖苷酶能水解纤维二糖产生两分子的葡萄糖。

 知识链接

纤维素的分解在高等植物体内很少发生，但在许多微生物体内（如细菌、霉菌）都含有分解纤维素的酶。所以利用微生物降解纤维素具有广阔的发展前景。纤维素的生物降解是解决资源和环境问题的重要途径之一，尤其是利用废弃的农作物秸秆等作为发酵底物进行纤维素的生物降解，具有巨大的生态效应和经济效益。

三、果胶质降解酶类

果胶质是植物毗邻细胞之间的胞间层组分，是一种无定型胶质，使邻近的细胞壁相连，占植物体干重的 15%～30%，主要成分为半乳糖醛酸高度脱水缩合而成的多糖。

在浆果中，果胶的含量最丰富。果胶的一个重要特点是在酸和糖存在下，可以形成果冻。食品厂利用这一性质来制造果浆、果冻等食品；但它也会引起果汁加工、葡萄酒生产的榨汁困难。因此在果汁制造、葡萄酒生产等食品工业中需要用果胶酶将果胶分解，瓦解植物的细胞壁及胞间层，使榨取果汁变得更容易，同时果胶被分解为可溶性的半乳糖醛酸，使浑浊的果汁变得澄清。

果胶酶是植物体中催化果胶物质水解的酶。

果胶酶按其所水解的键,可分两种:一种称果胶甲酯酶或果胶酶;另一种是半乳糖醛酸酶。果胶甲脂酶水解果胶酸的甲酯,生成果胶酸和甲醇。

$$果胶 \xrightarrow{果胶甲酯酶} 果胶酸 + 甲醇$$

半乳糖醛酸酶水解聚半乳糖醛酸之间的 α-1,4 糖苷键,生成半乳糖醛酸。

 知识链接

植物体内一些生理现象与果胶酶的作用有关,如叶柄离层的形成就是果胶酶分解胞间层的果胶质使细胞相互分离以致叶片脱落;果实成熟时,由于果胶酶的作用使果肉细胞分离,果肉变软;植物患病后,病原菌分泌果胶酶将寄主细胞分离而侵入植物体内。

第二节 葡萄糖的酵解(EMP 途径)

1. 酵解和发酵

所谓酵解是指葡萄糖在不需氧的条件下,经一系列的酶促反应转变成丙酮酸,并生成少量 ATP 的代谢过程。它最初是从研究酵母的酒精发酵发现的,故名糖酵解(EMP 途径)。事实上在所有的细胞中都存在着糖酵解途径,酵解是一切动物、植物以及微生物细胞中葡萄糖分解产生能量的共同代谢途径,这一过程是在细胞质中进行,每一反应步骤基本都由特异的酶催化。

在好氧有机体中,酵解产生的丙酮酸进入线粒体,经 TCA 循环被彻底氧化成 CO_2 和 H_2O,产生的 NADH 经呼吸链氧化形成 ATP 和 H_2O,因此酵解是 TCA 循环和氧化磷酸化的前奏。

酵解和发酵是两个不同的概念,二者的含义不同。现代生物化学中的发酵是指微生物的无氧代谢过程,具体是指无氧条件下微生物把糖酵解产生的 NADH 上的氢不经呼吸链而直接传递给底物本身未被完全氧化的某种中间产物,从而实现底物水平磷酸化产能的一类生化反应。

在发酵条件下有机化合物只是部分地被氧化,因此,只释放出一小部分的能量。发酵过程的氧化是与有机物的还原偶联在一起的。被还原的有机物来自于初始发酵的分解代谢,即不需要外界提供电子受体。

由糖酵解产生的丙酮酸出发引起的发酵主要有乳酸发酵和乙醇发酵。厌氧或兼性厌氧微生物把 NADH 上的氢传递给丙酮酸,生成乳酸即为乳酸发酵。传递给丙酮酸脱羧生成乙醛,再由乙醛受氢生成乙醇即为乙醇发酵。

2. 酵解途径的反应历程

糖酵解途径涉及 10 个酶催化反应,途径中的酶都位于细胞质中,酵解的全部反应过程在细胞质中进行。一分子葡萄糖通过该途径转换成两分子丙酮酸。糖酵解途径又称 EMP 途径。

从葡萄糖到丙酮酸的反应过程包括活化、裂解、放能三个阶段，糖酵解总共包括 10 个连续步骤，均由对应的酶催化。其过程如图 6-2 所示。

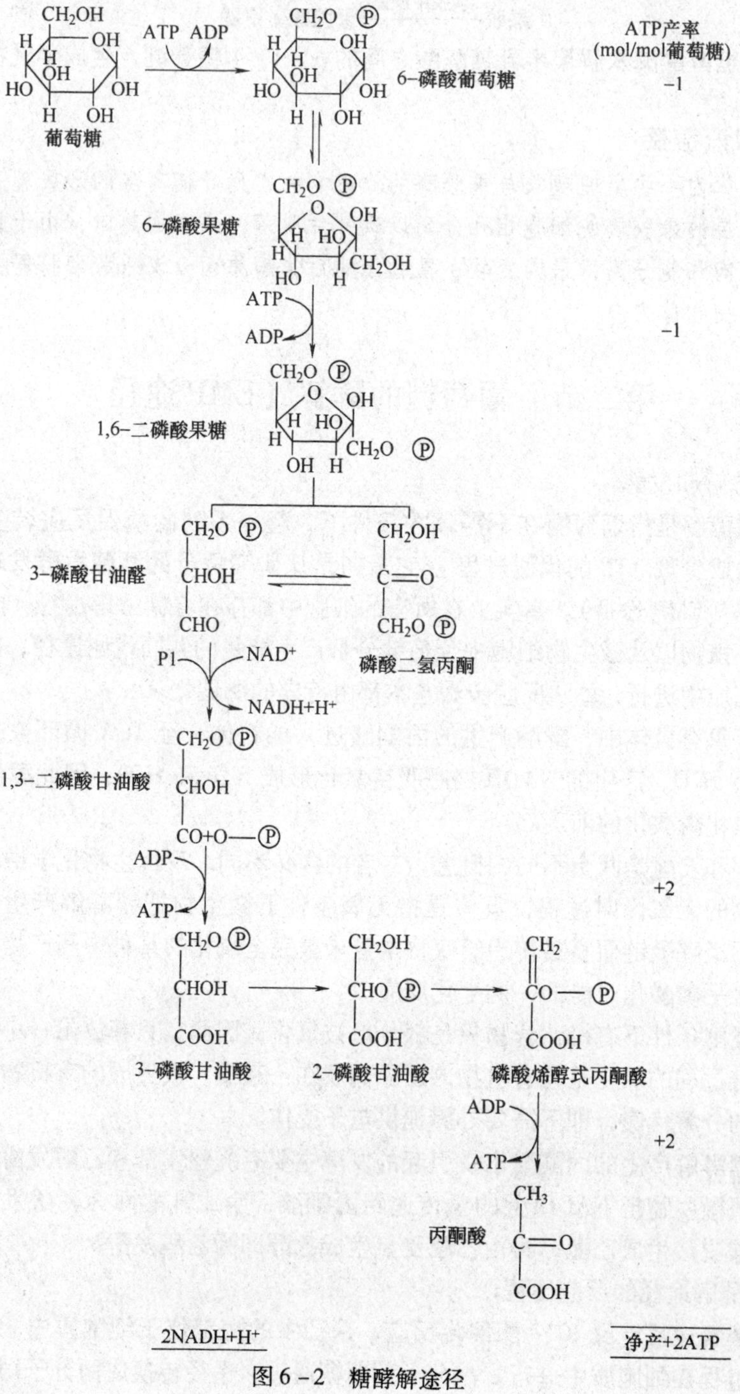

图 6-2 糖酵解途径

第一阶段为活化阶段即葡萄糖的活化。

活化阶段是指葡萄糖经磷酸化和异构反应生成1,6-二磷酸果糖（F-1,6-FBP，FDP）的反应过程。该阶段的主要特点是葡萄糖的磷酸化，并伴随着能量的消耗，从葡萄糖开始磷酸解，则每生成1分子1,6-二磷酸果糖消耗2分子ATP；在这一阶段中有两个不可逆反应，从葡萄糖开始由两个关键酶己糖激酶和磷酸果糖激酶催化，它们是糖酵解过程的调节点。

该过程共由三步化学反应组成。

反应1：葡萄糖磷酸化形成6-磷酸葡萄糖。

细胞外游离的葡萄糖进入细胞后，在己糖激酶催化作用下，由ATP提供反应所需的能量和磷酸基团，形成6-磷酸葡萄糖，消耗1分子ATP。此步反应是不可逆的，是酵解过程关键步骤之一，是葡萄糖进入以后任何代谢途径的起始反应。磷酸基团的转移在生物化学中是一个基本反应。催化磷酸基团从ATP转移到受体上的酶称为激酶。己糖激酶是催化从ATP转移磷酸基团至各种六碳糖（葡萄糖、果糖）上去的酶。激酶都需要Mg^{2+}作为辅助因子。

反应2：6-磷酸葡萄糖在磷酸己糖异构酶催化下，重排生成6-磷酸果糖。

反应3：6-磷酸果糖在磷酸果糖激酶催化下转变为1,6-二磷酸果糖，消耗1分子ATP，是第二个不可逆的磷酸化反应，酵解过程关键步骤之二，是葡萄糖氧化过程中最重要的调节点。磷酸果糖激酶（PFK）是EMP途径的关键酶，其活性大小控制着整个途径的进程。酵解的速度决定于此酶的活性，因此它是一个关键酶。

经过第一阶段的三个反应,葡萄糖碳链不变,但两头接上了磷酸基团,为第二阶段断裂做好准备。

第二阶段为裂解阶段,即1,6-二磷酸果糖裂解成磷酸丙糖。

反应4:1,6-二磷酸果糖断裂成2分子磷酸丙糖,催化酶为醛缩酶。

由于C-2的羰基及C-4的羟基存在,1,6-二磷酸果糖分子发生β断裂,分裂成2分子磷酸丙糖,即磷酸二羟丙酮和3-磷酸甘油醛。此反应是酵解过程中的重要步骤,从这步开始,葡萄糖分子裂解为2个丙糖分子。

反应5:在磷酸丙糖异构酶的催化作用下,磷酸二羟丙酮很快转变为3-磷酸甘油醛。

磷酸丙糖异构酶催化此反应的速度非常迅速,磷酸二羟丙酮和3-磷酸甘油醛总是处于平衡状态,但由于3-磷酸甘油醛在酵解途径中不断被消耗,因此,反应得以向生成3-磷酸甘油醛反向进行,实际最后生成2分子3-磷酸甘油醛。

第三阶段为放能阶段即丙酮酸的生成和ATP的产生。

3-磷酸甘油醛经脱氢、磷酸化、脱水及放能等反应生成丙酮酸和ATP。此阶段的特点是能量的产生。无氧酵解过程的能量产生主要在3-磷酸甘油醛脱氢成为1,3-二磷酸甘油酸及磷酸烯醇式丙酮酸转变为丙酮酸过程中,共产生4分子ATP,产生方式都是底物水平磷酸化。这一阶段中丙酮酸激酶是糖酵解过程

的另一个关键酶和调节点。此阶段包括五步反应

反应6：由3-磷酸甘油醛脱氢酶催化脱氢，在无机磷酸的参与下以NAD^+作为电子受体，3-磷酸甘油醛氧化脱氢生成1,3-二磷酸甘油酸和$NADH+H^+$。

此反应为酵解过程中糖的第一个氧化步骤，生物体通过脱氢氧化获得能量，第一次产生高能磷酸键，反应获得的能量贮存在高能磷酸键。

反应7：不稳定的1,3-二磷酸甘油酸在磷酸甘油酸激酶的催化下，将分子中高能磷酸键转移给ADP生成ATP，生成3-磷酸甘油酸。这是酵解中第一次底物水平磷酸化，该反应是可逆的。

反应8：3-磷酸甘油酸转变为2-磷酸甘油酸，此反应由磷酸甘油酸变位酶催化，磷酸基团由3位碳原子转至2位碳原子。变位酶是一种催化分子内化学基团移位的酶。

反应9：2-磷酸甘油酸通过烯醇化酶的催化作用，脱水生成磷酸烯醇式丙酮酸。

此脱水反应由烯醇化酶所催化，Mg^{2+}作为激活剂。反应过程中，分子内部能量重新分配，形成含有高能磷酸基团的磷酸烯醇式丙酮酸。这一步其实是分子内的氧化还原，使分子中的能量重新分布，使能量集中，第二次产生了高能磷酸键。

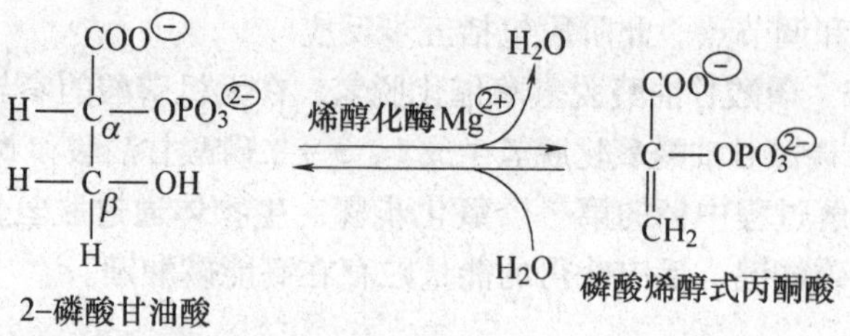

反应10：磷酸烯醇式丙酮酸转变为丙酮酸。

此反应由丙酮酸激酶（PK）催化，Mg^{2+}作为激活剂，将分子中的磷酸基从磷酸烯醇式丙酮酸转移给ADP，生成烯醇式丙酮酸和1分子ATP，这是酵解中第二个底物水平磷酸化反应。丙酮酸激酶也是无氧酵解过程中的关键酶及调节点。

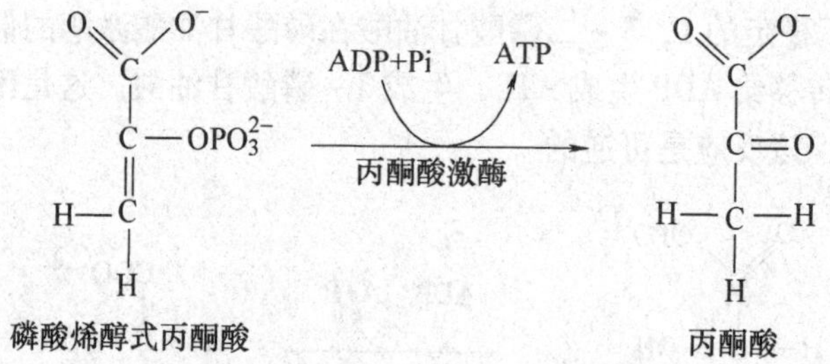

经过上述酵解过程一个葡萄糖分解为2分子丙酮酸。即

$C_6H_{12}O_6 + 2H_3PO_4 + 2ADP + 2NAD^+ \rightarrow 2CH_3COCOOH + 2ATP + 2NADH + 2H^+ + 2H_2O$。

1mol 葡萄糖经EMP途径生成了2mol丙酮酸及2mol ATP，并使2mol NAD^+还原成2（$NADH^+ + H^+$）。

3. 糖酵解的生物学意义

糖酵解在生物体中普遍存在，是一切生物体内糖分解代谢的普遍途径。它在有氧无氧的条件下都能进行，通过糖酵解生物体获得生命所需的部分能量，使葡萄糖降解生成ATP，为生命活动提供部分能量。糖酵解为某些厌氧生物及组织细胞提供能量，厌氧微生物生命所需能量完全依靠糖酵解。即使在供氧充分的条件下，有少数组织细胞，如红细胞、视网膜、皮肤、白细胞等所需能量也主要由糖酵解中底物水平磷酸化产生的ATP提供。红细胞缺少线粒体，不能进行有氧分解，其所需能量全部依赖糖酵解。糖酵解还能为机体提供急需能量。某些情况下，如剧烈运动，能量需要量增加，糖氧化分解加速，此时呼吸循环加快以增加氧的供应，若供氧量仍不能满足有氧分解所需时，则肌肉处于相对缺氧状态，糖酵解加强，以提供机体急需能量。

EMP途径中生成的许多中间产物可以作为合成其他物质的原料，使糖向其他物质转变。如磷酸二羟丙酮酸可以转变为甘油，丙酮酸可以转变为丙氨酸或乙酰辅酶A，乙酰辅酶A是脂肪酸合成的原料，所以，EMP是糖代谢和脂肪代谢相互联系的桥梁。

第三节 EMP类型的发酵

葡萄糖经糖酵解生成丙酮酸是一切有机体及各类细胞所共有的途径，而丙酮酸的继续变化则有多条途径。无论有氧还是无氧从葡萄糖到丙酮酸的酵解反应都能够进行。但酵解产物丙酮酸的去路却取决于有氧还是无氧的状态，在有氧条件下，丙酮酸脱羧变成乙酰CoA，再进入三羧酸循环，氧化生成CO_2和H_2O，进一步释放它的化学能。

无氧条件下酵解反应脱氢产生的$NADH + H^+$不经电子传递体系氧化，而是由丙酮酸或丙酮酸的进一步代谢产物或EMP中的某些中间代谢产物作为受氢体，得到不同的还原产物。比如还原成乳酸、乙醇，称为乳酸发酵和酒精发酵。

不论是在有氧还是无氧的条件下，糖的分解都必须先经过糖酵解阶段形成丙酮酸，然后再分道扬镳。

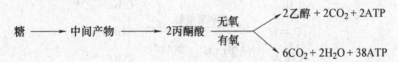

丙酮酸是EMP途径的关键产物，由EMP途径中丙酮酸出发，在不同的微生物中可进行多种发酵，例如，由酿酒酵母进行的酵母型酒精发酵；由德氏乳杆菌等进行的同型乳酸发酵；由谢氏丙酸杆菌进行的丙酸发酵；由产气肠杆菌等进行的2，3-丁二醇发酵；由大肠杆菌等进行的混合酸发酵；以及由各种厌氧梭菌如丁酸梭菌、丁醇梭菌和丙酮丁醇梭菌所进行的丁酸型发酵等。通过这些发酵，微生物可获得其生命活动所需的能量，而对人类的生产实践来说，可以通过工业发酵手段大规模地生产这类代谢产物。

从丙酮酸出发的6条发酵途径及其相互联系总结见图6-3。

现以同型乳酸发酵和酵母酒精发酵为例，说明从丙酮酸开始的发酵过程。

一、乳 酸 发 酵

生长在厌氧或相对厌氧条件下的许多微生物如乳酸菌，能在乳酸脱氢酶的作用下将丙酮酸还原形成乳酸。反应中的供氢体是EMP途径中产生的$NADH + H^+$，该反应可逆。

由葡萄糖经EMP进行乳酸发酵生成乳酸的总反应式：

$$C_6H_{12}O_6 + 2ADP + 2H_3PO_4 \longrightarrow 2CH_3CHOHCOOH + 2ATP + 2H_2O$$

高等动物在供氧不充足时，也可进行这条途径，如肌肉强烈运动时即产

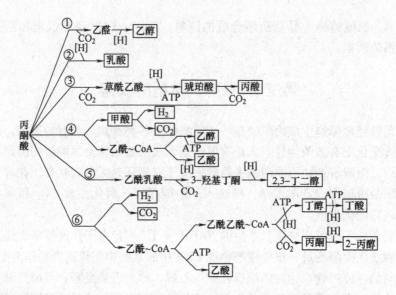

图6-3 自丙酮酸开始的各种发酵产物（方框内指的是最终发酵产物）

生大量乳酸。乳酸是一种在锻炼期间和锻炼后引起肌肉酸痛的物质。当激烈运动时，能量需要增加，糖分解速度过快，此时呼吸循环加快，增加了氧的消耗，几天摄入的氧不能满足体内糖完全氧化分解所需的氧量，肌肉处于暂时相对缺氧状态。肌肉细胞内的糖原进行无氧酵解，以补充运动时所需的能量，同时产生乳酸。所以在激烈运动后，血液中、肌肉中乳酸水平升高，乳酸可经血液流到肝脏被改造为丙酮酸，被进一步利用；如不及时处理，会造成乳酸堆积，引起血液中乳酸水平升高，称为乳酸中毒。

 你知道吗？

泡菜受到很多人的喜爱，我们在制作泡菜时，就是利用乳酸菌在无氧条件下发酵生成乳酸制成的，即应用到了乳酸菌的乳酸发酵原理。制作泡菜的发酵过程中，乳酸杆菌大量繁殖，分泌酶，产生乳酸，酸性增加，从而可以抑制异种微生物的滋生。使泡菜不致腐败变质。

当某些微生物使奶中的糖发酵变成乳酸时，使得奶中的蛋白质变性，引起凝乳现象，这是做奶酪所需要的。

二、酒 精 发 酵

无氧和偏酸性（pH 3.5～4.5）的条件下，酵母菌经酵解途径将1分子葡萄糖分解为2分子丙酮酸。丙酮酸再在丙酮酸脱羧酶的作用下脱羧生成乙醛，然后再以乙醛为氢受体接受来自NADH + H⁺的氢生成乙醇。

反应分为丙酮酸脱羧和乙醛加氢还原。首先丙酮酸在丙酮酸脱羧酶的催化作用下，生成乙醛和二氧化碳。此过程以焦磷酸硫胺素（TPP⁺）为辅酶并在Mg^{2+}的激活下进行。此反应为不可逆反应。生成的乙醛在乙醛脱氢酶的作用下，以酵解过程中产生的NADH + H⁺为供氢体，还原乙醛生成乙醇。此过程在微生物的无氧发酵过程中保证了辅酶NAD⁺的周转。

$$\begin{array}{c}CH_3\\|\\C=O\\|\\COOH\end{array}\xrightarrow[TPP,\ Mg^{2+}]{丙酮酸脱羧酶\quad}\begin{array}{c}CH_3\\|\\CHO\end{array}\underset{NADH+H^+\ \ NAD^+}{\xrightleftharpoons{醇脱氢酶}}\begin{array}{c}CH_3\\|\\CH_2OH\end{array}$$

丙酮酸　　　　　　　　　　　乙醛　　　　　　　　乙醇

由葡萄糖经酒精发酵生产乙醇的总反应式：

$C_6H_{12}O_6 + 2ADP + 2Pi \longrightarrow 2CH_3CH_2OH + 2CO_2 + 2ATP + 2H_2O$

在酵母的酒精发酵中消耗1分子葡萄糖会产生2分子ATP，可见酒精发酵不仅生成了乙醇，而且为酵母菌的生长提供了能量。

 知识链接

发酵产物会随发酵条件变化而改变

在酵母酒精发酵中，当培养基中有亚硫酸氢钠时，它便与乙醛加成生成难溶性的磺化羟基乙醛，迫使磷酸二羟丙酮代替乙醛作为氢受体，生成α-磷酸甘油，再水解去磷酸生成甘油，使乙醇发酵变成甘油发酵。

酵母菌的乙醇发酵应控制在偏酸性条件下，因为在弱碱性条件（pH7.6）乙醛因得不到足够的氢而积累，两个乙醛分子会发生歧化反应，产生乙酸和乙醇，使磷酸二羟丙酮作为氢受体，产生甘油，这称为碱法甘油发酵。

 你知道吗？

肠内酵母感染导致醉酒

据报道，一些日本人因酵母感染而导致酒精中毒。这些人其实根本没有饮用任何酒精饮料，却经常呈醉酒状态。检查结果表明，生长在这些人肠道内的酵母菌能进行酒精发酵，所制造出来的酒精足以让人大醉。经过抗生素治疗，这些人很快恢复了健康。

无论酵解最后的产物是乳酸或乙醇，都不需要氧，这一特征不仅对厌氧生物是非常必要的，同时对于多细胞生物中的某些特殊的细胞也是必要的。在绝大多数细胞中，ATP主要是通过氧化磷酸化产生的。然而某些组织（称为强制性酵解组织）例如眼睛的角膜，由于血液循环差，可利用的氧有限，所以需要酵解提供所需的能量。

三、丁酸型发酵

这是由梭状芽孢杆菌所进行的一类发酵，因发酵产物中都有丁酸，故称丁酸型发酵，不同菌的最终发酵产物除有丁酸外，还可产生乙酸、乙醇、丁醇、丙酮、异丙醇等。根据发酵产物的不同，可分为：丁酸发酵、丙酮-丁醇发酵、丁醇-异丙醇发酵等。

1. 丁酸发酵

丁酸发酵代表菌是丁酸梭状芽孢杆菌，发酵产物主要是丁酸、乙酸、CO_2和H_2，发酵途径是葡萄糖经EMP途径降解生成丙酮酸后，由下列方式产生各种产物：

(1) 丙酮酸被磷酸解成乙酰磷酸、CO_2和H_2：

$$CH_3COCOOH + H_3PO_4 \rightleftharpoons CH_3COPO_3H_2 + CO_2 + H_2$$

乙酰磷酸是高能化合物，在乙酸激酶的催化下，可将磷酸转移给ADP，生成乙酸和ATP。

$$CH_3COPO_3H_2 + ADP \rightleftharpoons CH_3COOH + ATP$$

(2) 两分子丙酮酸在丙酮酸-铁氧还原蛋白氧化还原酶催化下，生成两分子乙酰辅酶A、CO_2和H_2。两分子乙酰辅酶A缩合成乙酰-乙酰~CoA，进一步还原成β-羟丁酰CoA，最后生成丁酸。

2. 丙酮-丁醇发酵

丙酮-丁醇梭状芽孢杆菌所进行的丙酮-丁醇发酵，是迄今为止由严格厌氧菌所进行的唯一能大规模生产的发酵产品。发酵产物有：丁醇、丙酮、乙醇、CO_2、H_2及乙酸、丁酸等，工业上所用的丙酮和丁醇主要靠发酵的方法获得。

发酵产物中的丙酮来自乙酰乙酸的脱羧，丁醇来自丁酸的还原，乙醇来自乙酰CoA的还原，乙酸、丁酸、CO_2、H_2的来源同丁酸发酵，见图6-4。在丙酮-丁醇发酵过程中，出现两个明显的时期，前期主要产酸，当酸量下降时才大量产生丙酮和丁醇。由于形成丙酮时有CO_2产生，形成丁醇和乙醇时消耗氢，故发酵最终所产生的CO_2要大于H_2量。

3. 丁醇-异丙醇发酵

丁醇-异丙醇发酵是由丁醇梭状芽孢杆菌发酵进行的。发酵产物有：丁醇、异丙醇、丁酸、乙酸、CO_2和H_2。其中，丁醇、丁酸、乙酸、CO_2和H_2的生成方式与前两种发酵过程相同。异丙醇来自丙酮的还原（见图6-4），这种发酵与丙酮-丁醇发酵的主要不同是：产物中没有丙酮。由于还原丙酮消耗氢，故释放出的CO_2和H_2的比例就更大。

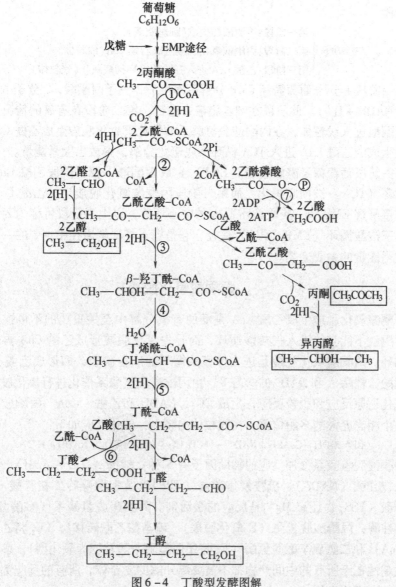

图 6-4 丁酸型发酵图解
①丙酮酸脱氢酶系；②硫解酶；③β-羟丁酰-CoA 脱氢酶；④烯酰-CoA 水解酶；
⑤丁酰-CoA 脱氢酶；⑥CoA 转移酶；⑦乙酸激酶

第四节 葡萄糖的有氧分解

如前所述葡萄糖经 EMP 途径产生的丙酮酸，在无氧条件下进行乙醇或乳酸发酵，而生物体内大部分物质代谢是在有氧条件下进行的，在有氧条件下丙酮酸进入三羧酸循环被彻底氧化成 CO_2 和 H_2O。葡萄糖的有氧氧化代谢途径可分为三个阶段：

三个阶段 { 第一阶段:丙酮酸的生成(细胞胞液)
第二阶段:丙酮酸氧化脱羧生成乙酰CoA(线粒体)
第三阶段:乙酰CoA进入三羧酸循环彻底氧化(线粒体)

第一阶段1分子葡萄糖经EMP分解后净生成2分子丙酮酸，2分子ATP和2分子（NADH+H$^+$）。此阶段在细胞胞液中进行。第二阶段在有氧的情况下，产生的丙酮酸进入线粒体，在丙酮酸脱氢酶系的催化下氧化脱羧生成乙酰CoA。第三阶段生成的乙酰CoA进入TCA循环彻底氧化分解，释放出大量能量。

第一阶段葡萄糖经酵解途径（EMP）生成丙酮酸，第三阶段乙酰CoA经三羧酸循环（TCA）被彻底氧化，而第二阶段丙酮酸氧化脱羧生成乙酰CoA的反应是连接酵解EMP和三羧酸循环TCA的中心环节，以上三阶段可称为葡萄糖的酵解-三羧酸循环（EMP-TCA）途径，它是糖有氧降解途径中主要的一种，是机体获得能量的主要途径。

一、丙酮酸氧化脱羧

丙酮酸氧化脱羧生成乙酰CoA是糖的有氧分解中至关重要的不可逆反应步骤。丙酮酸不能直接进入三羧酸循环，而是先氧化脱羧形成乙酰CoA再进入三羧酸循环。丙酮酸氧化脱羧是进入柠檬酸循环的准备阶段，即形成乙酰-CoA。在丙酮酸、辅酶A和NAD$^+$的参与下，由丙酮酸脱氢酶系催化进行氧化脱羧：即进行氧化还原反应和脱羧反应，生成CO_2、NADH和乙酰-CoA。丙酮酸脱氢酶系是一个相当庞大的多酶体系，在线粒体内膜上，催化反应如下：

$$CH_3COOH + CoASH + NAD^+ \longrightarrow CH_3CO \sim SCoA + CO_2 + NADH + H^+$$

丙酮酸脱氢酶系参加反应的辅助因子有5种：辅酶A（CoA-SH）、烟酰胺嘌呤二核苷酸（NAD$^+$）、硫胺素焦磷酸（TPP）、黄素腺嘌呤二核苷酸（FAD）和硫辛酸（LSS），还有Mg^{2+}是反应的激活剂。丙酮酸脱氢酶系（多酶复合体）包括3种酶：丙酮酸脱氢酶（E_1氧化脱羧）、硫辛酸乙酰转移酶（E_2将乙酰基转移到CoA）和二氢硫辛酸脱氢酶（E_3将还原型硫辛酸转变为氧化型）。多酶复合体的优越性在于所有的中间产物都不需要离开酶的复合体，所有的反应都在严密的体系中有序地进行。

丙酮酸脱氢酶系催化丙酮酸转变为乙酰CoA，乙酰CoA是一种很活泼的物质，能够参与很多代谢反应，乙酰CoA是进入三羧酸循环的入口物质，为糖酵解转入三羧酸循环提供了条件，能够通过三羧酸循环产生大量能量，同时它又是合成脂肪酸的主要原料。反应分三步进行。

第一步：在丙酮酸脱氢酶的催化下，TPP辅酶参与脱下丙酮酸分子上的羧基，剩下的二碳化合物留在辅酶TPP上生成活性乙醛，然后在辅酶硫辛酸存在和Mg^{2+}激活作用下，将二碳物乙酰基转到硫辛酸上生成含有高能键的还原型乙酰二氢硫辛酰胺。

$$CH_3COCOOH + TPP \longrightarrow CH_3CHO-TPP + CO_2$$
丙酮酸　　　　　　　活性乙醛

$$CH_3CHO-TPP + LSS \longrightarrow TPP + CH_3COSL-SH$$
活性乙醛　　　　　　乙酰二氢硫辛酰胺

第二步：在硫辛酸乙酰转移酶的催化下，将该酶分子上结合的乙酰基转移到辅酶 A 上，生成含有高能键的、游离的乙酰辅酶 A，放出还原型硫辛酸，反应需 Mg^{2+} 激活。

$$CH_3COSL-SH + CoA-SH \longrightarrow CH_3CO \sim SCoA + L-SH-SH$$
乙酰二氢硫辛酰胺　辅酶 A　　　乙酰辅酶 A　　还原型硫辛酸

第三步：还原型硫辛酸氧化，生成氧化型硫辛酸

这一步反应是使氧化型硫辛酸再生的反应。在二氢硫辛酸脱氢酶的催化下，还原型硫辛酸脱下氢，先将氢交给辅基 FAD，再由 $FADH_2$ 交给氧化型的 NAD^+，生成 NADH 和 H^+，硫辛酸重新成为氧化型。

$$L-SH-SH + FAD \longrightarrow LSS + FADH_2$$
$$FADH_2 + NAD^+ \longrightarrow FAD + NADH + H^+$$

丙酮酸氧化脱羧形成乙酰辅酶 A，产生 $NADH + H^+$ 的全过程如图 6-5 所示。

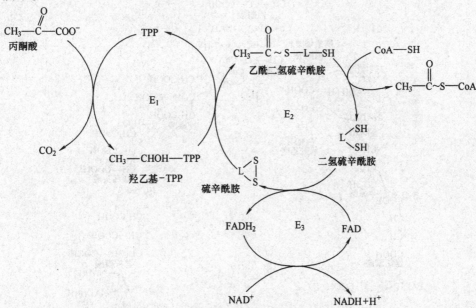

图 6-5　丙酮酸脱氢酶复合体催化反应图解

在有氧条件下，乙酰 CoA 进入三羧酸循环被氧化成 CO_2 和 H_2O。

二、三羧酸循环（TCA 循环）

葡萄糖、脂肪酸等有机物在体内的氧化首先经过分解代谢产生丙酮酸，丙酮

酸在有氧条件下继续进行分解，最后形成二氧化碳和水。丙酮酸进入的下一个氧化途径即为三羧酸循环。三羧酸循环是在细胞的线粒体中进行的。丙酮酸要先转变为乙酰辅酶 A（乙酰 CoA）才能进入三羧酸循环。乙酰辅酶 A 是许多物质降解的中间产物。乙酰 CoA 通过三羧酸循环进行脱羧和脱氢反应，脱羧形成二氧化碳，脱下的氢原子随着电子载体 NAD$^+$、FAD 进入电子传递链，经氧化磷酸化作用，产生水分子并合成 ATP。

1. TCA 循环的反应历程

TCA 循环又称柠檬酸循环或 Krebs 循环。是体内物质糖、脂肪或氨基酸有氧氧化的主要过程。在有氧的条件下，丙酮酸氧化脱羧形成乙酰 CoA，乙酰 CoA 经过一个循环式的反应序列，被彻底氧化为二氧化碳和水，最后仍生成草酰乙酸，进行再循环。因为这一环式循环反应中的第一个中间产物是一个含三个羧基的柠檬酸，故称为三羧酸循环（简称 TCA 循环）又称柠檬酸循环，三羧酸循环由德国科学家 Hans Krebs 于 1937 年提出，故此循环又称为 Krebs 循环。该循环的提出是生物化学领域的重大成就。Krebs 于 1953 年获得诺贝尔奖。

TCA 循环在细胞的线粒体基质中进行，共 8 步反应，循环过程如图 6-6 所示。

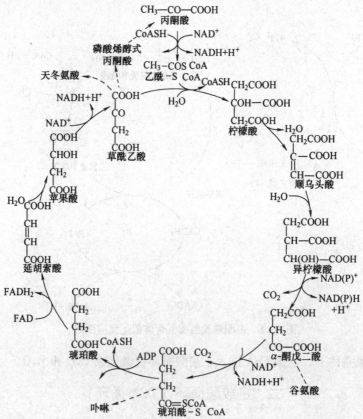

图 6-6 TCA 循环图（虚线表示可用于各种生物合成的中间代谢物）

①反应一：缩合反应：乙酰 CoA 与细胞中原有的草酰乙酸，在柠檬酸合成酶的作用下，缩合生成六碳的柠檬酸，水解释放出辅酶 A。乙酰 CoA 分子中贮存的能为合成提供了能量，由草酰乙酸和乙酰–CoA 合成柠檬酸是三羧酸循环的重要调节点，柠檬酸合成酶是 TCA 循环的第一个限速酶。

$$\text{草酰乙酸} + \text{乙酰CoA} \xrightarrow[H_2O \quad H^+]{\text{柠檬酸合成酶}} \text{柠檬酸} + \text{HS-CoA}$$

②反应二：柠檬酸在顺乌头酸酶的作用下异构化为异柠檬酸。柠檬酸先失去一个 H_2O 转化成顺乌头酸，再结合一个 H_2O 转化为异柠檬酸。

$$\text{柠檬酸} \xrightleftharpoons{\text{顺乌头酸酶}} \text{顺乌头酸} + H_2O$$

$$\text{顺乌头酸} + H_2O \xrightleftharpoons{\text{顺乌头酸酶}} \text{异柠檬酸}$$

③反应三：异柠檬酸在异柠檬酸脱氢酶的催化下，发生脱氢、脱羧反应，生成五碳的 α-酮戊二酸。反应需 Mn^{2+} 激活。这是三羧酸循环的第一次氧化步骤，又是脱羧反应。这一步反应将循环开始的六碳化合物（柠檬酸）转变为五碳化合物（α-酮戊二酸）。这是 TCA 循环的第二个限速步骤，同时也是 TCA 循环的第一个氧化反应。

$$\text{异柠檬酸} \xrightarrow[\text{异柠檬酸脱氢酶}]{NAD^+ \quad NADH+H^+} [\text{草酰琥珀酸}] \xrightarrow[H^+]{CO_2} \text{α-酮戊二酸}$$

④反应四：α-酮戊二酸在α-酮戊二酸脱氢酶系催化下，再次发生脱氢、脱羧反应，并和CoA结合，生成4碳的琥珀酰CoA。这是TCA循环的第三个限速步骤，同时也是TCA循环的第二个氧化反应。

$$\text{α-酮戊二酸} \xrightarrow[\text{HS-CoA}]{\text{NAD}^+ \quad \text{NADH} \atop \text{α-酮戊二酸脱氢酶复合物} \quad CO_2} \text{琥珀酰CoA}$$

⑤反应五：琥珀酰CoA在琥珀酰CoA合成酶的催化下生产琥珀酸，脱去CoA和高能硫键，放出的能转移至GDP上生成GTP，GTP又可形成ATP。这是三羧酸循环中唯一一次底物水平磷酸化，直接产生高能磷酸化合物的步骤。

$$\text{琥珀酰CoA} \xrightleftharpoons[\text{GDP},P_i \quad \text{GTP} + \text{HS-CoA}]{\text{GDP},P_i \quad \text{HS-CoA}+\text{GTP} \atop \text{琥珀酰CoA合成酶}} \text{琥珀酸}$$

⑥反应六：琥珀酸经琥珀酸脱氢酶脱氢生成延胡索酸，受氢体是FAD，生成一分子$FADH_2$。琥珀酸脱氢酶结合在线粒体内膜上，丙二酸是竞争性抑制剂。这是TCA循环的第三个氧化还原反应。

$$\text{琥珀酸} \xrightarrow[\text{琥珀酸脱氢酶}]{\text{FAD} \quad FADH_2} \text{延胡索酸}$$

⑦反应七：延胡索酸在延胡索酸酶的催化下和水化合而成苹果酸。

$$\text{延胡索酸} + H_2O \xrightarrow{\text{延胡索酸酶}} \text{苹果酸}$$

⑧反应八：苹果酸在苹果酸脱氢酶的催化下，氧化脱氢生成草酰乙酸，受氢

体是 NAD$^+$，生成 1 分子 NADH + H$^+$。

这是 TCA 循环的第四个氧化还原反应。生成的草酰乙酸又可和另一分子的乙酰 CoA 缩合生成柠檬酸，开始又一轮的 TCA 循环。

$$\text{L-苹果酸} \xrightarrow[\text{苹果酸脱氢酶}]{NAD^+ \quad NADH+H^+} \text{草酰乙酸}$$

在此循环中，最初草酰乙酸因参加反应而消耗，但经过循环又重新生成。所以每循环一次，1 个乙酰基通过两次脱羧而被消耗。循环中有机酸脱羧产生的二氧化碳，是机体中二氧化碳的主要来源。在三羧酸循环中，共有 4 次脱氢反应，脱下的氢原子以 NADH + H$^+$ 和 FADH$_2$ 的形式进入呼吸链，最后传递给氧生成水，在此过程中释放的能量可以合成 ATP。

TCA 循环总反应式为：

$$CH_3CO \sim SCoA + 3NAD^+ + FAD + GDP + Pi + 2H_2O$$
$$\longrightarrow 2CO_2 + 3NADH + FADH_2 + GTP + 2H^+ + CoA-SH$$

在 TCA 循环中有两次脱羧基反应（反应三和反应四）都同时有脱氢作用，通过脱羧作用生成 CO_2，是机体内产生 CO_2 的普遍规律，由此可见，机体 CO_2 的生成与体外燃烧生成 CO_2 的过程截然不同。循环中的四次脱氢，其中三对氢原子以 NAD$^+$ 为受氢体，一对以 FAD 为受氢体，分别还原生成 NADH + H$^+$ 和 FADH$_2$。一分子柠檬酸参与三羧酸循环，直至循环终末共生成 12 分子 ATP。

在循环中，乙酰-CoA 进入与四碳受体分子草酰乙酸缩合，生成六碳的柠檬酸，在三羧酸循环中有二次脱羧生成 2 分子 CO_2，但是以 CO_2 方式失去的碳并非是来自乙酰基的两个碳原子，而是来自草酰乙酸。三羧酸循环的中间产物，从理论上讲，可以循环不消耗，但是由于循环中的某些组成成分还可参与合成其他物质，而其他物质也可不断通过多种途径而生成中间产物，所以说三羧酸循环组成成分处于不断更新之中。

2. TCA 循环的生理意义

三羧酸循环在生物体内普遍存在，是生物体获取能量的最主要和最有效的方式。三羧酸循环产生的能量约占葡萄糖氧化全过程产生总能量的 2/3，是糖代谢的主要途径。三羧酸循环是糖、脂肪和蛋白质三种主要有机物在体内彻底氧化的共同代谢途径，三羧酸循环的起始物乙酰 CoA，不但是糖氧化分解产物，也可来自脂肪的甘油、脂肪酸和蛋白质的某些氨基酸代谢，因此三羧酸循环实际上是三种主要有机物在体内氧化供能的共同通路，生物体内约 2/3 的有机物是通过三羧酸循环而被分解的。

三羧酸循环是生物体内三大物质互变的连接机构，因为糖和甘油在体内代谢可生成 α-酮戊二酸及草酰乙酸等三羧酸循环的中间产物，这些中间产物可以转变成为某些氨基酸；而有些氨基酸又可通过不同途径变成 α-酮戊二酸和草酰乙酸，再经糖异生的途径生成糖或转变成甘油，因此三羧酸循环不仅是三种主要有机物分解代谢的最终共同途径，而且也是它们互变的联络机构。

从 TCA 循环在微生物物质代谢中的地位来看，它在一切分解代谢和合成代谢中都占有枢纽地位，因而也与微生物大量发酵产物例如柠檬酸、苹果酸、延胡索酸、琥珀酸和谷氨酸等的生产密切相关。如图 6-7 所示。

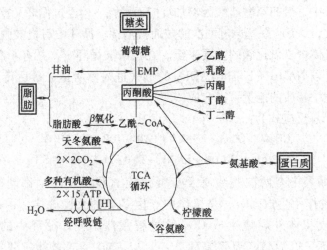

图 6-7　三羧酸循环在微生物代谢中的枢纽地位
（双框内为主要营养物，单框内为重要中间代谢物，划底线者为微生物发酵产物）

3. TCA 循环的调节控制

三羧酸循环的速度和流量主要受 3 种因素的调控：即底物、产物和关键酶活性调节。三羧酸循环的调控发生在柠檬酸合成酶、异柠檬酸脱氢酶和 α-酮戊二酸脱氢酶系催化的三步反应中。柠檬酸合成酶是循环的关键限速酶，ATP、NADH、柠檬酸和琥珀酰 CoA 抑制该酶的活性。而 NAD^+ 促进该酶的活性。异柠檬酸脱氢酶是循环的第二个调控部位，ATP、NADH 对该酶起抑制作用，该酶的激活剂是 ADP、NAD^+。α-酮戊二酸脱氢酶系是循环的第三个调控部位，ATP、NADH、琥珀酰 CoA 为该酶系的抑制剂。ADP、NAD^+ 为该酶系的激活剂。三羧酸循环的调控位点及相应调节物见表 6-1。因此调控的关键因素是 [NADH]/[NAD^+]、[ATP]/[ADP] 的比值，比值大时酶活性受到抑制，比值小时酶活性被激活。

表 6-1　　　　　　　三羧酸循环的调控位点及相应调节物

调控位点	激活剂	抑制剂
柠檬酸合成酶 （限速酶）	NAD^+	ATP, NADH 琥珀酰 CoA 柠檬酸
异柠檬酸脱氢酶	ADP, NAD^+	ATP, NADH
α-酮戊二酸脱氢酶	ADP, NAD^+	ATP, NADH 琥珀酰 CoA

三、糖的有氧 EMP – TCA 循环途径小结

1. EMP – TCA 循环途径变化过程

由有氧氧化途径（EMP – TCA 途径）可知，葡萄糖经 EMP 途径产生丙酮酸，丙酮酸氧化脱羧生成乙酰 CoA，乙酰 CoA 进入三羧酸循环被彻底氧化成 CO_2 和 H_2O。其变化过程可归纳为：

葡萄糖经 EMP 过程，1 分子葡萄糖降解成 2 分子丙酮酸，并产生 2 分子 ATP 和 2 分子 $NADH + H^+$，反应简式为：

$$C_6H_{12}O_6 \longrightarrow 2CH_3COCOOH + 2ATP + 2NADH + 2H^+$$

丙酮酸经过氧化脱羧生成乙酰辅酶 A，放出 2 分子 CO_2 产生 2 分子 $NADH + H^+$，反应简式为：

$$CH_3COCOOH \longrightarrow 2CH_3COSCoA + 2CO_2 + 2NADH + 2H^+$$

2 分子乙酰辅酶 A 经过 TCA 循环彻底降解为 4 分子 CO_2，循环过程中产生 2 分子 ATP、2 分子 $FADH_2$ 和 6 分子（$NADH + H^+$），反应简式表示如下：

$$2CH_3CO \sim SCoA \longrightarrow 4CO_2 + 2ATP + 2FADH_2 + 6NADH + 6H^+$$

将以上 EMP – TCA 途径中的三个阶段反应相加得到：

$$C_6H_{12}O_6 \longrightarrow 6CO_2 + ATP + 2FADH_2 + 10NADH + 10H^+$$

此外，EMP – TCA 途径中脱下的氢均交给递氢体 NAD^+ 和 FAD，并经过一系列传递体最后与氧结合。传递过程中产生的能贮存在 ATP 分子中，为生命活动提供了大量的能。

2. 葡萄糖有氧 EMP – TCA 循环的生理意义

葡萄糖通过糖酵解产生的丙酮酸，在有氧条件下，进入三羧酸循环进行完全氧化，生成 H_2O 和 CO_2，并释放出大量能量。绝大多数生物细胞是通过糖的有氧氧化途径获得能量。1 分子葡萄糖在有氧氧化分解过程中经糖酵解、丙酮酸氧化脱羧和三羧酸循环共产生 38 个 ATP。

其生理意义在于葡萄糖有氧氧化是糖在体内分解供能的主要途径，主要功能是提供能量，生成的 ATP 数目远远多于糖的无氧酵解生成的 ATP 数目，是糖、

脂、蛋白质氧化供能的共同途径：糖、脂、蛋白质的分解产物主要经此途径彻底氧化分解供能。糖有氧氧化途径与体内其他代谢途径有着密切的联系，是糖、脂、蛋白质相互转变的枢纽：有氧氧化途径中的中间代谢物可以由糖、脂、蛋白质分解产生，某些中间代谢物也可以由此途径逆行而相互转变。

3. TCA 回补途径

三羧酸循环的一个重要作用是它的某些中间产物是细胞内某些生物合成的原料，如 α-酮戊二酸、草酰乙酸可以形成谷氨酸、天冬氨酸。如果这些中间产物被从三羧酸循环中移出来，参与 TCA 循环以外的反应，就会使这些中间物的浓度降低，最终导致草酰乙酸浓度降低，影响三羧酸循环的进行。要保证整个循环正常进行下去，必须不断使这些中间产物得到补充。

草酰乙酸是 TCA 循环起始物，缺乏草酰乙酸就不能进入循环。生物体中存在着及时补充草酰乙酸的反应，由丙酮酸羧化为草酰乙酸，即是重要的回补反应之一，称为丙酮酸羧化支路。丙酮酸羧化支路对于 TCA 循环的补充有着极为重要的意义。由丙酮酸或磷酸烯醇式丙酮酸固定二氧化碳生成四碳二羧酸（草酰乙酸、苹果酸）的反应称为草酰乙酸的回补反应。其过程如下：

（1）丙酮酸羧化生成草酰乙酸　丙酮酸羧化酶催化由丙酮酸羧化生成草酰乙酸的反应是哺乳动物中最主要的回补反应，在动物肝脏和肾脏的线粒体中进行。该反应中需要有生物素作为辅酶。

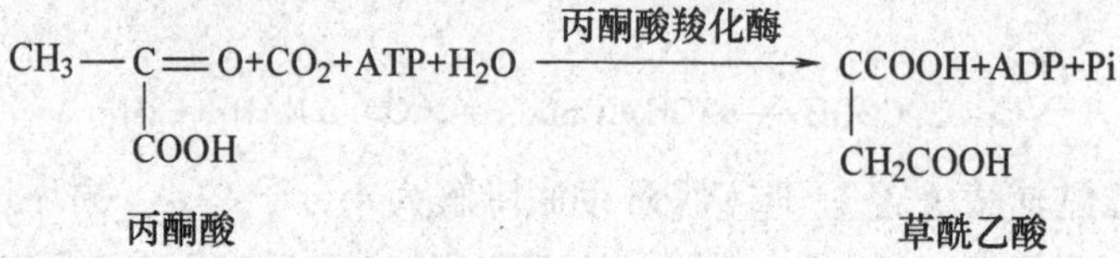

$$CH_3-\underset{COOH}{C}=O + CO_2 + ATP + H_2O \xrightarrow{\text{丙酮酸羧化酶}} \underset{CH_2COOH}{CCOOH} + ADP + Pi$$

丙酮酸　　　　　　　　　　　　　　　　　草酰乙酸

（2）丙酮酸的还原羧化作用　丙酮酸和 CO_2 在苹果酸酶的催化下，以 $NADH+H^+$ 为供氢体，在 Mn^+ 的激活下，生成苹果酸。有了苹果酸就可以继续推动三羧酸循环。

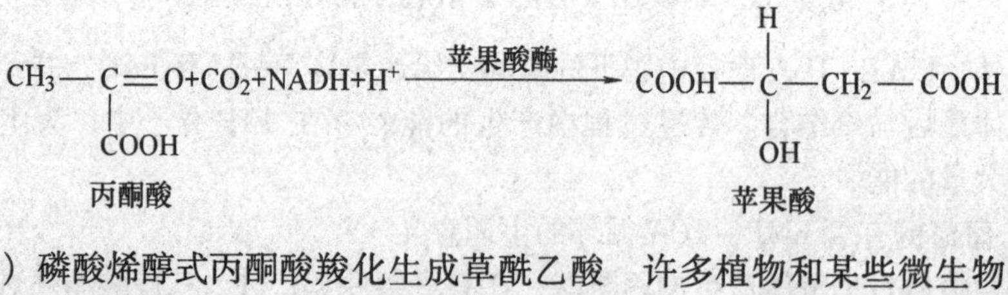

$$CH_3-\underset{COOH}{C}=O + CO_2 + NADH + H^+ \xrightarrow{\text{苹果酸酶}} COOH-\underset{OH}{\overset{H}{C}}-CH_2-COOH$$

丙酮酸　　　　　　　　　　　　　　　　　苹果酸

（3）磷酸烯醇式丙酮酸羧化生成草酰乙酸　许多植物和某些微生物是通过磷酸丙酮酸羧化酶催化的反应向柠檬酸循环提供草酰乙酸的。此反应是在磷酸烯醇式丙酮酸羧化酶催化下进行的。

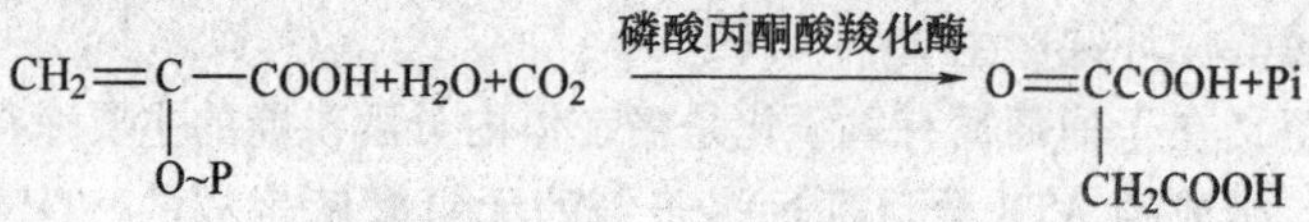

$$CH_2=\underset{O\sim P}{C}-COOH + H_2O + CO_2 \xrightarrow{\text{磷酸丙酮酸羧化酶}} O=\underset{CH_2COOH}{CCOOH} + Pi$$

第五节　乙醛酸循环支路

许多植物和微生物的细胞中除了具有三羧酸循环的各种酶外，还有异柠檬酸裂解酶和苹果酸合成酶。当三羧酸循环进行到异柠檬酸时，异柠檬酸就被异柠檬酸裂解酶催化为乙醛酸和琥珀酸，苹果酸合成酶催化乙醛酸再与另一分子的乙酰辅酶 A 合成苹果酸。上述两个反应和 TCA 循环中的乙酰辅酶 A 到异柠檬酸和苹果酸到草酰乙酸的四个反应组成了一个循环路线被称为乙醛酸循环。乙醛酸循环是在三羧酸循环的异柠檬酸和苹果酸之间横搭了一条捷径，所以被称为三羧酸循环支路（图6-8）。

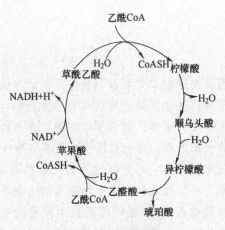

图6-8　乙醛酸循环

乙醛酸循环名称的来源是因为在此途径中经过一系列反应最终产生了乙醛酸。循环中的产物琥珀酸和苹果酸都可以返回三羧酸循环，所以乙醛酸循环可以看作是三羧酸循环的回补反应，补充了 TCA 循环中四碳化合物的短缺。

从乙酰辅酶 A 开始，乙醛酸循环的总反应式为：

$2CH_3CO-SCoA + NAD^+ + 2H_2O \longrightarrow CH_2COOH-CH_2COOH + 2CoASH + NADH + H^+$
　　乙酰辅酶 A　　　　　　　　　　　琥珀酸

由反应式可知，该途径的反应物为两分子乙酰辅酶 A，生成物为1分子琥珀酸。乙醛酸循环对于某些以乙酸、脂肪酸或乙醇等二碳物为碳源和能源的微生物是特别重要的。这些微生物可以乙酸等二碳物转变为乙酰辅酶 A，再通过乙醛酸循环以乙酰辅酶 A 合成琥珀酸，琥珀酸为三羧酸循环的中间物，再利用三羧酸循环的不定向性，可合成各种生物分子如糖类化合物和氨基酸、蛋白质，维持正常生长。

乙醛酸循环只存在于植物、微生物体内，可借此将脂肪转化为糖。由于丙酮酸的氧化脱羧是不可逆的，一般情况下依靠脂肪降解产生的乙酰辅酶 A 无法逆酵解合成糖，但植物和微生物是将乙酰辅酶A通过乙醛酸循环产生草酰乙酸，草酰乙酸经丙酮酸羧化支路的逆过程生成丙酮酸，丙酮酸经酵解逆过程生成糖。即由非糖物质生成糖的反应称为糖的异生作用。这是油料种子萌发时物质的转化过程。

第六节 柠檬酸发酵

柠檬酸是重要的有机酸之一，在轻化工及医药食品制造上有广泛用途，在食品加工中广泛用作清凉饮料、果汁、果酱、果冻、果酒、糖果、糕点等的酸味剂。目前工业化大规模生产柠檬酸是以黑曲霉为菌种液体深层发酵进行的。

 知识链接

酒、醋、泡菜及臭豆腐这些口味各异、状态不同的传统食品，都是人们利用微生物发酵所获得的产品。这些发酵产品都是利用微生物在特定条件下的固有代谢规律，自然积累某种产物的发酵，称为传统发酵。许多传统发酵的产品都是微生物自身不能再利用的代谢产物。而柠檬酸发酵是真正意义上的新型的、现代工业发酵，它不同于传统发酵，是人类对微生物的代谢机理及调节都很清晰之后，才有针对性地采取措施，有目的地改变微生物原有的代谢平衡，大大提高了柠檬酸的产率。柠檬酸是葡萄糖经TCA循环而形成的最有代表性的发酵产物之一，在明晰了微生物代谢的基础上，我们可以利用现代代谢调控理论指导发酵技术，生产许多新型的发酵产品。

柠檬酸是三羧酸循环中的一个中间产物，在正常情况下柠檬酸不会在细胞内积累。因此，在三羧酸循环中，要使柠檬酸大量积累，就必须解决两个基本问题。第一，设法阻断TCA循环中生成柠檬酸之后的代谢途径，也就是使柠檬酸不能继续代谢，实现积累。第二，代谢途径被阻断部位之后的乙酰CoA，必须有适当的补充机制，满足代谢活动的最低需求，维持细胞生长，才能维持发酵持续进行。柠檬酸的合成途径如图6-9所示。

黑曲霉利用糖类发酵生成柠檬酸，其生物合成途径是葡萄糖经EMP途径降解生成丙酮酸，丙酮酸一方面氧化脱羧生成乙酰CoA，另一方面经CO_2固定化反应生成草酰乙酸，草酰乙酸与乙酰CoA缩合生成柠檬酸。

柠檬酸是TCA循环的中间产物，正常代谢情况下，微生物是不能大量积累的，我们通过人为调节代谢途径中的一些关键酶如顺乌头酸合成酶的活性，而使TCA循环中，柠檬酸到顺乌头酸的反应得到中断，从而可以大量积累柠檬酸。而另一方面在柠檬酸积累的条件下，三羧酸循环已被阻断，不能由此来提供合成柠檬酸所需要的草酰乙酸，此时由草酰乙酸的回补途径来提供草酰乙酸。即由丙

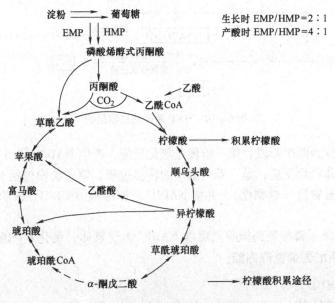

图6-9 柠檬酸生物合成途径

酮酸或磷酸烯醇式丙酮酸固定二氧化碳生成草酰乙酸的回补反应来提供合成柠檬酸所需的原料，使柠檬酸得到大量积累。

第七节 己糖单磷酸途径（HMP）

糖的无氧酵解和有氧氧化分解过程（EMP-TCA）是生物体内糖的主要分解产能途径，除此之外还存在其他代谢途径，糖的另一条氧化途径是从6-磷酸葡萄糖开始的，称为己糖单磷酸支路即HMP途径，因为磷酸戊糖是该途径的中间产物，故又称之为磷酸戊糖途径。HMP途径是葡萄糖的氧化不经EMP途径和TCA循环，而是直接脱氢和脱羧，它的功能不是产生ATP，而是产生细胞所需大量NADPH+H$^+$形式的还原力及多种重要中间代谢产物如5-磷酸核糖。代谢相关的酶存在于细胞质中。

一、HMP的主要化学过程

磷酸戊糖途径是一个比较复杂的代谢途径：6分子葡萄糖经磷酸戊糖途径可以使1分子葡萄糖转变为6分子CO_2。磷酸戊糖途径的过程见图6-10。

C_6为己糖或己糖磷酸，C_3为核酮糖-5-磷酸，打方框者为本途径的直接产物；NADPH+H$^+$必须先由转氢酶将其上的氢转到NAD$^+$上变为NADPH+H$^+$后，才能进入呼吸链产ATP。

HMP途径的总反应式为：

$6(6-磷酸葡萄糖) + 12NADP^+ + 6H_2O \longrightarrow 5(6-磷酸葡萄糖) + 12NADPH + 12H^+ + 6CO_2 + Pi$

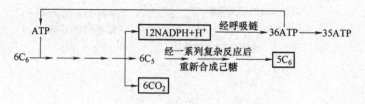

图 6-10 HMP 途径的过程简图

反应可分为两个阶段：第一阶段是氧化反应，产生 NADPH 及 5-磷酸核糖；第二阶段是非氧化反应，是一系列基团的转移过程。第一阶段包括 6-磷酸葡萄糖脱羧形成五碳糖（核酮糖），并使 $NADP^+$ 还原形成 NADPH。该阶段共包括三步反应：

反应1：6-磷酸葡萄糖脱氢酶以 $NADP^+$ 为受氢体，催化6-磷酸葡萄糖脱氢生成6-磷酸葡萄糖酸内酯。

反应2：6-磷酸葡萄糖酸内酯在内酯酶的催化下，内酯与 H_2O 起反应，水解为6-磷酸葡萄糖酸。

反应3：6-磷酸葡萄糖酸脱氢酶以 $NADP^+$ 为辅酶，催化6-磷酸葡萄糖酸脱羧生成五碳糖。

$$\text{6-磷酸葡萄糖酸} + NADP^+ \underset{}{\overset{\text{6-磷酸葡萄糖脱氢酶}}{\rightleftharpoons}} \text{5-磷酸核酮糖} + CO_2 + NADPH + H^+$$

在这一阶段中产生了 $NADPH + H^+$ 和 5-磷酸核酮糖这两个重要的代谢产物。

第二阶段：非氧化阶段，一系列基团的转移过程。

在这一阶段中磷酸戊糖继续代谢，通过一系列的反应，循环再生成 6-磷酸葡萄糖。5-磷酸核酮糖经异构反应转变为 5-磷酸核糖和 5-磷酸木酮糖，三种形式的磷酸戊糖在酶的作用下进行基团转移，最后转变成 6-磷酸果糖和 3-磷酸甘油醛，后者可通过 EMP 途径转化成丙酮酸而进入 TCA 循环进行彻底氧化，也可通过果糖二磷酸醛缩酶和果糖二磷酸酶的作用 转化为 6-磷酸葡萄糖。

反应 1：磷酸戊糖的相互转化。5-磷酸核酮糖经异构反应转变为 5-磷酸核糖和 5-磷酸木酮糖。

$$\text{5-磷酸木酮糖} \underset{}{\overset{\text{表异构酶}}{\rightleftharpoons}} \text{5-磷酸核酮糖} \underset{}{\overset{\text{异构酶}}{\rightleftharpoons}} \text{5-磷酸核糖}$$

反应 2：7-磷酸景天庚酮糖的生成。由转酮酶（转羟乙醛酶）催化将生成的木酮糖的酮醇转移给 5-磷酸核糖。

$$\text{5-磷酸木酮糖} + \text{5-磷酸核糖} \xrightarrow{\text{转酮酶}} \text{3-磷酸甘油醛} + \text{7-磷酸景天庚酮糖}$$

反应3：转醛酶所催化的反应。生成的7-磷酸景天庚酮糖由转醛酶（转二羟丙酮基酶）催化，把二羟丙酮基团转移给3-磷酸甘油醛，生成四碳糖4-磷酸赤藓糖和六碳糖6-磷酸果糖。

7-磷酸景天庚酮糖　　3-磷酸甘油醛　　4-磷酸赤藓糖　　6-磷酸果糖

反应4：四碳糖的转变。4-磷酸赤藓糖并不积存在体内，而是与另1分子的木酮糖进行作用，由转酮酶催化将木酮糖的羟乙醛基团交给赤藓糖，则又生成1分子的6-磷酸果糖和1分子的3-磷酸甘油醛。

5-磷酸木酮糖　　4-磷酸赤藓糖　　3-磷酸甘油醛　　6-磷酸果糖

上述反应中生成的6-磷酸果糖可转变为6-磷酸葡萄糖，由此表明这个代谢途径具有循环的性质，即1分子葡萄糖每循环一次，只进行一次脱羧（放出1分子 CO_2）和两次脱氢，形成2分子 NADPH，即1分子葡萄糖彻底氧化生成6分子 CO_2，需要6分子葡萄糖同时参加反应，经过一次循环而生成5分子6-磷酸葡萄糖（图6-11），其反应可概括如下：

$6(6-磷酸葡萄糖) + 7H_2O + 12NADP^+ \longrightarrow 6CO_2 + 5(6-磷酸葡萄糖) + 12NADPH + 12H^+ + Pi$

二、HMP途径的生理意义

磷酸戊糖途径不是供能的主要途径，它的主要生理作用是提供生物合成所需的一些原料。

（1）产还原力　产生大量 $NADPH+H^+$ 形式的还原力，可通过呼吸链产生大量的能量，还可供脂肪酸、类固醇激素等生物合成时需要。所以脂类合成旺盛的

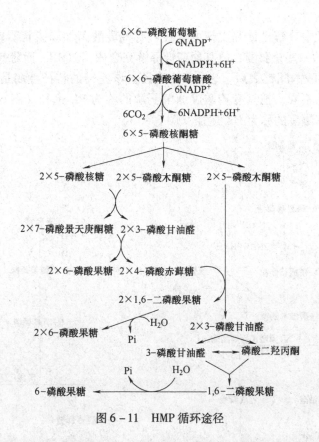

图 6-11 HMP 循环途径

组织如肝脏、乳腺、肾上腺皮质、脂肪组织等磷酸戊糖途径比较活跃。

（2）供应合成原料 磷酸戊糖途径是体内利用葡萄糖生成 5-磷酸核糖的唯一途径。5-磷酸核糖为核苷酸、核酸等的生物合成提供原料。

（3）扩大碳源利用范围 为微生物利用三碳糖、四碳糖、五碳糖、七碳糖及六碳糖等多种碳源提供了必要的代谢途径。

（4）连接 EMP 途径 通过 1,6-二磷酸果糖和 3-磷酸甘油醛处可与 EMP 途径连接，为生命合成提供更多的戊糖。

（5）微生物通过 EMP 途径可提供给人类许多重要的发酵产物，如氨基酸、辅酶和乳酸等。

（6）磷酸戊糖途径是由 6-磷酸葡萄糖开始的、完整的、可单独进行的途径，因而可以和糖酵解途径相互补充，以增加机体的适应能力，通过 3-磷酸甘油醛及磷酸己糖可与糖酵解沟通，相互配合。

三、HMP 类型的发酵

1. 磷酸解酮酶（PK）途径的生化过程

磷酸解酮酶途径主要存在于某些细菌和少量真菌中，是明串珠菌在进行异型乳酸发酵过程中分解己糖和戊糖的途径。有些乳酸菌如肠膜状明串珠菌因缺乏 EMP 途径中的一些重要酶，故其葡萄糖降解完全依赖 HMP，葡萄糖经 HMP 途径转变成 5-磷酸木酮糖之后，进入 PK 途径。该途径的特征性酶是磷酸解酮酶，根据解酮酶的不同，把具有磷酸戊糖解酮酶的称为 PK 途径（图 6-12），把具有磷酸己糖解酮酶的称为 HK 途径（图 6-13）。

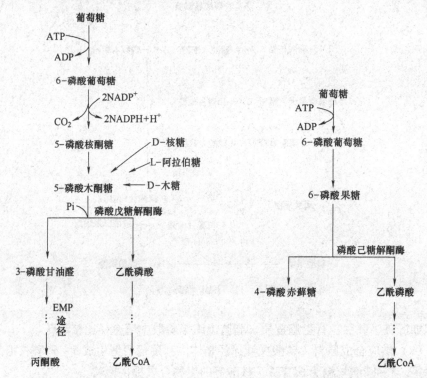

图 6-12　磷酸戊糖解酮酶（PK）途径　　图 6-13　磷酸己糖解酮酶（HK）途径

肠膜状明串珠菌的 PK 途径分三个阶段：第一阶段葡萄糖通过 HMP 途径降解，经脱氢、脱羧生成 5-磷酸木酮糖；第二阶段磷酸戊糖解酮酶催化 5-磷酸木酮糖分解，生成 3-磷酸甘油醛和乙酰磷酸；第三阶段是产能阶段，3-磷酸甘油醛经 EMP 途径生产乳酸，并产生 2 个 ATP，乙酰磷酸还原成乙醇，并产生 1 个 ATP。

总反应式：

$C_6H_{12}O_6 + ADP + Pi + NAD^+ \rightarrow CH_3CHOHCOOH + CH_3CH_2OH + CO_2 + ATP + NADH + H^+$

两歧双歧杆菌是利用 HK 途径分解葡萄糖产生乳酸的。在这条途径中，磷酸戊糖解酮酶和磷酸己糖解酮酶都参与催化反应。1 分子 6-磷酸果糖由磷酸己糖解酮酶催化裂解为 4-磷酸赤藓糖和乙酰磷酸；另 1 分子 6-磷酸果糖则与 4-磷酸赤藓糖反应生成 2 分子磷酸戊糖，而其中 1 分子 5-磷酸核糖在磷酸戊糖解酮酶的催化下分解成 3-磷酸甘油醛和乙酰磷酸。1 分子葡萄糖经磷酸己糖解酮酶途径生成1分子乳酸、1.5分子乙酸以及2.5分子ATP。

2. 乳酸发酵的类型

许多细菌能利用葡萄糖产生乳酸，这类细菌称为乳酸菌。根据产物的不同，乳酸菌发酵乳酸有三种类型：同型乳酸发酵、异型乳酸发酵和双歧发酵三种类型。

同型乳酸发酵：发酵产物中只有乳酸的发酵称同型乳酸发酵。如乳链球菌、乳酸乳杆菌等进行的发酵是同型乳酸发酵。同型乳酸发酵中，葡萄糖经EMP途径降解为丙酮酸，丙酮酸在乳酸脱氢酶的作用下被NADH还原为乳酸。1分子葡萄糖产生2分子乳酸、2分子ATP，不产生CO_2。

异型乳酸发酵：发酵产物中除乳酸外同时还有乙醇、CO_2和H_2等，称异型乳酸发酵。肠膜状明串珠菌等进行的乳酸发酵是异型乳酸发酵。在异型乳酸发酵中，葡萄糖首先经HMP途径降解为磷酸戊糖再进入PK途径经磷酸戊糖解酮酶催化分解，发酵终产物除乳酸以外还有一部分乙醇。

双歧发酵：两歧双歧杆菌发酵葡萄糖产生乳酸的一条新途径。此反应中有两种磷酸酮糖酶参加反应，1分子葡萄糖经磷酸己糖解酮酶途径生成1分子乳酸、1.5分子乙酸以及2.5分子ATP。

第八节 脱氧酮糖酸途径（ED途径）与细菌酒精发酵

一、ED途径

ED途径又叫2-酮-3-脱氧-6-磷酸葡萄糖酸（KDPG）途径。存在于某些缺乏完整EMP途径的微生物中的一种替代途径，为微生物所特有。葡萄糖只经过4步反应即可快速获得由EMP须经10步才能获得的丙酮酸。ED途径的过程简图如图6-14所示。

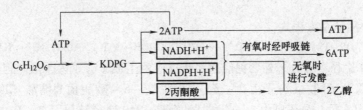

图6-14 ED途径的过程简图
有方框者表示终产物

图6-15所示为ED途径的概貌及其中的关键反应步骤。

在ED途径中，6-磷酸葡萄糖首先脱氢产生6-磷酸葡萄糖酸，接着在脱水酶和醛缩酶的作用下，产生一分子3-磷酸甘油醛和一分子丙酮酸（反应式如下），然后3-磷酸甘油醛进入EMP途径转变成丙酮酸。

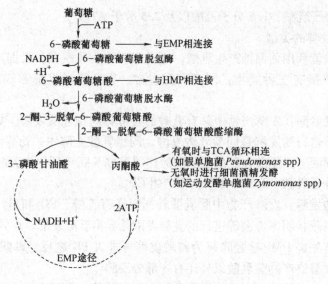

图 6-15 ED 途径的概貌

ED 途径的总方程式：

$C_6H_{12}O_6 + ADP + Pi + NADP^+ + NAD^+ \longrightarrow 2CH_3COCOOH + ATP + NADPH + H^+ + NADH + H^+$

在 ED 途径中 1 分子葡萄糖经过 4 步反应就生成 2 分子丙酮酸。但这 2 分子丙酮酸的来源不同，1 分子由 2-酮-3-脱氧-6-磷酸葡萄糖酸（KDPG）裂解直接产生，另一分子则由 3-磷酸甘油醛经 EMP 途径转化而来。ED 途径的特征性反应是 2-酮-3-脱氧-6-磷酸葡萄糖酸裂解成丙酮酸和 3-磷酸甘油醛，故有 2-酮-3-脱氧-6-磷酸葡萄糖酸裂解途径之称。特征酶为 2-酮-3-脱氧-6-磷酸葡萄糖酸醛缩酶。ED 途径的产能效率低，1 分子葡萄糖经 ED 途径分解只产生 1 分子的 ATP。由于 ED 途径产能较 EMP 途径少，所以只是缺乏完整 EMP 途径的少数细菌产能的一条替代途径，故利用 ED 途径的微生物不多见，它主要存在于细菌中，特别是假单胞菌和固氮菌的某些菌株较多存在。

二、细菌酒精发酵

酒精发酵是研究最早而又了解最清楚的一类发酵。酒精发酵分为酵母型酒精发酵和细菌型酒精发酵。在本章第二节 EMP 类型的发酵中我们已经学习了酵母菌的酒精发酵，它是将糖经 EMP 途径转化成丙酮酸，并将丙酮酸继续转化成乙醇的过程。而某些细菌也能利用 ED 途径进行酒精发酵，称为细菌型酒精发酵。

某些细菌如运动发酵单胞菌和厌氧发酵单胞菌，经 ED 途径发酵产生乙醇的过程与酵母菌通过 EMP 途径生产乙醇有所不同，被称为细菌酒精发酵。1 分子葡萄糖经 ED 途径进行乙醇发酵，生成 2 分子乙醇和 2 分子 CO_2，净增 1 分子 ATP。细菌酒精发酵已用于工业生产，相比传统的酵母酒精发酵有很多优点，比如代谢速率高，产物转化率高，菌体生产少，代谢副产物少，不必定期供氧等。

第九节 葡萄糖分解代谢途径的相互联系

糖的有氧氧化途径（EMP – TCA 途径）是生物体内糖的主要分解产能途径，因此糖酵解途径 EMP 和三羧酸循环 TCA 途径在各种生物体中普遍存在。TCA 循环是广泛存在于各种生物体中的重要生物化学反应，在各种好氧微生物中普遍存在，是生物体获得能量的最有效方式。EMP 糖酵解途径（除少数厌氧微生物外）几乎是所有具有细胞结构的生物所共有的主要代谢途径。对专性厌氧微生物来说，EMP 途径是产能的唯一途径。除了 EMP – TCA 这种主要的糖代谢途径外，许多生物体还存在着磷酸己糖降解（HMP）途径。而微生物中大多数好氧和兼性厌氧微生物中也都有 HMP 途径，有 HMP 途径的微生物中往往同时存在 EMP 途径。单独具有 EMP 途径的微生物较少见。磷酸解酮酶途径（PK）主要存在于某些细菌和少量真菌中，在 PK 途径下明串珠菌进行异型乳酸发酵。ED 途径是存在于某些缺乏完整 EMP 途径的微生物中的一种替代途径，为微生物所特有。比如运动发酵单胞菌在 ED 途径下所进行的细菌酒精发酵。

虽然各种葡萄糖分解途径在不同生物中的分布有所不同。但在生物细胞中，各葡萄糖分解代谢途径各自独立又相互联系。不同途径有公用的酶和公共的中间产物，是实现互相联系的桥梁。各途径有专一的关键酶控制和调节各自的代谢速率，保持本途径的独立性。通过各途径的调控和互相联系，实现代谢底物的合理流向，使细胞正常生长代谢。糖分解代谢各途径间的相互联系如图 6 – 16 所示。

由图 6 – 16 可知丙酮酸是 EMP、TCA 及 HMP 途径的中心物质，在无氧条件下，葡萄糖可经 EMP 或 HMP 生成磷酸丙糖，再转化为丙酮酸。丙酮酸在微生物细胞中，生成不同的代谢产物，如乙醇、甘油、乳酸、丁酸、丁醇、丙酮等。在有氧条件下，不同的生物可采用不同的途径（EMP、TCA、HMP 等），使葡萄糖降解为二氧化碳，其中间产物许多是合成其他物质的前体物质。

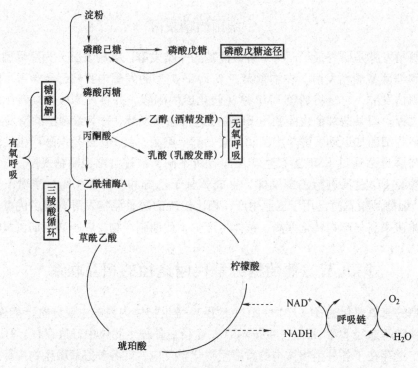

图 6-16 糖分解代谢各条途径相互联系

许多微生物体内具有 EMP、TCA、乙醛酸循环、HMP 途径的全部酶系统，只有少数细菌是 HMP 为有氧降解的唯一途径，有时 HMP 和 ED 途径也可同时存在于一个细胞内。不同微生物在一定的条件下，利用何种途径来降解糖类物质，及各途径的利用比例如何，这对发酵产品有很大的影响。

小 结

淀粉、纤维素和果胶质是比较常见的多糖类物质，多糖分子不能进入细胞，需要被相应的酶类降解为单糖或双糖，才能被细胞吸收，进入中间代谢。糖类的分解代谢是生物体广泛存在的基本代谢，在无氧和有氧情况下葡萄糖分解的程度和产物都不同。糖酵解（EMP 途径）是指葡萄糖在不需氧的条件下，经一系列酶促反应转变成丙酮酸，并生成少量 ATP 的代谢过程。由 EMP 途径中丙酮酸出发，在不同的微生物中可进行多种发酵，比如乳酸发酵和乙醇发酵等。糖的有氧氧化是丙酮酸在有氧条件下彻底分解。有氧氧化途径（EMP - TCA 途径）可分为三个阶段：丙酮酸的生成、丙酮酸氧化为乙酰辅酶 A 和乙酰辅酶 A 经过三羧酸循环被彻底氧化。乙酰辅酶 A 通过著名的 TCA 循环彻底氧化，1 分子乙酰辅酶 A 进入循环反应后，产生 2 分子 CO_2、1 分子 ATP、1 分子 $FADH_2$ 和 3 分子 $NADH + H^+$。葡萄糖经过 EMP - TCA 途径后，6 个碳都氧化为 CO_2。$FADH_2$ 和

NADH + H⁺所载的 H⁺，通过一系列传递体后与氧结合生成水，并在传递过程中释放大量的能。TCA 循环是系内多种物质最后氧化分解的共同通路，也是糖类、脂类、氨基酸互变的枢纽，为脂肪酸、氨基酸根的合成代谢提供前体物质。所以，TCA 循环的中间产物常有移作他用的可能。丙酮酸羧化为草酰乙酸、乙醛酸循环支路等作为三羧酸循环的重要回补反应，补充了 TCA 循环中草酰乙酸和四碳化合物等中间产物，使整个三羧酸循环正常进行下去。工业发酵生产柠檬酸的机理：通过人为调节代谢途径中的一些关键酶如顺乌头酸合成酶的活性，使 TCA 循环中柠檬酸到顺乌头酸的反应得到中断，从而可以大量积累柠檬酸。单磷酸己糖支路（HMP 途径）是另一重要的中间代谢途径。葡萄糖的氧化不经 EMP 途径和 TCA 循环，而是直接脱氢和脱羧，它的功能不是产生 ATP，而是产生细胞所需大量 NADPH + H⁺ 形式的还原力及多种重要中间代谢产物。磷酸解酮酶（PK）途径主要存在于某些细菌和少量真菌中，是明串珠菌在进行异型乳酸发酵过程中分解己糖和戊糖的途径。脱氧酮糖酸途径（ED 途径）是存在于某些缺乏完整 EMP 途径的微生物中的一种替代途径，为微生物所特有。某些细菌也能利用 ED 途径进行细菌型乙醇发酵。总之，葡萄糖以哪种方式分解，要看在生物细胞中含有哪种酶系，是在无氧还是有氧的条件下。无论哪种分解途径和怎样的环境条件，糖的分解都释放能量供细胞利用，以糖彻底氧化为 CO_2 和 H_2O 时释放的能量最多。糖类代谢各途径既各自独立又相互联系。

思考与练习

一、名词解释

酵解　发酵　三羧酸循环　糖酵解（EMP 途径）　磷酸己糖支路（HMP）　磷酸解酮酶（PK）途径　脱氧酮糖酸途径（ED 途径）

二、问答题

1. 由糖酵解产生的丙酮酸在有氧、无氧条件下其最终的去路是什么？
2. 试述三羧酸循环的生理意义。
3. 三羧酸循环中的关键限速酶是什么？如何对循环进行调控？
4. 磷酸己糖支路有何特点？其生物学意义何在？
5. 发酵生产柠檬酸的机理是什么？
6. 简述乳酸发酵和酒精发酵的类型和机理。

第七章 能量的释放

学习目标

1. 掌握生物氧化的含义和特点。
2. 明确无氧氧化和有氧氧化的特点。
3. 了解 NADH 呼吸链的组分及呼吸链的 P/O。
4. 掌握电子传递体系氧化磷酸化电子传递的过程。

第一节 生物氧化

一、生物氧化的概念

生物机体在生命过程中需要能量，如生物合成、物质转运、运动、思维和信息传递等都需要消耗能量，这些能量从哪里来呢？能量的来源，主要依靠生物体内糖、脂肪、蛋白质等有机化合物在体内的氧化。糖、脂肪、蛋白质在细胞内彻底氧化之前，先经过分解代谢，在不同的分解代谢过程中，都伴随有代谢物的脱氢和辅酶 NAD^+ 或 FAD 的还原。这些携带氢离子和电子的还原型辅酶 NADH、$FADH_2$ 最终将氢离子和电子传递给氧时，都经历相同的一系列电子载体传递过程。

所以有机物的氧化不单是与氧结合，而是通过酶的作用，以代谢物脱氢的方式进行的，脱下的氢交给受氢辅酶。在有氧条件下生物体内受氢辅酶所载的氢，再经过一系列的传递过程，最后交给氧生成水，同时释放出能量，形成 ATP。生物氧化是指发生在活细胞中的一系列产能性氧化反应的总称，有氧无氧都能进行。生物氧化的过程可分为脱氢、递氢和受氢三个阶段。

由于生物氧化通常需要消耗氧并在生物细胞中进行，所以又称为细胞氧化或细胞呼吸。真核生物细胞的生物氧化在线粒体中进行，原核生物细胞，生物氧化在细胞质膜上进行。

生物体内代谢物质的氧化过程与体外物质氧化或燃烧的化学本质是相同的，最终产物是二氧化碳和水，所释放的能量也相等。都是氧化还原反应，因而具有氧化还原反应的共同特征即电子的得失转移，失电子者为还原剂，是电子供体，得电子者为氧化剂，是电子受体。和体外燃烧相比，生物氧化有以下特点：

（1）生物氧化在细胞内进行，是在体温和接近中性 pH 以及有水的环境进行的，是在一系列酶、辅酶和传递体的作用下逐步进行的，每一步反应都放出一部分能量，逐步释放的能量的总和与同一氧化反应在体外进行时相同。这样不会因氧化过程中能量骤然释放，而使机体受到损害。同时又使释放的能量得到有效的利用。

（2）生物氧化过程所释放的能量通常先贮存在一些高能化合物如 ATP 中，当生命活动需要时再释放出来，ATP 相当于生物体内的能量转运站。

（3）有机化合物在体外是碳在氧中燃烧，产生二氧化碳，而生物氧化是通过中间产物如草酰乙酸等羧酸脱羧作用产生二氧化碳。

（4）在生物氧化中，碳的氧化和氢的氧化是非同步进行的。氧化过程中脱下来的氢质子和电子，通常由各种载体，如 NADH 等传递到氧并生成水。

（5）生物氧化受细胞的精确调节控制，有很强的适应性，可随环境和生理条件变化而改变呼吸强度和代谢方向。

生物体内的氧化方式虽然有多种，但总的来说可归为两类：有氧氧化和无氧氧化。有氧氧化，这种氧化彻底，释放的能量多；无氧氧化，往往是将体内的有机物进行氧化，生成另一种有机物。这种氧化不彻底，产生的能量不如有氧氧化多。

在有氧条件下，细胞在氧的参与下，通过酶的催化作用，把糖类等有机物彻底氧化分解，产生二氧化碳和水，同时释放大量的能量。有机物质在体内的有氧氧化可分为 3 个阶段，首先是糖类、脂肪和蛋白质经过分解代谢生成乙酰辅酶 A；接着乙酰辅酶 A 进入三羧酸循环脱羧脱氢，生成二氧化碳并使辅酶 NAD^+ 或 FAD 还原成 NADH、$FADH_2$；第三阶段是 $NADH + H^+$、$FADH_2$ 中的氢经电子传递链将电子传递给氧生成水，同时在电子传递过程中释放出的能量以高能磷酸键的形式转移给 ADP 用于 ATP 的合成，即进行的是氧化磷酸化产能。

有氧氧化是大多数生物的主要代谢途径，在有氧条件下，好气或兼性微生物进行有氧氧化。葡萄糖的有氧氧化包括：葡萄糖到丙酮酸阶段、三羧酸循环、呼吸链。其特点是：有氧的参与，酶的催化；物质氧化彻底，最终产物是水和二氧化碳；能产生大量的能量；主要在线粒体内进行。因为有氧氧化彻底，产能多，所以，只要有氧气存在，细胞都优先进行有氧氧化。

无氧氧化一般是指兼性或厌氧微生物或生物体内某些组织中的细胞在无氧条件下，通过酶的催化作用，把葡萄糖等有机物质分解成为不彻底的氧化产物，同时释放出少量能量的过程。其特点是：没有氧的参与，需要酶的催化；物质氧化不彻底，最终产物是不完全氧化产物（酒精、乳酸）；能产生少量的能量；主要在细胞质基质中进行。

有机物质在体内的无氧氧化分为两种，一种是有机物质经分解代谢，产生丙酮酸等中间代谢产物，并将底物进行脱氢，底物脱氢后产生的还原力氢未经呼吸链传递而直接交丙酮酸等中间代谢物接受，实现的是底物水平的磷酸化产能。这种生物氧化反应又被称为发酵。

你知道吗？

利用微生物的发酵，人类可以生产出很多有用的代谢产物或食品，比如啤酒的酿造，啤酒酵母为兼性厌氧菌。在啤酒酿造过程中，啤酒酵母在有氧情况下，吸收麦芽汁中的糖和其他营养成分，进行有氧氧化合成酵母细胞；而在厌氧情况下，啤酒酵母进行无氧氧化，将葡萄糖不完全氧化分解转变成乙醇和二氧化碳，称为啤酒发酵。酵母在有氧条件下合成酵母细胞时，要消耗一定量的糖（通过有氧氧化）转变成 CO_2 和 H_2O，同时释放出大量能量供酵母生长繁殖用。所以啤酒的发酵过程实质上是啤酒酵母利用麦芽汁中的糖和其他营养物质在有氧和无氧情况下为维持正常生命活动而进行的一系列代谢过程，啤酒酵母代谢的最终产物就是我们所要的产品——啤酒。

另一种无氧氧化是微生物中的化能自养菌将有机物质按常规分解代谢途径脱氢后，产生的还原力氢经部分呼吸链传递，最终传递给具有氧化态的无机物分子作为氢受体，并完成氧化磷酸化产能反应（如化能自养菌对 NO_3^-、SO_4^{2-} 的利用）。

二、呼 吸 链

呼吸链又称电子传递链，存在于有氧氧化体系中，是由存在于线粒体内膜上的一系列能接受氢或电子的中间传递体组成，指代谢物在分解代谢过程中产生还原型辅酶，这些还原型辅酶在线粒体内经一系列传递体的传递作用，将代谢物上经脱氢酶脱下的氢传递给被激活的氧原子而生成水，由于参与这一系列催化反应的酶与辅酶一个接一个构成链状反应，因此称为呼吸链。

根据代谢物上脱下氢的初始受体不同分两种：NADH 呼吸链和 $FADH_2$ 呼吸链。

1. NADH 呼吸链

组成 NADH 呼吸链的第一个成员是以 NAD^+ 或 $NADP^+$ 为辅酶的代谢物（SH_2）的脱氢酶。是人和动物细胞内普遍存在的典型呼吸链之一。NADH 呼吸链的组分和排列顺序如图 7-1 所示：

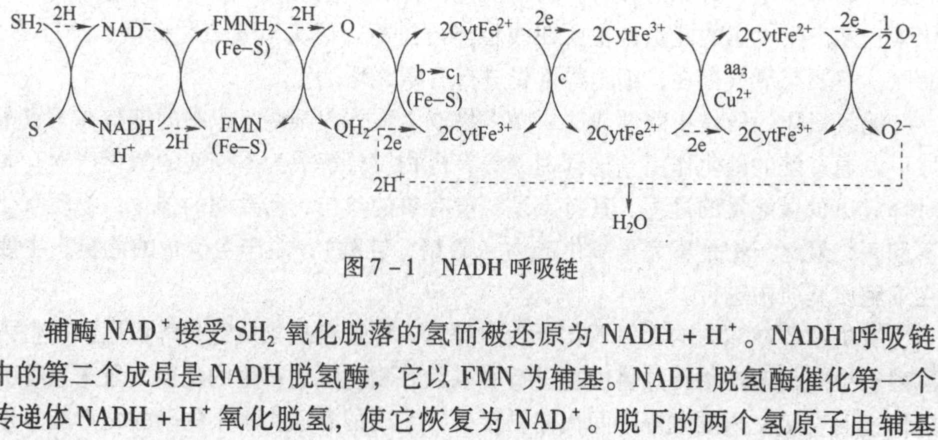

图 7-1 NADH 呼吸链

辅酶 NAD^+ 接受 SH_2 氧化脱落的氢而被还原为 $NADH + H^+$。NADH 呼吸链中的第二个成员是 NADH 脱氢酶，它以 FMN 为辅基。NADH 脱氢酶催化第一个传递体 $NADH + H^+$ 氧化脱氢，使它恢复为 NAD^+。脱下的两个氢原子由辅基 FMN 接受，还原为 $FMNH_2$。

$FMNH_2$ 所载的两个氢再传递给下一个成员辅酶 Q（CoQ）。辅酶 Q 分子中的苯醌结构能可逆性地加氢还原，接受两个氢后形成对二酚的衍生物，表示为 $CoQH_2$。辅酶 Q 是氢原子的传递体。

辅酶 Q 以后的传递体都只能传递电子。两个氢原子以质子形式游离于介质中，剩下两个电子继续在呼吸链中传递。承担电子传递体的是一类称为细胞色素（cyt）的蛋白质，主要包括细胞色素 b、c_1、c、a 和 a_3，传递顺序为 b→c_1→c→a→a_3，它们都是含铁的电子传递体，辅基为铁卟啉环衍生物，铁原子以共价键和配位键与卟啉环和蛋白质结合。细胞色素中的铁原子可进行 Fe^{2+} 和 Fe^{3+} 的价态变化，从而使细胞色素起着电子传递的作用。细胞色素 a 和 a_3 构成细胞色素 c 氧化酶，两者无法分开，它们从细胞色素 c 处接受电子，最终传递给结合在 aa_3 上的氧，使之成为离子氧，离子氧与体系中游离的 H^+ 结合生成水。

电子传递链中还有一类称为铁硫蛋白（Fe-S）的蛋白质，是一种存在于线粒体内膜上与电子传递有关的非血红素铁蛋白质，通过 Fe^{3+}→Fe^{2+} 变化传递电子，因活性部位含有两个活泼的铁原子和硫原子，故也称铁硫中心。铁硫蛋白常与呼吸链其他组分结合成复合体。

2. $FADH_2$ 呼吸链

$FADH_2$ 呼吸链以 $FADH_2$ 起始而得名，该呼吸链中，直接催化底物脱氢的酶是以 FAD 为辅基的。体内有许多代谢物以 FAD 为辅基的酶参与脱氢氧化作用。FAD 呼吸链各个组分和排列顺序如图 7-2 所示：$FADH_2$ 负载的两个氢被下一个传递体辅酶 Q 接受。电子在辅酶 Q 之后的传递与 NADH 呼吸链中相同。即 $FADH_2$ 呼吸链和 NADH 呼吸链相比，只是在开始的传递过程中有差别。

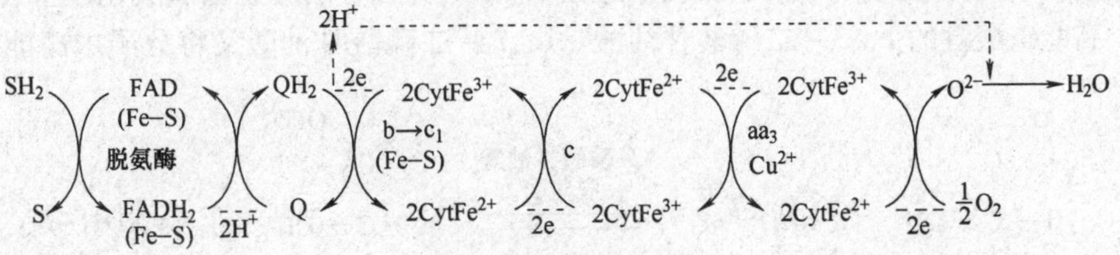

图 7-2 $FADH_2$ 呼吸链

生物体内的呼吸链因中间传递体成员的不同而有很多变化。大多数细菌没有完整的细胞色素系统。但是，各种呼吸链传递电子的顺序，基本上还是一致的。

第二节 能量的产生和转移

不同的化学物质含有不同的化学能，化学物质所含的能量可以在其发生反应时转换为其他形式。生物体通过代谢将化学物质中所含的能量释放出来加以利用，在代谢过程中，生物体将化学物质一步步转换为含较低能量的化学物质同时释放出自由能和热。

高能化合物是指含转移势能高的基团的化合物，连接这种高能基团的键通常称为高能键，用符号"~"表示。高能化合物含有很高的基团转移势能，高能键随水解反应后基团转移反应可放出大量的自由能。营养物质在生物细胞内氧化过程中放出的能量除一部分转变为热能以外，其余转移到高能化合物中贮存起来供必要时使用。生物体的高能化合物有许多种，根据键型的特点，可以归纳为，酰基磷酸化合物（比如乙酰磷酸，1、3-二磷酸甘油酸等）、焦磷酸化合物（如 ATP、GTP 等）、胍基磷酸化合物（如磷酸肌酸、磷酸精氨酸等）、高能硫酯键化合物（如酰基辅酶 A），上述高能化合物含磷酸基团的占绝大多数，其中以 ATP 为最多，也是主要的。

生物细胞利用代谢过程中产生的能，使 ADP 磷酸化生成 ATP。体内 ATP 形成有两种方式，与呼吸链有关的是氧化磷酸化方式，呼吸链中的电子传递与放能磷酸化合物的偶联反应，也就是当电子从 $NADH_2$ 或 $FADH_2$ 经过电子传递体传递给 O_2 形成 H_2O，同时伴随着 ADP 磷酸化形成 ATP。这一过程称为氧化磷酸化。氧化磷酸化是体内生成 ATP 的主要方式。另一种方式是底物磷酸化，即底物分子内部能量重新分布形成高能磷酸酯键，伴有 ADP 磷酸化生成 ATP 的作用。底物磷酸化与呼吸链的电子传递无关。

1. 底物水平的磷酸化

由于底物脱氢或脱水时伴随着分子内部能量的重新分布而形成高能键，也是生物捕获能量的一种形式，是指底物被氧化后，紧接着发生磷酸化作用。即底物被氧化的过程中，形成了高能磷酸化合物的中间产物，通过酶的作用，将高能键直接转给 ADP 生成 ATP。在糖代谢过程中，3-磷酸甘油醛脱氢磷酸化产生含 1 个高能磷酸键的 1，3-二磷酸甘油酸，1，3-二磷酸甘油酸又将分子中高能磷酸键转移到 ADP 生成 ATP。

在厌氧发酵中,底物磷酸化是发酵微生物进行生物氧化取得能量的唯一方式,特点是底物磷酸化和氧的存在是无关的。

2. 电子传递体系氧化磷酸化

细胞内 ATP 形成的主要方式是氧化磷酸化,即在呼吸链电子传递过程中偶联 ADP 磷酸化,生成 ATP,因此又称为偶联磷酸化。当电子从 NADH 呼吸链或 $FADH_2$ 呼吸链中传递给氧时,同时伴随着 ADP 磷酸化成 ATP 的过程,称为电子传递体系磷酸化。

根据理论计算和实际测定表明,2mol 氢通过 NADH 呼吸链时,在 NADH 到辅酶 Q 之间、细胞色素 b 到细胞色素 c 之间、细胞色素 a 到分子氧之间,可三次偶联磷酸化反应,促使体系中的 ADP 与无机磷酸结合生成 ATP,产生 3mol ATP(图 7-3)。如果通过 $FADH_2$ 呼吸链氧化,只有两处能偶联磷酸化反应,产生 2mol ATP。

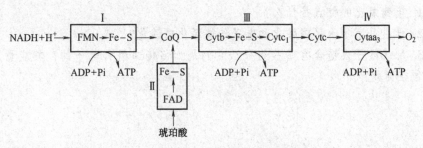

图 7-3 呼吸链中氧化磷酸化部位

不同呼吸链,其传递体系不同,所产生的 ATP 的数量也不同。在呼吸链中是用 P/O 来衡量氧化磷酸化的能力。P/O 比值是指物质氧化时,每消耗 1 摩尔氧原子所消耗无机磷的摩尔数(或 ADP 摩尔数),即生成 ATP 的摩尔数。可见 NADH 呼吸链的 P/O 为 3,$FADH_2$ 呼吸链的 P/O 为 2。

细胞内氧化磷酸化的速度与细胞内 ADP、ATP 和无机磷的含量有关,不断的供给细胞 ADP 和磷酸,能保证氧化磷酸化正常进行。

小　　结

生物氧化是指发生在活细胞中的一系列产能性氧化反应的总称。有机物氧化以脱氢的方式进行,脱下的氢被辅酶或辅基接受。生物氧化具有氧化还原反应的共同特征即电子的得失转移,有氧条件下,氧作为最终的电子受体,被激活为氧离子后,与 H^+ 结合生成水。生物氧化分为有氧氧化和无氧氧化,有氧氧化释放大量能量;无氧氧化产能少但可以生产一些特殊的代谢产物。有氧氧化时,代谢物失去的电子经呼吸链传递到氧。参与呼吸链传递氢或电子的成员有以烟酰胺为辅酶的脱氢酶,以黄素为辅基的脱氢酶、铁硫蛋白、辅酶 Q 及含铁卟啉的细胞色素类。他们按一定的次序排列成呼吸链。常见的有 NADH 呼吸链和 $FADH_2$ 呼吸链。释放大量能量。生物氧化释放的能量一部分用于 ADP 的磷酸化生成 ATP 的反应中。在有氧条件下，与电子传递体系偶联发生的氧化磷酸化是体内生成 ATP 的主要方式。一对电子经 NADH 呼吸链传递到氧，释放的能可以发生三次 ADP 的磷酸化；经 $FADH_2$ 呼吸链传递到氧，释放的能可供两次 ADP 磷酸化。另一种生成 ATP 的方式是底物磷酸化，底物水平的磷酸化与呼吸链的电子传递无关。

思考与练习

一、名词解释

生物氧化　有氧氧化　无氧氧化　呼吸链　P/O

二、问答题

1. 生物氧化的特点是什么？
2. 什么是底物水平磷酸化和电子传递氧化磷酸化？
3. NADH 呼吸链含有哪些组分？它们是如何传递氧和电子的？其能量产生的部位在何处？

第八章　脂 类 代 谢

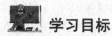 学习目标

1. 掌握脂类的定义、分类及主要组成成分。
2. 了解脂类的主要生理功能、油脂的性质。
3. 理解甘油的降解、脂肪酸的 β – 氧化。

第一节　概　　述

一、脂类的定义

脂类（脂质），是一类低溶于水而高溶于非极性溶剂的生物有机分子。对大多数脂类而言，其化学本质是脂肪酸与醇作用生成的酯类及其衍生物，是动物和植物体的重要组成成分。

脂类是广泛存在于自然界的一大类物质，它们的化学组成、结构、理化性质以及生物功能存在着很大的差异，通常都不溶于水，而溶于脂溶性有机溶剂，如丙酮、氯仿、乙醚等。

 知识链接

压榨法和浸出法是两种不同的花生油制取工艺。压榨法是采用纯物理压榨制油工艺、经过选料、焙炒、物理压榨、最后经天然植物纤维过滤生产而成。这种方法不涉及添加化学物质，保留了油料内的丰富营养，无化学溶剂污染，不含任何化学防腐剂和抗氧化剂，保证产品的安全、纯正、营养、美味，符合人体健康需求，适宜长期放心食用，缺点是出油率低。

另一种工艺是浸出法，采用有机溶剂将原料经过充分浸泡后进行高温提取，经过"六脱"工艺（即脱脂、脱胶、脱水、脱色、脱臭、脱酸）加工而成，最大的特点是出油率高、生产成本低，缺点是由于经过多道化学处理，油脂中的部分天然成分被破坏，且含有溶剂残留。

二、脂类的分类

脂类可按不同的方法分类，按化学组成，脂类可分为单纯脂类、复合脂类和衍生脂类，见表 8 – 1：

表 8-1　　　　　　　　　　脂类的分类

主类	亚类	组成
单纯脂类	酰基甘油 蜡	甘油+脂肪酸 长链脂肪醇+长链脂肪酸
复合脂类	磷酸酰基甘油 鞘磷脂类 脑苷脂类 神经节苷脂类	甘油+脂肪酸+磷酸盐+含氮基团 鞘氨醇+脂肪酸+磷酸盐+胆碱 鞘氨醇+脂肪酸+糖 鞘氨醇+脂肪酸+碳水化合物
衍生脂类		类胡萝卜素,类固醇,脂溶性维生素等

1. 单纯脂类

单纯脂类是由脂肪酸和醇形成的酯,又可分为酰基甘油和蜡。

(1) 酰基甘油酯　酰基甘油酯又称脂肪、油脂,是由脂肪酸和甘油缩合成的酯,广泛存在于动植物中,是最常见的脂类。常温下呈液态的酰基甘油酯称为"油",呈固态的称为"脂"。肥肉的主要成分是脂肪,动物性酰基甘油酯多为脂(鱼油例外);食用植物油是从油料作物中提取的,主要成分也是脂肪,植物性酰基甘油酯多为油(可可脂例外)。图 8-1 所示为人类脂肪细胞电子显微镜照片。

图 8-1　人类脂肪细胞电子显微镜照片

最常见的油脂是甘油三酯(也称三酰甘油),是由 1 分子甘油和 3 分子脂肪酸缩合而成的酯。

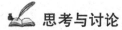 **思考与讨论**

1. 在人和动物体内，脂肪主要分布在哪些部位？
2. 请说出脂肪含量比较高的几种植物。脂肪主要分布在这些植物的什么器官中？

（2）蜡　蜡主要由长链脂肪酸和长链醇或固醇组成。由生物体内提取并用于生产的蜡主要有蜂蜡、白蜡、鲸蜡、羊毛脂、巴西棕榈蜡等。

2. 复合脂类

复合脂类除了含有脂肪酸和醇外，还含有非脂分子的成分，主要包括：

（1）磷脂　磷脂是一类含有磷酸和含氮碱的脂类。磷脂是构成细胞膜的重要成分，也是构成多种细胞器膜的重要成分，在人和动物的脑、卵细胞、肝脏以及大豆的种子中含量丰富，如脑磷脂、卵磷脂等。

（2）糖脂　糖脂是糖和脂类结合所形成的物质的总称。在生物体分布甚广，但含量较少。

3. 衍生脂类

衍生脂类和其他脂类是由单纯脂类或复合脂类衍生而来或与它们关系密切，但也具有脂类一般性质的物质。如固醇类、胡萝卜素、脂溶性维生素等。

 与生活的联系

胆固醇是固醇类的一种，在许多动物性食物中含量丰富。胆固醇是脑、神经、肝、肾、皮肤和血细胞膜的重要构筑成分，是合成类固醇激素和胆汁酸的必需物质，对人体健康非常重要。但饮食中如果过多地摄入胆固醇，会在血管壁上形成沉积，造成血管堵塞，危及生命。因此，膳食中要注意限制高胆固醇类食物（如动物内脏、蛋黄等）的过量摄入。

 知识链接

血脂是血浆中的脂肪和类脂（磷脂、糖脂、固醇、类固醇）的总称，广泛存在于人体中。体检时血脂四项检查包括：总胆固醇、甘油三酯、高密度脂蛋白和低密度脂蛋白。正常人的血脂成分含量波动范围均较大，也就是说正常人之间血脂含量的差异也很大，单凭一两种血脂成分的高低来判断病理变化，似乎显得说理不够。尽管血脂只占全身脂类很少一部分，但血脂的变化却可基本反映体内脂类代谢的状况。在膳食改变，剧烈运动及患病情况下，血脂都会有较大的变动。高脂肪饮食时，血脂含量明显升高，甚至形成乳糜色，但在 3~6h 后逐渐恢复正常，因此，临床上测定血脂都是在早晨空腹时取血，才能反映血脂的实际水平。

三、脂类主要组成成分

1. 甘油

甘油即丙三醇（图8-2），是最简单的一种三元醇，它是多种脂类的固定构成成分。甘油的各种化学性质来自于它的三个醇羟基，按序称为：①、②、③或 α、β、α′位羟基。甘油与有机酸或无机酸发生酯化反应，构成多种脂类物质；同一种酸与不同位置的甘油羟基发生酯化反应形成的脂，其理化性质略有差别。

2. 脂肪酸

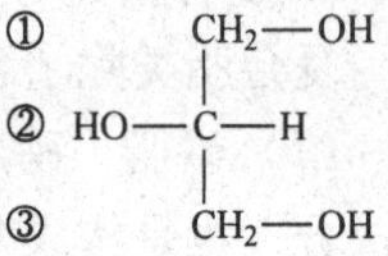

（1）脂肪酸的结构　脂肪酸按其碳链长短可分为长链脂肪酸（14碳以上），中链脂肪酸（含6~12碳）和短链脂肪酸（5碳以下），按其饱和程度可分为饱和脂肪酸和不饱和脂肪酸。食物中的脂肪酸以链长18碳的为主，脂肪随其脂肪酸的饱和程度越高，碳链越长，其熔点也越高。动物脂肪中含饱和脂肪酸多，故常温下是固态；植物油脂中含不饱和脂肪酸较多，故常温下呈现液态。棕榈油和可可籽油虽然含饱和脂肪酸较多，但因碳链较短，故其熔点低于大多数的动物脂肪。

图8-2　甘油的结构

①饱和脂肪酸：脂肪酸属于羧酸类化合物，碳链中不含双键的为饱和脂肪酸。天然食用油脂中存在的饱和脂肪酸主要是长链（碳数>14）、直链、偶数碳原子的脂肪酸，奇碳链或具支链的极少，而短链脂肪酸在乳脂中有一定量的存在。

②不饱和脂肪酸：天然食用油脂中存在的不饱和脂肪酸常含有一个或多个烯丙基（——CH══CH——CH$_2$——）结构，两个双键之间夹有一个亚甲基。不饱和脂肪酸根据所含双键的多少又分为：单不饱和脂肪酸，其碳链中只含一个不饱和双键；多不饱和脂肪酸，其碳链中含有两个或两个以上双键。

一些常见脂肪酸的名称及代号见表8-2。

表8-2　一些常见脂肪酸的名称和代号

类别	数字缩写	系统名称	俗名或普通名
饱和脂肪酸	4:0	丁酸	酪酸
	6:0	己酸	己酸
	8:0	辛酸	辛酸
	10:0	癸酸	癸酸
	12:0	十二酸	月桂酸
	14:0	十四酸	肉豆蔻酸
	16:0	十六酸	棕榈酸
	18:0	十八酸	硬脂酸
	20:0	二十酸	花生酸

续表

类别	数字缩写	系统名称	俗名或普通名
不饱和脂肪酸	16∶1	9-十六烯酸	棕榈油酸
	18∶1 (n-9)	9-十八烯酸	油酸
	18∶2 (n-6)	9,12-十八烯酸	亚油酸
	18∶3 (n-3)	9,12,15-十八烯酸	α-亚麻酸
	18∶3 (n-6)	6,9,12-十八烯酸	γ-亚麻酸
	20∶3 (n-6)	8,11,14-二十碳三烯酸	DH-γ-亚麻酸
	20∶4 (n-6)	5,8,11,14-二十碳四烯酸	花生四烯酸
	20∶5 (n-3)	5,8,11,14,17-二十碳五烯酸	EPA
	22∶1 (n-9)	13-二十二烯酸	芥酸
	22∶5 (n-3)	7,10,13,16,19-二十二碳五烯酸	—
	22∶6 (n-6)	4,7,10,13,16,19-二十二碳六烯酸	DHA

 知识链接

多不饱和脂肪酸在人和哺乳动物组织细胞中一系列酶的作用下，可转化为前列腺素、血栓素及白三烯等重要衍生物，几乎参与所有的细胞代谢活动，具有特殊的营养功能，是一种特殊的生物活性物质，对心脑血管疾病有良好的保健和治疗作用。多不饱和脂肪酸主要存在于植物油、坚果类食物中。DHA和EPA是对人体很重要的两种不饱和脂肪酸。EPA是二十碳五烯酸的英文缩写，具有清理血管中的垃圾（胆固醇和甘油三酯）的功能，俗称"血管清道夫"。DHA是二十二碳六烯酸的英文缩写，具有软化血管、健脑益智、改善视力的功效，俗称"脑黄金"，更重要的是DHA能影响胎儿及婴幼儿脑部发育。

不饱和脂肪酸由于双键两边碳原子上相连的原子或原子团在空间排列方式不同，有顺式脂肪酸和反式脂肪酸之分（图8-3），脂肪酸的顺、反异构体物理与化学特性都有差别，如顺油酸的融点为13.4℃，而反油酸的融点为46.5℃。天然脂肪酸除极少数为反式外，大部分都是顺式结构。在油脂加工和储藏过程中，部分顺式脂肪酸会转变为反式脂肪酸。多不饱和脂肪酸有共轭和非共轭之分，天然脂肪中以非共轭脂肪酸为多，共轭的为少。

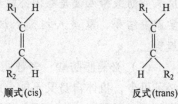

图8-3 脂肪酸的顺反结构

 知识链接

反式脂肪酸

上世纪80年代，由于担心存在于荤油中的饱和脂肪酸可能会对心脏带来危害，植物油又有高温不稳定及无法长时间储存等问题，当时的科学家就利用氢化的过程，将液态植物油改变为固态，反式脂肪酸从此开始被使用。

植物油加氢可将顺式不饱和脂肪酸转变成室温下更稳定的固态反式脂肪酸。制造商利用这个过程生产人造黄油，也利用这个过程延长产品货架期和稳定食品风味。反式脂肪酸无处不在，几乎所有的油炸食品都含有反式脂肪酸，饼干、奶油蛋糕、方便面、沙拉酱、巧克力、冰淇淋、珍珠奶茶、咖啡伴侣等常见食物里都有。反式脂肪酸目前被食品加工业者广泛使用，因为食品中添加反式脂肪酸后，会改善口感，让食物变得更松脆美味。反式脂肪酸在食品配方中也会用以下名词描述：氢化油、植脂末、人造奶油、人造黄油、起酥油、植物奶油、氢化植物油、氢化脂肪、氢化菜油、固体菜油、酥油、人造酥油、雪白奶油、部分氢化植物油、精炼棕榈油。

关于反式脂肪酸安全问题的争论已经持续半个多世纪，20世纪90年代后，"反式脂肪酸有害论"才获得国际学术界共识，目前国际组织和权威机构对反式脂肪酸与人体健康的关系的主要结论是：

(1) 大量、长期摄入反式脂肪酸，能增加血清低密度脂蛋白数量，降低高密度脂蛋白数量，从而改变二者的比例，增大冠心病的发病率；反式脂肪酸可能比饱和脂肪酸更易引发心脏病。

(2) 孕妇和哺乳期妇女如果大量摄入反式脂肪酸含量高的食物，反式脂肪酸能经胎盘或乳汁进入胎儿或婴幼儿体内，对婴幼儿生长发育产生严重影响。

(3) 此外，有研究表明，长期大量摄入反式脂肪酸，容易导致肥胖、引起记忆力下降、影响发育等。

反式脂肪酸，尤其是来自氢化油的反式脂肪酸是一种对心血管有害的物质，这也是已明确的结论，但是否真正产生危害或危害多大则取决于反式脂肪酸摄入量的多少。由于我国居民传统饮食习惯与欧美的巨大差异，目前我国居民总体上反式脂肪酸摄入量是在国际权威机构推荐标准以下的，但根据食品分析和流行病学调查结果，欧美人均摄入反式脂肪酸有下降的趋势，发展中国家则有增加趋势。

(2) 必需脂肪酸　多数脂肪酸在人体内都能合成，但有一些机体生命活动必不可少，机体自身又不能合成，必须由食物供给的多不饱和脂肪酸，称为必需脂肪酸。必需脂肪酸主要包括两种：一种是 $\omega-3$ 系列的 α-亚麻酸；另一种是 $\omega-6$ 系列的亚油酸。

四、脂类的主要生理功能

脂类的生理学功能也和它们的化学组成及结构一样，是极其多种多样的。

(1) 贮存脂类　重要的贮能供能物质，每克脂肪氧化时可释放出37kJ的能量，相当于蛋白质和碳水化合物的两倍。浮游生物中蜡是代谢燃料的储存形式，蜡还有保护功能。

(2) 结构脂类　磷脂、糖脂、硫脂、固醇类等有机物是生物体的重要成分（如生物膜系统）。

(3) 活性脂类　固醇类、萜类是一些激素和维生素等生理活性物质的前体。

(4) 脂类（糖脂）与信息识别、种特异性、组织免疫有密切的关系；与细胞信号传导有关。

五、油脂的性质

油脂比水轻，相对密度在 0.9~0.95 之间。不溶于水，易溶于乙醚、汽油、苯、石油醚、丙酮、氯仿和四氯化碳等有机溶剂。油脂没有明显的沸点和熔点，因为它们一般都是混合物。

油脂的主要化学性质如下：

1. 皂化

油脂在酸、碱或酶的催化下，易水解生成甘油和羧酸（或羧酸盐）。油脂进行碱性水解时，所生成的高级脂肪酸盐就是肥皂。因此油脂的碱性水解称为皂化。

$$\begin{array}{l}CH_2-O-CO-R\\ |\\ CH-O-CO-R'\\ |\\ CH_2-O-CO-R''\end{array} + 3NaOH \longrightarrow \begin{array}{l}CH_2-OH\\ |\\ CH-OH\\ |\\ CH_2-OH\end{array} + \begin{array}{l}R-COONa\\ R'-COONa\\ R''-COONa\end{array}$$

甘油　　　肥皂

例如：

$$\begin{array}{l}CH_2-O-CO-C_{17}H_{33}\\ |\\ CH-O-CO-C_{15}H_{31}\\ |\\ CH_2-O-CO-C_{17}H_{35}\end{array} + 3NaOH \xrightarrow[\triangle]{皂化} \begin{array}{l}CH_2-OH\\ |\\ CH-OH\\ |\\ CH_2-OH\end{array} + \begin{array}{l}C_{17}H_{33}COONa(油酸钠)\\ C_{15}H_{31}COONa(棕榈酸钠)\\ C_{17}H_{35}COONa(硬脂酸钠)\end{array}$$

甘油　　　肥皂

工业上把水解 1g 油脂所需要的氢氧化钾的质量（以 mg 计）称为皂化值。各种油脂的成分不同，皂化时需要碱的量也不同，油脂的平均相对分子质量越大，单位质量油脂中含甘油酯的物质的量就越少，皂化时所需碱的量也越小，即皂化值越小。反之，皂化值越大，表示脂肪酸的平均相对分子质量越小。常见油脂的皂化值见表 8-3。

表 8-3　　　　　　　　　一些常见油脂的组成及皂化值、碘值

油脂名称	皂化值	碘值	脂肪酸组成/%					其他成分
			肉豆蔻酸	棕榈酸	硬脂酸	油酸	亚油酸	
椰子油	250~260	8~10	17~20	4~10	1~5	2~10	0~2	
奶油	216~235	26~45	7~9	23~26	10~13	30~40	4~5	
牛油	190~200	31~47	2~3	24~32	14~32	35~48	2~4	
蓖麻油	176~187	81~90		0~1		0~9	3~4	蓖麻油酸80~92
花生油	185~195	83~93		6~9	2~6	50~70	13~26	
棉籽油	191~196	103~115	0~2	19~24	1~2	23~33	40~48	
豆油	189~194	124~136	0~1	6~10	2~4	21~29	50~59	
亚麻油	189~196	170~204		4~7	2~4	9~38	3~43	亚麻油酸25~58
桐油	189~195	160~170				4~10	0~1	桐油酸74~91

2. 加成

油脂的羧酸部分有的含有不饱和键，可发生加成反应。

①氢化：含有不饱和脂肪酸的油脂，在催化剂（如 Ni）作用下可以加氢，称为油脂的氢化。因为通过加氢后所得产物是由液态转化为固态的脂肪，所以这种氢化通常又称为油的硬化。油脂硬化在工业上有广泛用途，如制肥皂、贮存、运输等都以固态或半固态的脂肪为好。

②加碘：利用油脂与碘的加成，可判断油脂的不饱和程度。工业上把100g 油脂所能吸收碘的质量（以 g 计），称为碘值。碘值越大，表示油脂的不饱和程度越大；反之，表示油脂的不饱和程度越小。一些常见油脂的碘值见表8-3。

3. 酸败和干化

油脂在空气中放置过久，逐渐变质，会产生异味、异臭，这种变化称为酸败。酸败的原因是由于空气中氧、水或细菌的作用，使油脂氧化和水解而生成具有臭味的低级醛、酮、羧酸等。酸败产物有毒性或刺激性，所以药典规定药用的油脂都应没有异臭和酸败味。在有水、光、热及微生物的条件下，油脂容易酸败。因此，在贮存油脂时，应保存在干燥、不见光的密封容器中。

一些油在空气中放置可生成一层具有弹性而坚硬的固体薄膜，这种现象称为油脂的干化。我国富产的桐油中的桐油酸，把它刷在一个平面上和空气接触时，就逐渐变为一层干硬而有韧性的膜。这种干化过程目前还不十分清楚，可能是一系列氧化聚合过程的结果。

根据各种油干化程度的不同，可将油脂分为干性油（桐油、亚麻油）、半干

性油（向日葵油、棉籽油）及不干性油（花生油、蓖麻油）三类。经油脂分析：

  干性油   碘值大于130
  半干性油   碘值为 100～130
  不干性油   碘值小于100

4. 酸值

  油脂酸败后有游离脂肪酸产生，油脂中游离的脂肪酸含量，可以用氢氧化钾中和来测定。中和1g油脂中游离的脂肪酸所用氢氧化钾的质量（以 mg 计），称为酸值。酸值是油脂中游离的脂肪酸的量度标准，酸值越小，油脂则越新鲜。一般情况下，酸值超过6的油就不宜食用。

第二节 脂类代谢

一、机体内脂肪的消化吸收

  食物中的脂肪在小肠中由胆汁酸乳化成颗粒分散在水中，在脂肪酶作用下逐步水解为游离脂肪酸和甘油。甘油和游离脂肪酸可被吸收，进入肝脏进一步代谢。

  脂肪的降解是经过脂肪酶水解的。组织中有三种脂肪酶，逐步把脂肪水解成甘油和脂肪酸。这三种酶是脂肪酶、甘油二酯脂肪酶、甘油单酯脂肪酶，其水解过程如下：

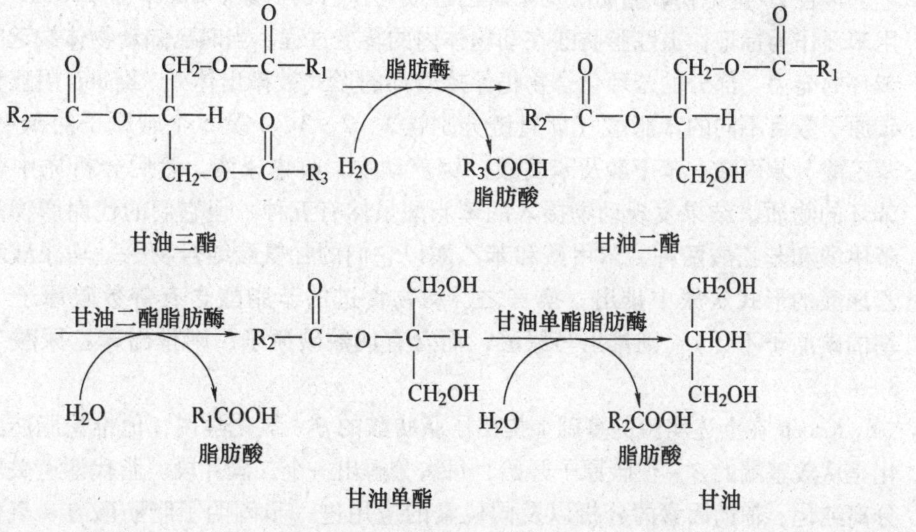

$$\text{甘油三酯} \xrightarrow[H_2O]{\text{脂肪酶}} \text{甘油二酯} + R_3COOH\,(\text{脂肪酸})$$

$$\text{甘油二酯} \xrightarrow[H_2O]{\text{甘油二酯脂肪酶}} \text{甘油单酯} + R_1COOH\,(\text{脂肪酸}) \xrightarrow[H_2O]{\text{甘油单酯脂肪酶}} \text{甘油} + R_2COOH\,(\text{脂肪酸})$$

二、甘油的降解及转化

  甘油经下列途径和相应的酶催化，形成糖酵解中间产物——磷酸二羟丙酮。反应如下：

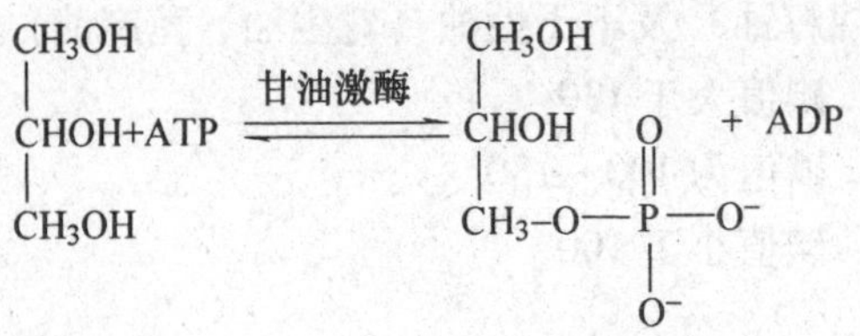

$$\begin{array}{c}CH_2OH\\|\\CHOH\\|\\CH_2OH\end{array} + ATP \xrightleftharpoons{\text{甘油激酶}} \begin{array}{c}CH_2OH\\|\\CHOH\quad O\\|\quad\;\;\|\\CH_2-O-P-O^-\\|\\O^-\end{array} + ADP$$

甘油   3-磷酸甘油

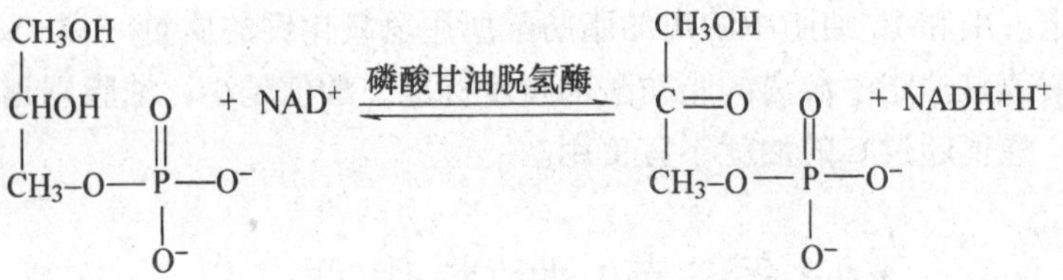

$$\begin{array}{c}CH_2OH\\|\\CHOH\quad O\\|\quad\;\;\|\\CH_2-O-P-O^-\\|\\O^-\end{array} + NAD^+ \xrightleftharpoons{\text{磷酸甘油脱氢酶}} \begin{array}{c}CH_2OH\\|\\C=O\quad O\\|\quad\;\;\|\\CH_2-O-P-O^-\\|\\O^-\end{array} + NADH+H^+$$

磷酸二羟丙酮

生成的磷酸二羟丙酮可经糖酵解途径继续分解氧化生成丙酮酸，进入三羧酸循环途径彻底氧化，也可经糖异生途径最后生成葡萄糖，还可重新转变为3-磷酸甘油，作为体内脂肪和磷脂等的合成原料。

三、脂肪酸的 β - 氧化分解

细胞中的脂肪酸除了一少部分重新合成脂肪作为贮脂外，大部分氧化供能以满足体内能量之需。

早在20世纪初，脂肪酸的降解已经成为探讨的对象。Knoop于1904年开始用苯环作为标记，追踪脂肪酸在动物体内的转变过程。当时已知动物体缺乏降解苯环的能力，部分的苯环化合物仍保持着环的形式被排出体外。Knoop用五种含碳原子数目不同的苯脂酸（即直链分别含1、2、3、4及5个碳原子的苯甲酸、苯乙酸、苯丙酸、苯丁酸及苯戊酸）饲养动物，收集尿液，然后分析尿中带有苯环的物质。结果发现动物摄入的苯脂酸虽然有五种，但它们的代谢产物只有苯甲酸和苯乙酸两种，苯甲酸和苯乙酸以它们的甘氨酸结合物——马尿酸和苯乙尿酸的形式从尿中排出。换言之，动物食进的苯脂酸含有奇数碳原子（苯基的碳原子不计），则排出马尿酸，而含有偶数碳原子，则排出苯乙尿酸（表8-4）。

Knoop在上述实验的基础上提出了脂肪酸的 β - 氧化学说，他推论脂肪酸氧化是从羧基端的 β - 位碳原子开始，每次分解出一个二碳片段。脂代谢有关酶的分离纯化、辅助因素的分析以及同位素的应用进一步阐明了脂肪酸 β - 氧化机制。脂肪酸氧化的步骤如下：

（1）脂肪酸的活化 脂肪酸在细胞质中首先被活化，然后再进入线粒体内氧化。活化过程实际上就是把脂肪酸转变为脂酰辅酶A。在细胞内有两类活化脂肪酸的酶：①内质网脂酰辅酶A合成酶，也称硫激酶，可活化12个碳原子以上

表 8-4 苯基脂肪酸氧化实验

给予的化合物	中间产物	尿中排泄物
⬡—COOH 苯甲酸		⬡—CONHCH₂COOH 马尿酸
⬡—CH₂COOH 苯乙酸		⬡—CH₂CONHCH₂COOH 苯乙尿酸
⬡—CH₂CH₂COOH 苯丙酸	⬡—COOH 苯甲酸	⬡—CONHCH₂COOH 马尿酸
⬡—CH₂CH₂CH₂COOH 苯丁酸	⬡—CH₂COOH 苯乙酸	⬡—CH₂CONHCH₂COOH 苯乙尿酸
⬡—CH₂CH₂CH₂CH₂COOH 苯戊酸	⬡—CH₂CH₂COOH 苯丙酸 → ⬡—COOH 苯甲酸	⬡—CONHCH₂COOH 马尿酸

的长链脂肪酸；②线粒体脂酰辅酶 A 合成酶，可活化具有 4～10 个碳原子的中链或短链脂肪酸。催化的反应需 ATP 参加，总反应式是：

$$R-\overset{O}{\underset{\|}{C}}-O^- + ATP + HS-CoA \xrightleftharpoons[Mg^{2+}]{} R-\overset{O}{\underset{\|}{C}}-SCoA + PPi + AMP$$

该反应实际分两步进行：首先脂肪酸的羧基与腺苷酸的磷酸基连在一起形成脂酰腺苷酸和焦磷酸，然后脂酰腺苷酸再与辅酶 A 化合生成脂酰辅酶 A 和 AMP。

$$RCOOH + ATP \rightleftharpoons R-\overset{O}{\underset{\|}{C}}-AMP + PPi$$

$$R-\overset{O}{\underset{\|}{\underset{OH}{C}}}-AMP + HS-CoA \rightleftharpoons R-\overset{O}{\underset{\|}{C}}\sim SCoA + AMP$$

形成一个高能硫酯键需消耗两个高能磷酸键，反应平衡常数几乎等于 1。但由于机体内有焦磷酸酶可迅速水解反应生成的焦磷酸，成为水和无机磷，保证反应自左向右几乎不可逆地进行。

(2) 脂酰辅酶 A 向线粒体基质转移　脂肪酸的 β-氧化酶系都存在于线粒体中。在线粒体外合成的脂酰辅酶 A，中、短碳链的可以直接穿过线粒体膜进入线粒体基质中，而长碳链的不能穿过线粒体膜。最近发现肉碱（肉毒碱）是一种载体，可将脂肪酸以脂酰基形式从线粒体膜外转运到膜内。

肉碱即 L-β-羟基-γ 三甲铵丁酸，是一个由赖氨酸衍生而成的兼性化合物。它在线粒体膜外侧与脂酰辅酶 A 结合生成脂酰肉碱，催化该反应的酶为肉碱脂酰转移酶 I。反应如下：

$$\underset{\text{肉碱}}{CH_3-\overset{CH_3}{\underset{CH_3}{N^+}}-CH_2-\underset{OH}{CH}-CH_2-\overset{O}{\underset{}{C}}-O^-} + R-\overset{O}{\underset{}{C}}-SCoA$$

$$\rightleftarrows \text{脂酰CoA}$$

$$\underset{\text{脂酰肉碱}}{CH_3-\overset{CH_3}{\underset{CH_3}{N^+}}-CH_2-\underset{\underset{R}{O-C=O}}{CH}-CH_2-\overset{O}{\underset{}{C}}-O^-} + \underset{\text{辅酶A}}{HS-CoA}$$

脂酰肉碱通过线粒体内膜的移位酶穿过内膜，脂酰基与线粒体基质中的辅酶A结合，重新产生脂酰辅酶A，释放肉碱。线粒体内膜内侧的肉碱转移酶Ⅱ催化此反应。最后肉碱经移位酶协助又回到细胞质中，如图8-4所示。

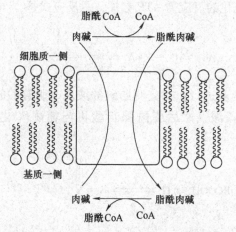

图8-4 线粒体膜内外脂肪酸的转运机制

(3) 脂肪酸 β-氧化作用的步骤　脂酰辅酶A在线粒体基质中进行 β-氧化作用。β-氧化作用是脂肪酸在一系列酶的作用下，在 α-碳原子和 β-碳原子之间断裂，β-碳原子氧化成羧基，生成含2个碳原子的乙酰辅酶A和较原来少2个碳原子的脂肪酸。β-氧化作用包括四个循环的步骤：

①脂酰辅酶A的 α-β 脱氢：脂酰辅酶A在脂酰辅酶A脱氢酶的催化下，在 α 与 β 碳位之间脱氢，形成反式双键的脂酰辅酶A，即 α,β-反式烯脂酰CoA（Δ^2 反式烯脂酰辅酶A）。

$$\underset{\text{脂酰CoA}}{R-CH_2-CH_2-CH_2-\overset{O}{\underset{}{C}}-SCoA} \xrightarrow{FAD \quad FADH_2} \underset{\alpha,\beta\text{-反式烯脂酰CoA}}{R-CH_2-\underset{H}{\overset{H}{C}}=C-\overset{O}{\underset{}{C}}-SCoA}$$

在线粒体中已找到三种脂酰 CoA 脱氢酶，它们都是以 FAD 为辅基，作为氢的载体，只是分别特异催化链长为 $C_4 \sim C_6$，$C_6 \sim C_{14}$，$C_6 \sim C_{18}$ 的脂酰辅酶 A。

②Δ^2 反式烯脂酰辅酶 A 的水化：在烯脂酰辅酶 A 水化酶的催化下，反式烯脂酰辅酶 A 的双键上加 1 分子水形成 L（+）β - 羟脂酰辅酶 A。

$$R-\underset{H}{\overset{H}{C}}=\underset{H}{\overset{O}{C}}-\overset{O}{C}-SCoA \xrightleftharpoons[-H_2O]{+H_2O} R-\underset{H}{\overset{OH}{C}}-\underset{H}{\overset{H}{C}}-\overset{O}{C}-SCoA$$

Δ^2 反式烯脂酰CoA　　　　　　　　　L(+)β-羟脂酰CoA

③L（+）β - 羟脂酰辅酶 A 的脱氢：经 L（+）β - 羟脂酰辅酶 A 脱氢酶催化，在 L（+）β - 羟脂酰辅酶 A 的 C_3 的羟基上脱氢氧化成 β - 酮脂酰辅酶 A。此酶以 NAD^+ 为辅酶。该酶虽然对底物链长短无专一性，但有明显的立体特异性，只对 L - 型异构体的底物有活性。不能作用于 D - 型底物。

$$R-\underset{H}{\overset{OH}{C}}-\underset{H}{\overset{H}{C}}-\overset{O}{C}-SCoA \xrightleftharpoons[]{NAD^+ \quad NADH+H^+} R-\overset{O}{C}-CH_2-\overset{O}{C}-SCoA$$

L(+)β-羟脂酰CoA　　　　　　　　　　　β-酮脂酰CoA

④β - 酮脂酰辅酶 A 的硫解：在硫解酶即酮脂酰硫解酶催化下，β - 酮脂酰辅酶 A 被第二个辅酶 A 分子硫解，产生乙酰辅酶 A 和比原来少两个碳原子的脂酰辅酶 A。

$$R-\overset{O}{C}-CH_2-\overset{O}{C}-SCoA + HS-CoA \rightleftharpoons RH_2C-\overset{O}{C}-SCoA + H_3C-\overset{O}{C}-SCoA$$

β-酮脂酰CoA　　　　　　　　　　　　　　　　　　　　乙酰CoA

虽然 β - 氧化作用中四个步骤都是可逆反应，但由于硫解酶催化的硫解反应是高度放能反应，$\Delta G^{0\prime} = -28.03 \mathrm{kJ/mol}$。整个反应平衡点偏向于裂解方向，难以进行逆向反应。所以脂肪酸氧化得以继续进行。

综上所述，脂肪酸 β - 氧化作用有四个要点：①脂肪酸仅需一次活化，其代价是消耗 1 个 ATP 分子的两个高能键，其活化酶在线粒体外；②在线粒体外活化的长链脂酰 CoA 需经肉碱携带进入线粒体；③所有脂肪酸 β - 氧化的酶都是线粒体酶；④β - 氧化过程包括脱氢、水化、再脱氢、硫解四个重复步骤。最终 1 分子脂肪酸变成许多分子乙酰 CoA。生成的乙酰 CoA 可以进入三羧酸循环，氧

化成 CO_2 及 H_2O，也可以参加其他合成代谢。

尽管 β - 氧化是脂肪酸分解代谢的最重要而且比例最大的途径，但某些脂肪酸还会发生 α - 氧化，对人类健康也是必不可少的。此外，在鼠肝微粒体中还观察到一种较为少见的脂肪酸氧化途径：ω - 氧化。

四、乙醛酸循环

许多植物、微生物中存在着一个类似于三羧酸循环的乙醛酸循环，这种循环可以看作是三羧酸循环的支路，它绕过三羧酸循环的两个脱羧反应，因此不生成 CO_2。这一过程有两种关键性的酶：

（1）异柠檬酸裂解酶将异柠檬酸分裂为琥珀酸和乙醛酸：

$$\begin{array}{c} H_2C-COOH \\ HC-COOH \\ HOCH-COOH \end{array} \longrightarrow \begin{array}{c} CH_2-COOH \\ CH_2-COOH \end{array} + \begin{array}{c} O \\ \| \\ HC-COOH \end{array}$$

异柠檬酸　　　　　琥珀酸　　　乙醛酸

（2）苹果酸合成酶，将乙醛酸与乙酰CoA结合成苹果酸：

$$CH_3-CSCoA + HC-COOH \xrightarrow{H_2O} \begin{array}{c} CH_2-COOH \\ HOCH-COOH \end{array} + CoA-SH$$

乙酰CoA　　乙醛酸　　　　　　L-苹果酸

苹果酸脱氢转变为草酰乙酸后，再与乙酰辅酶A结合为柠檬酸，后者再转变为异柠檬酸，于是构成一个循环反应（图8-5），这个循环反应有三个反应步骤与三羧酸循环相同，其总结果是由两个乙酰辅酶A生成1分子琥珀酸：

$$2 乙酰 CoA + NAD^+ \longrightarrow 琥珀酸 + 2CoA + NADH + H^+$$

这样，通过一次乙醛酸循环，便有1分子的琥珀酸节余下来。琥珀酸以后进入线粒体，可以解决因合成细胞物质而使三羧酸循环中间物减少的问题。乙醛酸循环的另一个显著的生物学意义是在某些植物的组织中（如含油量丰富的植物种子），开辟了一条由脂肪酸转变成糖以及合成细胞物质的途径。如果没有乙醛酸循环，脂肪酸经 β - 氧化产生乙酰辅酶A进入三羧酸循环后就会被完全氧化，要想合成糖则是不可能的。但有了乙醛酸循环，就可以升高三羧酸循环中间物的浓度，为合成糖和其他物质提供前体物（如草酰乙酸沿糖异生途径合成糖，草酰乙酸和 α - 酮戊二酸经转氨作用生成氨基酸）。油料作物的种子在发芽时乙醛酸循环是很活跃的。在动物体内，因不存在乙醛酸循环，是不能将脂肪酸转变成糖的。

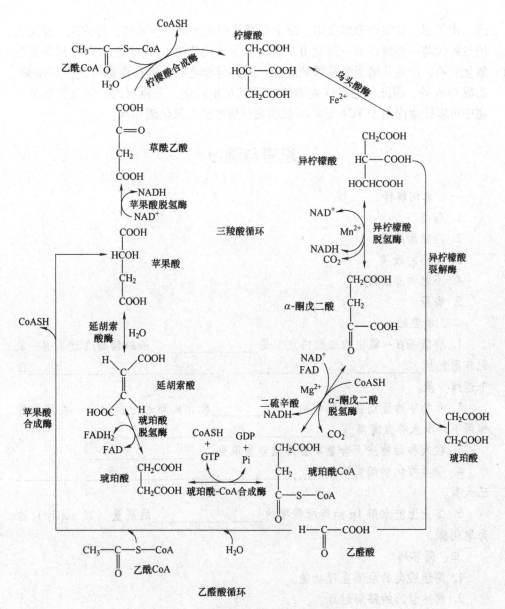

图 8-5 乙醛酸循环与三羧酸循环的关系

小　结

　　脂类是一类低溶于水而高溶于非极性溶剂的生物有机分子。按其化学组成，脂类可分为单纯脂类、复合脂类和衍生脂类，常见的脂类有油脂、磷脂、胆固醇等。脂类的化学组成是多种多样的，主要组成成分包括甘油和脂肪酸。

　　生物体内，油脂首先在小肠中由胆汁酸乳化成颗粒分散于水中，在脂肪酶作用下逐步水解为游离脂肪酸和甘油。然后甘油和游离脂肪酸可被吸收，进入肝脏进一步代谢。甘油经分解代谢，形成糖酵解中间产物——磷酸二羟丙酮。脂肪酸的分解代谢主要通过 β - 氧化方式进行，生成的乙酰 CoA 可经过 TCA 循环彻底氧化分解，产生几倍于葡萄糖的能量。脂类与糖类的分解代谢都可产生丙酮酸、乙酰 CoA 等，因此，它们在生物体内可以互相转化，互相制约，并且在有氧代谢中可以殊途同归于 TCA 循环而被彻底分解生成二氧化碳和水。

思考与练习

一、名词解释

1. 脂类
2. 必需脂肪酸
3. 油脂的酸值
4. 不饱和脂肪酸
5. 磷脂

二、填空题

1. 脂酰基 β - 氧化的细胞内定位是_____。脂酰辅酶 A 进行 β - 氧化作用包括_____、_____、_____、_____四个连续步骤。

2. 食物中的脂肪在小肠中由_____乳化成颗粒分散水中，在脂肪酶作用下逐步水解为游离_____和_____。

3. 在人和动物皮下含量丰富的储能物质是_____。

4. 脂类按化学组成可分为_____、_____和_____三大类。

5. 工业上把水解 1g 油脂所需要的_____的质量（以 mg 计）称为皂化值。

三、简答题

1. 简述脂类的主要生理功能。
2. 简述甘油的降解过程。
3. 简述脂肪酸的 β - 氧化分解过程。

四、思考题

为什么等量的脂肪比糖类含能量多，却不是生物体利用的主要能源物质？你能通过查找资料回答这个问题吗？

第九章　氨基酸代谢与氨基酸发酵

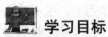 **学习目标**

1. 掌握氨基酸分解代谢途径及分解产物的代谢。
2. 了解氨基酸的合成代谢。
3. 理解氨基酸代谢、糖代谢和脂类代谢之间的关系。

 科学史话

　　早在19世纪初，人们已经认识到，证明一种物质的分子结构最直接的方法，是在实验室中直接合成这种分子。19世纪中叶，科学家陆续用无机物合成了一些有机物，但是还不能合成蛋白质。1886年，俄国一位科学家尝试用氨基酸"装配"蛋白质。他先将蛋白质分解，把得到的氨基酸放进试管里，加进一些促进蛋白质合成的物质。过一段时间后，试管里出现了乳白色的沉淀物。当时整个科学界轰动了，以为找到了人工合成蛋白质的方法，实际上这些沉淀物只是一些氨基酸分子随机连接形成的多肽。

　　在探索过程中，科学家逐渐认识到，想要快速、准确地合成蛋白质，首先要弄清蛋白质中氨基酸的排列顺序。英国科学家桑格经过10年的努力，终于在1953年测得了牛胰岛素全部氨基酸的排列顺序。

　　20世纪初人们就发现胰岛素能治疗糖尿病。但由于胰岛素在牛、羊等动物体内含量很少，很难通过提取来大量制备，因此，人们梦想着有一天能用人工方法来合成胰岛素。

　　1958年，我国科学家提出人工合成胰岛素。当时国际上最高的科研水平，也只能合成由19个氨基酸组成的多肽。胰岛素虽然是相对分子质量较小的蛋白质，但是也由17种、51个氨基酸、两条多肽链组成。这项艰巨的任务由北京和上海两地的科研小组共同承担。经过集体研究，科研人员决定先把天然胰岛素的两条链拆开，摸索将两条链合在一起的方法。然后再分别合成两条链，最后将两条人工链合在一起。经过6年零9个月的不懈努力，我国科学家终于在1965年完成了结晶牛胰岛素的全部合成，更令人振奋的是，合成的胰岛素具有与天然胰岛素一样的生物活性。中国科学家依靠集体的智慧和力量，摘取了第一项人工合成蛋白质的桂冠。

第一节 概 述

蛋白质是生命活动的基础，氨基酸是构成蛋白质分子的基本单位。食物蛋白质经过消化吸收后，以氨基酸的形式通过血液循环运到全身的各组织。这种来源的氨基酸称为外源性氨基酸。机体各组织的蛋白质在组织酶的作用下，也不断地分解成为氨基酸；机体还能合成部分氨基酸（非必需氨基酸）；这两种来源的氨基酸称为内源性氨基酸。外源性氨基酸和内源性氨基酸彼此之间没有区别，共同构成了机体的氨基酸代谢库。

体内的大多数蛋白质均不断地进行分解与合成代谢，细胞中不停地利用氨基酸合成蛋白质和分解蛋白质成为氨基酸。体内的这种转换过程一方面可清除异常蛋白质，这些异常蛋白质的积聚会损伤细胞。另一方面使酶或调节蛋白的活性由合成和分解得到调节，进而调节细胞代谢。

无论是机体各组织的蛋白质，还是摄入食物的蛋白质，其在体内的分解代谢，首先是在酶的催化下水解为氨基酸，而后各氨基酸进行分解代谢，或转变为其他物质、或参与新的蛋白质的合成。因此氨基酸代谢是蛋白质代谢的中心内容。氨基酸在体内代谢的基本情况概括如图9-1所示。各种氨基酸具有共同的结构特点，故有共同的代谢途径，但不同的氨基酸由于结构的差异也有不同的代谢方式。

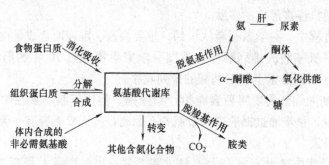

图9-1 氨基酸代谢概况

各组织器官在氨基酸代谢上的作用有所不同，其中以肝脏最为重要。肝脏蛋白质的更新速度比较快，氨基酸代谢活跃，大部分氨基酸在肝脏进行分解代谢，同时氨的解毒过程主要也在肝脏进行。食物中蛋白质的含量会影响氨基酸的代谢速率，高蛋白饮食可诱导合成与氨基酸代谢有关的酶系，从而使代谢加快。

第二节 氨基酸的分解代谢

天然氨基酸分子都含有 α - 氨基和羧基，因此，氨基酸在体内的分解代谢实际上就是氨基、羧基和 R-基团的代谢。氨基酸分解代谢的主要途径是脱氨基生成氨和相应的 α-酮酸；氨基酸的另一条分解途径是脱羧基生成 CO_2 和胺。胺在体内可经胺氧化酶作用，进一步分解生成氨和相应的醛和酸。氨对人体来说是有毒的物质，氨在体内主要合成尿素排出体外，还可以合成其他含氮物质（包括非必需氨基酸、谷氨酰胺等），少量的氨可直接经尿排出。R-基团部分生成的酮酸可进一步氧化分解生成 CO_2 和水，并提供能量，也可经一定的代谢反应转变生成糖或脂在体内贮存。由于不同的氨基酸结构不同，因此它们的代谢也有各自的特点。

氨基酸的共同代谢包括脱氨基作用和脱羧基作用两个方面。

$$R-\underset{\underset{NH_3^+}{|}}{\overset{\overset{H}{|}}{C}}-COO^- \begin{array}{c} \xrightarrow{\text{脱氨基作用}} R-CO-COO^- + NH_4^+ \quad (\alpha\text{-酮酸}) \\ \xrightarrow{\text{脱羧基作用}} R-CH_2-NH_2 + CO_2 \quad (\text{胺}) \end{array}$$

（一）脱氨基作用

氨基酸经酶促脱去氨基的过程称为脱氨基作用。氨基酸脱氨基作用是氨基酸分解代谢的最主要反应，体内大多数组织细胞均可进行。脱氨基作用包括：氧化脱氨基作用，转氨基作用、联合脱氨基作用和非氧化脱氨基作用，其中联合脱氨基作用是氨基酸脱氨基的主要方式。氨基酸脱氨基的产物为 α-酮酸和氨。

1. 氧化脱氨基作用

氧化脱氨基作用是指在酶的催化下氨基酸在氧化脱氢的同时脱去氨基的过程。催化氨基酸氧化脱氨的酶有两类：氨基酸氧化酶类和氨基酸脱氢酶类。

（1）氨基酸氧化酶　氨基酸氧化酶为黄素蛋白，是需氧脱氢酶类，以 FMN 或 FAD 为辅基。催化脱下的氢直接与分子氧结合，生成过氧化氢，其反应如下：

$$R-\underset{\underset{NH_3^+}{|}}{CH}-COO^- \xrightarrow[H_2O+O_2 \quad H_2O_2]{\text{氨基酸氧化酶(FAD、FMN)}} R-\underset{\overset{\|}{O}}{C}-COO^- + NH_3$$

α-氨基酸　　　　　　　　　　　　　　　　　　α-酮酸

该酶活性不高，在各组织器官中分布局限，因此在动物体内此作用不大。

（2）氨基酸脱氢酶　氨基酸脱氢酶是不需要氧的脱氢酶类，以 NAD^+ 或 $NADP^+$ 为受氢体，脱下的氢不直接交给氧，而是经电子传递链产生 H_2O 和 ATP。氨基酸脱氢酶虽种类很多，但最主要的是 L-谷氨酸脱氢酶，该酶分布很广，在动、植物和微生物中都存在。其催化反应为：

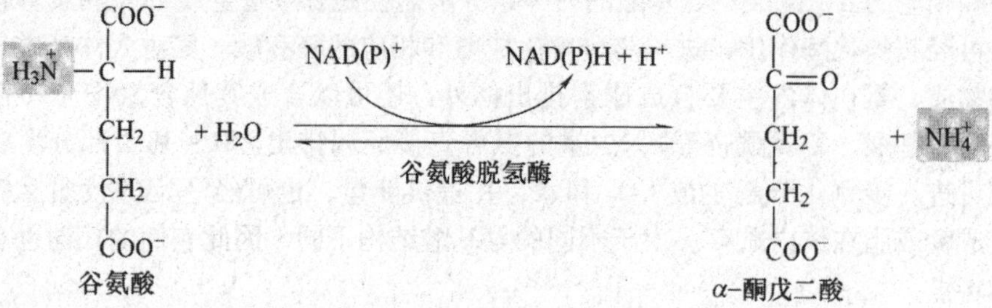

$$\text{谷氨酸} \begin{array}{c} COO^- \\ | \\ H_3\overset{+}{N}-C-H \\ | \\ CH_2 \\ | \\ CH_2 \\ | \\ COO^- \end{array} + H_2O \underset{\text{谷氨酸脱氢酶}}{\overset{NAD(P)^+ \quad NAD(P)H + H^+}{\rightleftharpoons}} \begin{array}{c} COO^- \\ | \\ C=O \\ | \\ CH_2 \\ | \\ CH_2 \\ | \\ COO^- \end{array} + NH_4^+ \quad \text{α-酮戊二酸}$$

反应产生的α-酮戊二酸则进入三羧酸循环，被氧化分解，所以反应很容易向谷氨酸氧化脱羧的方向进行，但在体内，谷氨酸脱氢酶催化反应是可逆的。一般情况下偏向于谷氨酸的合成，但高浓度氨对机体有害，此反应平衡点有助于保持较低的氨浓度。

2. 转氨基作用

转氨基作用又称氨基酸转移作用，是α-氨基酸和α-酮酸之间氨基的转移作用，α-氨基酸的α-氨基借助转氨酶的催化作用转移到α-酮酸的酮基上，结果原来的氨基酸生成相应的α-酮酸，而原来的α-酮酸则形成相应的α-氨基酸。

$$\begin{array}{c} R_1 \\ | \\ H-C-NH_2 \\ | \\ COOH \end{array} + \begin{array}{c} R_2 \\ | \\ C=O \\ | \\ COOH \end{array} \underset{\text{转氨酶}}{\rightleftharpoons} \begin{array}{c} R_1 \\ | \\ C=O \\ | \\ COOH \end{array} + \begin{array}{c} R_2 \\ | \\ H-C-NH_2 \\ | \\ COOH \end{array}$$

转氨酶催化的反应是可逆的，转氨作用不仅参与氨基酸分解代谢，而且也参与氨基酸合成代谢。转氨基作用具有十分重要的生理意义，通过转氨基作用可以调节体内非必需氨基酸的种类和数量，以满足体内蛋白质合成时对非必需氨基酸的需求。转氨基作用还是联合脱氨基作用的重要组成部分，从而加速了体内氨的转变和运输，沟通了机体的糖代谢、脂代谢和氨基酸代谢的互相联系。

转氨酶的种类很多，在动、植物组织和微生物中分布也很广，而且在真核生物细胞胞液和线粒体内都可进行转氨基作用，因此氨基酸的转氨基作用在生物体内是极为普遍的。实验证明，大多数α-氨基酸都可参加转氨基作用，并且各有其特异的转氨酶。体内较为重要的转氨酶有：

（1）谷丙转氨酶（GPT），又称丙氨酸氨基转移酶（ALT）。催化丙氨酸与α-酮戊二酸之间的氨基移换反应，为可逆反应。该酶在肝脏中活性较高，在肝脏疾病时，可引起血清中谷丙转氨酶活性明显升高。

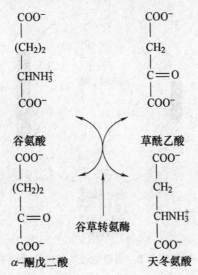

（2）谷草转氨酶（GOT），又称天冬氨酸氨基转移酶（AST）。催化天冬氨酸与α-酮戊二酸之间的氨基移换反应，为可逆反应。该酶在心肌中活性较高，故在心肌疾患时，血清中谷草转氨酶活性明显升高。

知识链接

谷丙转氨酶

谷丙转氨酶主要存在于肝细胞浆内，其细胞内浓度高于血清中1000～3000倍。只要有1%的肝细胞坏死，就可以使血清酶增高一倍。因此，谷丙转氨酶被世界卫生组织推荐为肝功能损害最敏感的检测指标。谷丙转氨酶常常被用来确认肝脏的问题。但它并不具器官专一性，许多疾病都可以引起它的增高。明显升高见于急性病毒性肝炎,中度升高见于慢性肝炎、肝硬化活动期、肝癌、肝脓肿,心肌梗死、心肌炎、心衰等也可见轻度升高,因此对谷丙转氨酶升高的评价应密切结合临床,部分谷丙转氨酶升高与脂肪肝、饮用酒精有关。但是,谷丙转氨酶含量升高并不一定意味着病变的发生,一天内谷丙转氨酶的含量也会有正常的起伏,谷丙转氨酶含量还会由于剧烈运动而升高。

3. 联合脱氨基作用(动物组织主要采取的方式)

(1)转氨基和氧化脱氨基联合脱氨 上述转氨基作用虽然是体内普遍存在的一种脱氨基方式,但它仅仅是将氨基转移到α-酮酸分子上生成另一分子氨基酸,从整体上看,氨基并未脱去。而氧化脱氨基作用中只有L-谷氨酸脱氢酶活力高,其他氨基酸并不能直接经这一途径脱去氨基。事实上,体内绝大多数氨基酸的脱氨基作用,是上述两种方式联合的结果,即氨基酸的脱氨基既经转氨基作用,又通过L-谷氨酸氧化脱氨基作用,是转氨基作用和谷氨酸氧化脱氨基作用偶联的过程,这种方式称为联合脱氨基作用(图9-2)。这是体内主要的脱氨基方式,该反应可逆,也是体内合成非必需氨基酸的重要途径。

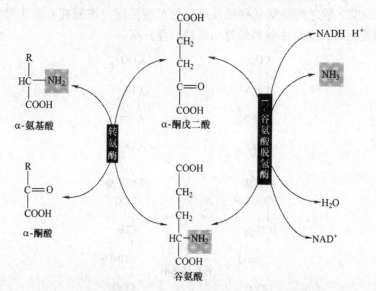

图9-2 转氨酶与L-谷氨酸脱氢酶的联合脱氨基作用

(2)以嘌呤核苷酸循环的方式进行联合脱氨 肌肉组织中L-谷氨酸脱氢酶活性不高,难以进行上述联合脱氨基作用,在肌肉中氨基酸是通过嘌呤核苷酸循环脱去氨基的。反应如图9-3所示。

目前认为嘌呤核苷酸循环是骨骼肌和心肌中氨基酸脱氨的主要方式。这种形式的联合脱氨是不可逆的,因而不能通过其逆过程合成非必需氨基酸。这一代谢途径不仅把氨基酸代谢与糖代谢、脂代谢联系起来,而且也把氨基酸代谢与核苷酸代谢联系起来。

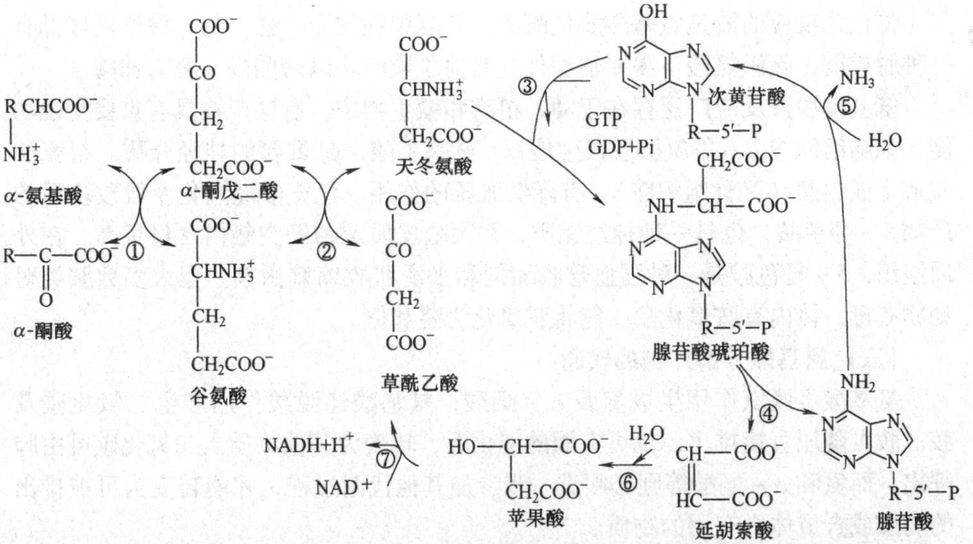

图 9-3 嘌呤核苷酸循环

图中：①转氨酶；②谷草转氨酶；③腺苷酸琥珀酸合成酶；④腺苷酸琥珀酸裂解酶；
⑤腺苷酸脱氨酶；⑥延胡索酸酶；⑦苹果酸脱氢酶

4. 非氧化脱氨基作用

许多微生物能够进行非氧化脱氨基作用，动物体内不普遍，作用方式主要有以下几种：

(1) 还原脱氨基反应　在无氧条件下，一些含有氢化酶的专性厌氧菌和一些兼性微生物能利用还原脱氨基反应使氨基酸加氢脱氨，生成饱和脂肪酸和氨。如大肠杆菌的氢化酶对甘氨酸进行还原脱氨，生成乙酸。

(2) 直接脱氨基反应　氨基酸直接脱氨生成不饱和脂肪酸。如天冬氨酸酶对天冬氨酸直接脱氨生成延胡索酸和氨。

(3) 脱水脱氨基作用　含羟基的氨基酸，如丝氨酸和苏氨酸在脱水酶作用下，在脱水过程中脱氨，并进行分子重排，然后自发水解成相应的酮酸。

(4) 脱硫基脱氨基反应　含硫基的氨基酸如半胱氨酸，在氨基酸脱硫基酶催化下，脱去 H_2S，形成相应的酮酸。其过程与脱水脱氨基相似。

(二) 脱羧基作用

氨基酸脱羧基作用是氨基酸分解代谢的另一共同途径。氨基酸在氨基酸脱羧酶催化下进行脱羧作用，生成二氧化碳和一个伯胺类化合物。

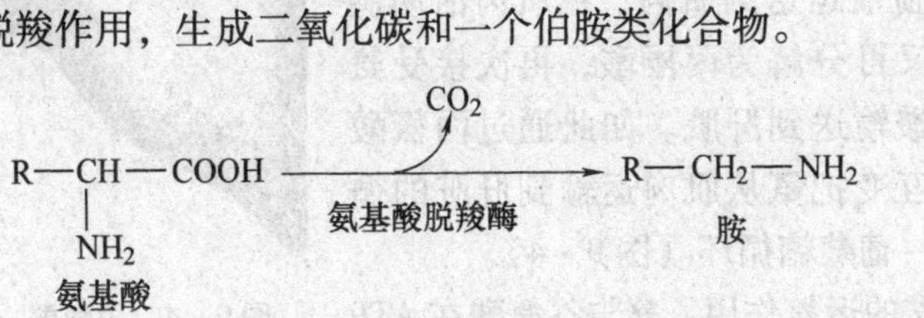

催化此反应的酶是氨基酸脱羧酶类,具有很强的专一性,每一种氨基酸都有一种脱羧酶,除组氨酸不需要辅酶外,其他脱羧酶均以磷酸吡哆醛为辅酶。

氨基酸脱羧反应广泛存在于动、植物和微生物中,有些产物具有重要生理功能,如脑组织中L-谷氨酸脱羧生成γ-氨基丁酸,是重要的神经介质。组氨酸脱羧生成组胺(又称组织胺),有降低血压的作用。色氨酸经羟化及脱羧基后的产物5-羟色胺,也是一种神经递质,在大脑皮质及神经突触内含量很高,在外周组织,5-羟色胺是一种强血管收缩剂和平滑肌收缩刺激剂。但大多数胺类对动物有毒,体内有胺氧化酶,能将胺氧化为醛和氨。

(三) 氨基酸分解产物的代谢

氨基酸经脱氨作用生成氨及α-酮酸;氨基酸经脱羧作用产生二氧化碳及胺。胺可随尿直接排出,也可在酶的催化下,转变为其他物质。二氧化碳可由肺呼出。而氨和α-酮酸等则必须进一步参加其他代谢过程,才能转变为可被排出的物质或合成体内有用的物质。

1. 氨的代谢

过量的氨对机体是有毒的,在体内不能大量积存。高等动物的脑组织对氨的作用尤为敏感,血液中1%的氨就可引起中枢神经系统中毒,因此氨的排泄是生物体维持正常生命活动所必需的。

绝大多数陆生动物将脱下的氨转变为尿素。鸟类和陆生爬行类,因体内水分有限,它们的排氨方式是形成固体尿酸的悬浮液排出体外。因此鸟类和爬虫类又称为排尿酸动物。

(1) 氨的转运 各组织中产生的氨必须以无毒形式经血液运输至肝合成尿素或以铵盐形式随尿排出。氨在血液中有两种运输形式。

丙氨酸运氨作用:主要将肌肉氨基酸脱下的氨经血液运输到肝。过程为:①肌肉中的氨基酸经转氨基作用将氨基转移给丙酮酸生成丙氨酸,经血液运输至肝;②在肝中,丙氨酸经联合脱氨基作用释放出氨,氨用于合成尿素,生成的丙酮酸则异生为葡萄糖;③葡萄糖经血液运送到肌肉,在肌肉活动供能的过程中又可分解为丙酮酸,再次接受氨基生成丙氨酸输送到肝脏。如此通过丙氨酸和葡萄糖的互变把氨从肌肉运输到肝脏的循环称丙氨酸-葡萄糖循环(图9-4)。

谷氨酰胺的运氨作用:氨与谷氨酸在ATP

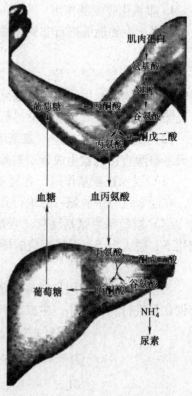

图9-4 丙氨酸-葡萄糖循环

供能和谷氨酰胺合成酶催化下合成谷氨酰胺，经血液输送到肝或肾，经谷氨酰胺酶水解为谷氨酸及氨，在肝可合成尿素，在肾则以铵盐形式由尿排出。谷氨酰胺生成的意义：①肝外组织解除氨毒；②是从脑、肌肉等组织向肝或肾运输氨的主要形式；③氨的储存形式，为某些含氮化合物的合成提供原料，如嘌呤及嘧啶的合成。

（2）氨的主要去路 氨在体内的主要去路是在肝内通过鸟氨酸循环（尿素循环）生成无毒的尿素，然后由肾排出体外（图9-5）。

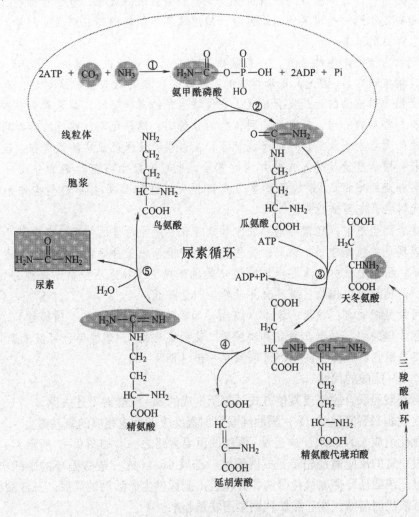

图9-5 尿素循环（鸟氨酸循环）
①氨基甲酰合成酶Ⅰ ②鸟氨酸氨甲酰转移酶 ③精氨酸代琥珀酸合成酶
④精氨酸代琥珀酸裂解酶 ⑤精氨酸酶

这样通过鸟氨酸循环不断合成尿素。在高等动物中，形成尿素后即排出体外，尿素的形成是高等动物的一种重要解毒方式。植物和微生物也能形成尿素，但其作用是贮存氮，以供给合成的需要。当体内需要氮时，尿素可经尿素酶的作用，分解成 NH_3 和 CO_2。

 知识链接

氮　肥

氮肥是含有农作物营养元素氮的化肥。元素氮对作物生长起着非常重要的作用，它是植物体内氨基酸的组成部分、是构成蛋白质的成分，也是植物进行光合作用起决定作用的叶绿素的组成部分。施用氮肥不仅能提高农产品的产量，还能提高农产品的质量。

氮素在植物体内的分布，一般集中于生命活动最活跃的部分（新叶、分生组织、繁殖器官）。因此，氮素供应的充分与否和植物氮素营养的好坏，在很大程度上影响着植物的生长发育状况。农作物生育的有些阶段，是氮素需要多、氮营养特别重要的阶段，例如禾本科作物的分蘖期、穗分化期，棉花的蕾铃期，经济作物的大量生长及经济产品形成期等。在这些阶段保证正常的氮营养，就能促进生长，增加产量。进入作物体内的氮素，也可能经由可溶性氮的分泌（如水稻叶尖分泌的叶滴），氮的挥发等方式而损失，这种损失主要发生在作物的顶部，尤其在开花至成熟期。

在实际生产中，经常会遇到农作物氮营养不足或过量的情况，氮营养不足的一般表现是：植株矮小，细弱；叶呈黄绿、黄橙等非正常绿色，基部叶片逐渐干燥枯萎；根系分枝少；禾谷类作物的分蘖显著减少，甚至不分蘖，幼穗分化差，分枝少，穗形小，作物显著早衰并早熟，产量降低。

可做氮肥的有：尿素、氨水、铵盐（如碳酸氢铵、氯化铵、硝酸铵）。一些复合肥如磷酸铵（磷酸二氢铵和磷酸氢二铵的混合物），硝酸钾也可做氮肥。

鸟氨酸循环与三羧酸循环可联系在一起（图 9 - 6）。

2. α - 酮酸的代谢

氨基酸经联合脱氨或其他方式脱氨所生成的 α - 酮酸有下述去路。

生成非必需氨基酸：α - 酮酸经联合加氨反应可生成相应的氨基酸。

氧化生成 CO_2 和水：这是 α - 酮酸的重要去路之一。如图 9 - 7 所示，α - 酮酸通过一定的反应途径先转变成丙酮酸、乙酰 CoA、或三羧酸循环的中间产物，再经过三羧酸循环彻底氧化分解，并释放出能量供生命活动的需要。三羧酸循环将氨基酸代谢与糖代谢、脂肪代谢紧密联系起来。

转变生成糖、酮体和脂：多数氨基酸能生成丙酮酸或三羧酸循环的中间产物，再经糖异生途径生成葡萄糖，这些氨基酸称为生糖氨基酸。亮氨酸能生成乙酰辅酶 A 转变为酮体，称为生酮氨基酸。少数氨基酸既能生成丙酮酸或三羧酸循环的中间产物，也能生成乙酰辅酶 A，这些氨基酸称为生糖兼生酮氨基酸。也可通过上述反应的逆过程合成营养非必需氨基酸。凡能生成乙酰辅酶 A 的氨基酸均能参与脂肪酸和脂肪的合成。各种氨基酸的碳骨架差异很大，所生成的 α -

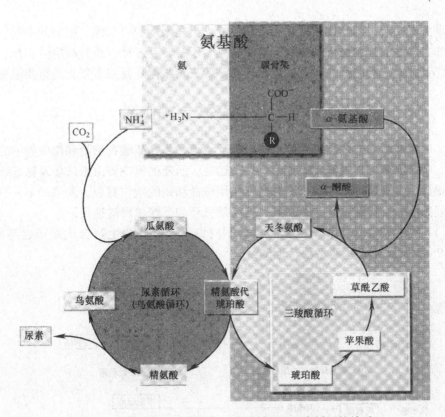

图9-6 氨基酸分解代谢与三羧酸循环和尿素循环的关系

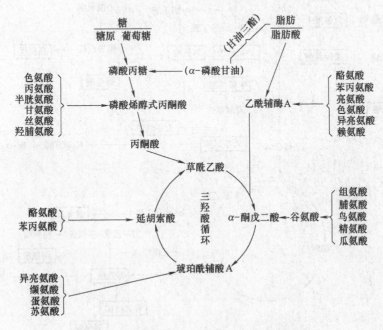

图9-7 氨基酸代谢与糖代谢、脂肪代谢的关系

酮酸各不相同，其分解代谢途径当然各异，但是最后都可与糖、脂肪的中间代谢产物尤其是三羧酸循环的中间产物相联系，于是转变成糖、脂肪或酮体。糖、脂肪、蛋白质三类物质之间可以互相转变，而三羧酸循环是三者互变的重要枢纽。

第三节　氨基酸合成代谢

一般非必需氨基酸的生物合成，以及人体必需氨基酸在植物和微生物中的合成，都有氨基化作用和转氨作用等共同途径。所需的氨主要由蛋白质及氨基酸分解提供，大多数的微生物和植物也可利用铵盐和硝酸盐作氮源。所需的α-酮酸主要来自中心代谢途径：糖酵解、三羧酸循环和己糖单磷酸途径。

不同生物合成氨基酸的能力有所不同，不同氨基酸生物合成途径也不同。图9-8所示为氨基酸主要代谢路线。

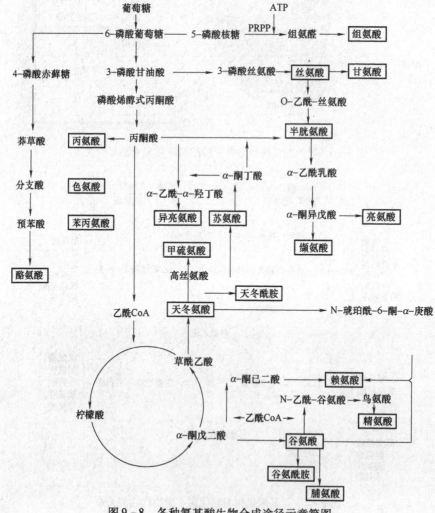

图9-8　各种氨基酸生物合成途径示意简图

第四节 氨基酸发酵

氨基酸的制造是从 1820 年水解蛋白质开始的，20 世纪 60 年代，在近代代谢理论研究的基础上，迅速兴起了氨基酸发酵与核苷酸发酵工业，它们使工业微生物发酵进入了一个称之为"代谢控制发酵"的新阶段，即运用生物化学知识和微生物遗传学技术，对微生物的代谢进行"人工管理"，使之积累特定的代谢物。

微生物细胞有高度适应环境的能力，在多变的环境条件中，微生物机体通过变异以及代谢调节来适应环境，求得生存。变异涉及遗传物质的改变，而代谢调节是在 DNA 结构不发生改变的基础上，通过改变酶的活性或酶合成的速度来进行的。这种调节的结果，不仅使微生物能适应各种环境变化，而且使细胞的生命活动达到最经济有效的水平，物质运转和能量运转都恰到好处。细胞缺乏能量时，产能物质的分解代谢就加速；能量充足时，这类代谢就减弱。当细胞内某种物质缺乏时，就会进行并加速这种物质的合成；反之在某种物质富足的情况下，则会减慢或停止这种物质的合成，把代谢引向其他物质的合成。这样精细的代谢运转，都是细胞进行代谢调节的结果。

微生物对代谢调节进行精细调节的结果，使分解代谢和合成代谢都恰好适度，这对工业发酵显然有不利的一面。工业发酵要求某种代谢物的大量积累，希望原料以最大的转化率形成产品。如果这种产物在细胞内的浓度是受到调节的，那么，要使它大量积累，就必须采取种种措施突破微生物的调节，也就是对微生物的代谢进行某些"人工控制"，使本来不应当过量合成的代谢物能大量生产。这些措施有的仅局限于对酶活性的控制，而更多的要涉及细胞的遗传物质。无论是发生在遗传的或非遗传的水平上，总的目的是控制代谢物质的产生和积累。

微生物在培养时都能产生氨基酸，主要用于细胞生长所必需的蛋白质合成。因此，氨基酸发酵工业就是利用微生物的生长和代谢活动生产各种氨基酸的现代工业。氨基酸发酵是典型的代谢控制发酵，由微生物发酵所产生的产物——氨基酸，是微生物的中间代谢产物，它的积累是建立于对微生物正常代谢的抑制，也就是说，氨基酸发酵的关键，取决于其控制机制是否能够被解除、能否打破微生物正常的代谢调节，人为地控制微生物的代谢。氨基酸发酵的成功，把代谢控制发酵技术引入微生物工业，使微生物工业能够在 DNA 分子水平上改变、控制微生物的代谢，使有用产物大量生成、积累。

在用微生物发酵法生产的氨基酸中，谷氨酸是生产量最大的商品氨基酸。L-谷氨酸的钠盐，具有强烈的鲜味，因而称为味精。

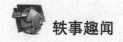 **轶事趣闻**

味精的发现

1908年的一天,日本东京帝国大学的池田菊苗教授和一家人围坐在桌旁,正津津有味地吃晚饭。

吃着吃着,池田菊苗突然停住了。他的目光落在黄瓜汤上:汤的味道格外鲜美,这是什么原因呢?他问妻子,妻子也说不清楚。池田菊苗用汤匙在汤里搅了几下,发现这碗汤与往日的不同之处在于里面多放了一些海带。

"这海带里面一定有奥妙!"池田菊苗自言自语。从那天起,他就仔细地研究起海带的化学成分来。经过半年的时间,他终于从海带中提取出一种叫谷氨酸钠的物质,将它放进菜肴里,能够使鲜味大大提高。

池田菊苗把这种物质定名为"味精"。后来,他还发现了用小麦和脱脂大豆做原料提取味精的方法,使味精的生产在全世界迅速普及开来。

下面以谷氨酸为例,介绍氨基酸的微生物发酵生产。

谷氨酸是一种酸性氨基酸,在生物体内的蛋白质代谢过程中占有重要地位,参与动物、植物和微生物中的许多重要化学反应。谷氨酸可生产许多重要下游产品,如L-谷氨酸钠、L-苏氨酸、聚谷氨酸等。

谷氨酸发酵是典型的代谢控制发酵。谷氨酸的大量积累不是由于生物合成的特异,而是菌体代谢调节控制和细胞膜通透性的特异调节以及发酵条件的适合。

1. 生产菌种

一般细菌都有合成谷氨酸的能力,但它们所合成的谷氨酸只能保持在一个适量的浓度,不会积累。用于工业发酵的谷氨酸产生菌则可以向细胞外分泌大量的谷氨酸,这是因为它们体内的某些酶与一般细菌不同,对谷氨酸渗透出胞的控制能力也不同的缘故。能利用糖质发酵生产谷氨酸的微生物很多,但主要是一些细菌,如棒杆菌属、短杆菌属、节杆菌属和微杆菌属等。

2. 生物合成途径

以糖类为发酵原料时,谷氨酸的生物合成途径包括糖酵解、己糖单磷酸支路、三羧酸循环和乙醛酸循环等(图9-9)。糖类经过酵解途径(EMP)和己糖单磷酸途径(HMP)生成丙酮酸,一方面丙酮酸脱羧生成乙酰CoA,另一方面经过二氧化碳固定作用生成草酰乙酸,两者合成柠檬酸进入TCA循环,由三羧酸循环的中间产物α-酮戊二酸在谷氨酸脱氢酶的催化下,还原氨基化合成谷氨酸。

3. 谷氨酸发酵工艺流程

谷氨酸发酵的工艺流程如图9-10所示。

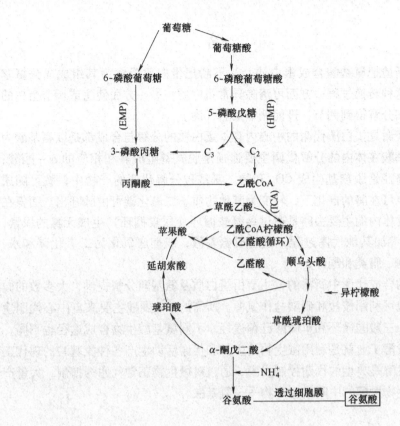

图 9-9 谷氨酸生物合成途径

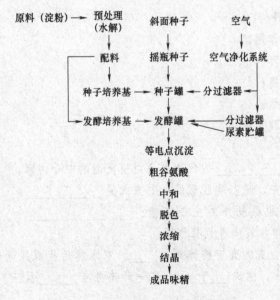

图 9-10 谷氨酸发酵工艺流程示意图

小　结

　　细胞不断地把氨基酸合成蛋白质，又不断把蛋白质降解为其组成成分氨基酸。体内的这种转换过程一方面可清除异常蛋白质；另一方面使酶或调节蛋白的活性由合成和分解得到调节，进而调节细胞代谢。

　　氨基酸代谢是蛋白质代谢的中心内容，蛋白质的分解与合成都是以氨基酸为基础的。氨基酸在体内的分解代谢主要途径是脱氨基生成氨和相应的 α-酮酸；另一条分解途径是脱羧基生成 CO_2 和胺。氨基酸分解代谢的产物中，胺可随尿直接排出，也可在酶的催化下，转变为其他物质。二氧化碳可由肺呼出。而氨在陆生脊椎动物体内的主要去路是通过鸟氨酸循环（尿素循环）生成无毒的尿素，α-酮酸则可参加其他代谢过程，或生成氨基酸，或彻底氧化为二氧化碳和水，或转变生成糖、脂类和酮体。

　　氨基酸的合成代谢中所需的氨主要由蛋白质及氨基酸分解提供，大多数的微生物和植物也可利用铵盐和硝酸盐作氮源。所需的 α-酮酸主要来自中心代谢途径：糖酵解、三羧酸循环和单磷酸己糖途径。不同氨基酸生物合成途径也不同。

　　氨基酸发酵工业就是利用微生物的生长和代谢活动生产各种氨基酸的现代工业。氨基酸发酵是典型的代谢控制发酵，通过对微生物正常代谢的抑制，大量产生、积累微生物发酵的中间代谢产物——氨基酸。

思考与练习

一、名词解释

1. 联合脱氨作用；
2. 鸟氨酸循环；
3. 转氨基作用；
4. 脱羧基作用；
5. 氨基酸发酵工业。

二、填空题

1. ＿＿＿＿＿＿＿＿的代谢是蛋白质代谢的中心内容。
2. 肌肉组织中，氨基酸脱氨的主要方式是＿＿＿＿＿＿。
3. 蛋白质的脱氨基作用主要包括：＿＿＿＿＿＿、＿＿＿＿＿＿、＿＿＿＿＿＿和非氧化脱氨基作用。
4. 体内尿素合成的直接前体是＿＿＿＿，它水解后生成尿素和＿＿＿＿，后者又与＿＿＿反应，生成＿＿＿＿，这一产物再与＿＿＿反应，最终合成尿素，这就是尿素循环。
5. 氨基酸在氨基酸脱羧酶催化下进行脱羧作用，生成＿＿＿＿＿和一个伯胺类化合物。

三、简答题
1. 简述体内联合脱氨基作用的特点和意义。
2. 简述氨基酸代谢、脂肪代谢和糖代谢之间的关系。
3. 简述氨基酸分解产物的代谢去路。
4. 简述以糖类为发酵原料时，谷氨酸的生物合成途径。

四、知识拓展
查阅资料，了解除谷氨酸发酵外的另一个氨基酸发酵实例。

第十章 微生物的代谢调节与发酵

学习目标

1. 明确微生物代谢调节的严格性和灵活性。
2. 掌握酶活性调节机理中的变构调节、共价修饰调节。
3. 熟悉细胞结构对代谢途径的分隔控制作用及意义。
4. 了解代谢调控在发酵工业中的应用。

第一节 概　　述

微生物的代谢是指发生在微生物细胞中的分解代谢与合成代谢的总和。微生物代谢有着与其他生物代谢的统一性，但其特殊性更为突出。微生物代谢的特点是：代谢旺盛；代谢极为多样化；代谢的严格调节和灵活性。

1. 细胞内各种代谢之间的联系及代谢调节的含义

微生物体内各种物质包括糖、脂、蛋白质、水、无机盐、维生素等的代谢不是彼此孤立各自为政，而是同时进行的，而且彼此互相联系，或相互转变，或相互依存，构成统一的整体。体内糖、脂、蛋白质和核酸等的分解代谢与合成代谢是通过共同的中间代谢物相联系的。微生物体内连接的中间代谢物有12种（表10－1）。

表10－1　位于分解代谢和合成代谢交点处的中间代谢物

中间代谢物	分解代谢起源	在生物合成中的作用
1－磷酸葡萄糖	葡萄糖，半乳糖，多糖	核苷糖类
6－磷酸葡萄糖	EMP途径	戊糖，多糖贮藏物
5－磷酸核糖	HMP途径	核苷酸，脱氧核糖核苷酸
4－磷酸赤藓糖	HMP途径	芳香氨基酸
磷酸烯醇式丙酮酸	EMP途径	磷酸转移酶系（糖的运送），芳香氨基酸，葡糖异生作用，糖回补反应（CO_2 固定），胞壁酸合成
丙酮酸	EMP途径，磷酸酮醇酶（戊糖发酵）	丙氨酸，缬氨酸，亮氨酸，糖回补反应（CO_2 固定）
3－磷酸甘油酸	EMP途径	丝氨酸，甘氨酸，半胱氨酸
α－酮戊二酸	三羧酸循环	谷氨酸，脯氨酸，精氨酸，赖氨酸

续表

中间代谢物	分解代谢起源	在生物合成中的作用
草酰乙酸	三羧酸循环，糖回补反应	天冬氨酸，赖氨酸，甲硫氨酸，苏氨酸，异亮氨酸
琥珀酰 CoA	三羧酸循环	氨基酸（Ile, Met, Val），卟啉
磷酸二羟丙酮	EMP 途径	甘油（脂肪）
乙酰辅酶 A	丙酮酸脱羧，脂肪酸氧化，嘧啶分解	脂肪酸，类异戊二烯，甾醇，赖氨酸（二碳），亮氨酸（二碳）

 如果生物体要保证正常合成代谢的进行，需要用到大量中间代谢物，而很多中间代谢物又是分解代谢正常进行所不可缺少的，微生物在长期的进化过程中，通过两用代谢途径和代谢回补顺序的方式，很巧妙地解决了这个矛盾。凡在分解代谢和合成代谢中均具有功能的代谢途径，称为两用代谢途径。EMP、HMP 和 TCA 循环都是重要的两用代谢途径。比如，TCA 循环不仅包含了丙酮酸和乙酰辅酶 A 的氧化，而且还包含了琥珀酰辅酶 A、草酰乙酸和 α - 酮戊二酸等的产生，它们是合成氨基酸等化合物的重要中间代谢物。而所谓代谢回补顺序又称代谢物补偿途径或添补途径，是指能补充两用代谢途径中因合成代谢而消耗的中间代谢物的那些反应。通过这种机制，当重要产能途径中的关键中间代谢物必须被大量用作生物合成的原料而抽走时，仍可保证能量代谢的正常进行。不同微生物种类或同种微生物在不同碳源下，有不同的代谢物回补顺序。与 EMP 途径和 TCA 循环有关的回补顺序约有 10 条，它们都围绕着回补 EMP 途径中的磷酸烯醇式丙酮酸和 TCA 循环中的草酰乙酸这两种关键性中间代谢产物来进行。比如我们在第六章介绍过的，某些微生物特有的乙醛酸循环，就是回补途径中的一条。循环中的产物琥珀酸和苹果酸都可以返回三羧酸循环，所以乙醛酸循环可以看作是三羧酸循环的回补反应，补充了 TCA 循环中四碳化合物的短缺。

 微生物个体微小、结构简单，在其有限的空间内同时有那么多复杂的代谢途径在运转，必须有灵巧而严密的调节机制，才能使代谢适应外界环境的变化与生物自身生长发育的需要。在长期的生物进化过程中，微生物逐步形成了很强的适应能力，通过对其代谢的调节，经济地利用有限的养料、能量进行着它所需要的生化反应，从而使得它们的生命活动得以正常进行。微生物代谢调节是指对微生物自身各种代谢途径方向的控制和代谢反应速度的调节。代谢反应方向的控制是控制代谢走何种途径，即解决代谢何种产物的问题。代谢反应速度的调节是控制代谢反应快慢，即解决代谢多少产物的问题。在正常情况下，微生物是绝不会浪费能量和原料去进行它不需要的代谢反应的。微生物正是依靠其严格又灵活的代谢调节系统才能有高效、经济的代谢，从而在复杂多变的环境条件下生存和发展。

 代谢调节普遍存在于生物界，是生物的重要特征，也是生物进化过程中逐步形成的一种适应能力，正是因为物质代谢是在微生物精细的调节下进行，使得各种物质代谢及代谢途径井然有序、相互联系、相互协调地进行，以适应内外环境的不断变化，保持微生物体内环境的相对恒定及动态平衡。

2. 细胞水平调节体系的概况

机体物质代谢是由许多连续和相关的代谢途径所组成，而代谢途径（如糖的氧化，脂酸合成等）又是由一系列酶促化学反应组成。微生物主要通过细胞内代谢物浓度的变化，来对细胞中酶的活性及含量进行调节。即通过细胞内酶的调节来实现，这种调节称为细胞水平代谢调节，细胞水平的调节即是酶的调节，它是一切代谢调节的基础。细胞是生物机体的结构和功能单位，细胞代谢是一切生命活动的基础。单细胞生物与外界环境直接接触，它对外界环境变化的适应与调节主要通过酶活性的改变进行最原始、最基础的调节。高等生物，细胞水平的调节发展得更为精细复杂，同时出现了激素水平的代谢调节。高等动物中的调节称为整体水平的代谢调节。细胞水平代谢调节、激素水平代谢调节及整体水平代谢的调节统称为三级水平代谢调节，在代谢调节的三级水平中，细胞水平代谢调节是基础，另外两级代谢条件都是通过细胞水平的代谢调节实现的。一切代谢反应都有酶参加，因此，控制酶的合成和活性是机体调节自身代谢的重要措施，酶的细胞水平调节是最根本、最基础的调节。细胞水平的调节就是细胞内酶的分布调节、酶活性调节和酶含量调节。酶的分布调节指各种多酶体系在细胞内的分布是区域化的，同一多酶体系的酶均集中在一定的亚细胞结构中。酶活性调节是以酶分子结构为基础的，它通过酶结构的改变，使其活性发生变化。它包括：底物对酶的激活；终产物对酶的反馈抑制。酶含量调节指通过控制酶的生物合成的调节，以酶的合成系统为基础的酶量调节。

第二节　细胞结构对代谢途径的分隔控制

细胞是组成微生物体的最基本单位。数千种与代谢有关的生物化学反应都在细胞这极其微小的空间内发生着。细胞内的物质代谢是错综复杂的，然而各种代谢途径都能互相协调、互相制约，有条不紊地进行着。其原因就是细胞复杂的结构，特别是膜的结构固定了各代谢反应的空间和时间，使它们高度有序并可以被控制和调节。例如在细菌的质膜与细胞壁之间有一个薄的周质空间，由质膜将之与细胞质分开。有一些酶分布在这个周质空间，它们与细胞内的酶是不混合在一起的。在质膜上也分布有多种酶。已知在细菌细胞中，能量代谢和多种合成代谢是在膜上进行的。

代谢途径中有关酶类常常组成酶体系，分布于细胞的某一区域或亚细胞结构中，也就是说，酶在细胞内是分隔分布的。比如：糖酵解酶系、糖原合成及分解酶系、脂酸合成酶系均存在于胞液中，三羧酸循环酶系、脂酸β氧化酶系则分布于线粒体，而核酸合成酶系绝大部分集中于细胞核内。

酶在细胞内的隔离分布使有关代谢途径分别在细胞不同区域内进行，这样不致使各代谢途径互相干扰。例如脂酸的合成是以乙酰辅酶A为原料在胞浆内进行，而脂酸β氧化生成乙酰辅酶A则是在线粒体内进行，这样，二者不致互相干扰，产生乙酰辅酶A无意义循环。这样的隔离分布也为代谢调节创造了有利条件，使某些调节因素可以较为专一地影响某一细胞组分中的酶的活性，而不致影响其他组分中酶的活性，从而保证了整体反应的有序性。但分隔也绝不是截然分开，各代谢途径之间往往又有着相互联系，一些代谢中间物在亚细胞结构之间还存在着穿梭，从而组成体内十分复杂的代谢与调节网络。

第三节 酶活性调节机理

生物体内的各种代谢变化都是由酶驱动的，酶作为生物催化剂，可调节和控制代谢的速度、方向和途径。除了酶的分布调节即细胞结构对代谢途径的分隔控制外，酶对细胞代谢的调节包括两种方式：通过激活或抑制以改变细胞内已有酶分子的催化活性，酶活性的调节包括酶的变构效应、共价修饰及聚合、解聚；通过影响酶分子的合成或降解来改变酶分子的含量。酶活性的调节是直接针对酶分子本身的催化活性所进行的调节，在代谢调节中是最灵敏、最迅速的调节方式。

代谢途径实质上是一系列酶催化的化学反应，其速度和方向不是由这条途径中某一个酶而是其中一个或几个具有调节作用的关键酶的活性所决定的。这些调节代谢的酶称为调节酶或关键酶。调节酶或关键酶所催化的反应具有下述特点：催化的反应速度最慢，因此又称为限速酶，其活性决定整个代谢途径的总速度；这类酶催化单向反应，或非平衡反应，它的活性决定整个代谢途径的方向；这类酶活性除受底物控制外，还受多种代谢物或效应剂的调节。因此，调节某些关键酶或调节酶的活性是细胞代谢调节的一种重要方式，代谢调节主要是通过对关键酶活性的调节而实现的。

1. 调节酶的种类和酶活调节机理

根据调节酶的活性调节机理和调控代谢的功能特点，调节酶的种类可分为：变构酶、共价修饰酶等，酶活性的调节机理可分为：变构调节、共价修饰调节、解聚、聚合等。每种酶的调节机理可能是一种以上，如变构酶以变构调节为主，有时也伴随发生解聚、聚合作用。

代谢调节就是通过这些酶活性的改变来发挥调节作用。但因为代谢途径经常有交叉联系与分支，因此每条酶促代谢反应途径都有相应的限速酶，所以整个代谢途径中就会有多个限速酶，有时几条代谢途径又常会有代谢途径的交叉点或共同的代谢中间物，例如糖有氧氧化与糖磷酸戊糖途径的共同代谢中间物为6-磷酸葡萄糖，糖与脂肪酸分解代谢的共同代谢中间物为乙酰辅酶A，糖与氨基酸分解代谢衔接的代谢中间物为丙酮酸、乙酰辅酶A与α-酮戊二酸等，代谢中间物究竟朝哪个方向继续进行代谢，决定机体当时的需要与条件，而调节即靠每条代谢途径的定向步骤，并往往是催化各代谢途径反应的第一个关键酶的酶活力。代谢方向调节主要通过调节这些关键酶的活性。而关键酶往往同时又是限速酶，它们是代谢的调节作用点。

调节代谢反应的速度与方向，可通过限速酶与关键酶来完成，即调节这些酶的活性。主要是通过改变现有的酶的分子结构与活性，即酶的"别构调节"与"化学修饰调节"两种方式，这种调节是利用现有的酶，一般在数秒或数分钟内即可完成，因此是一种快速调节。

酶活力的调节包括酶活力的激活和抑制两个方面。酶活力的激活是指代谢途径中催化后面反应的酶活力被前面的中间代谢产物（分解代谢时）或前体（合成代谢时）所促进的现象。酶活力的抑制主要为末端产物抑制，它发生在酶促反应的产物没有被后面反应用去时，如果有反应产物会积累，催化该步反应的酶活力就受到抑制。抑制大多属反馈抑制类型。

2. 变构酶及酶活变构调节机理

变构酶：指在一些调节因子的影响下，通过构象的变化，引起酶活性改变的酶。它可以调节代谢速度和代谢方向。酶分子因受某些代谢物质的作用而发生分子空间构象变化，从而引起酶活性的改变，这种调节称为酶的变构调节或别位调节，引起酶别构的物质称为别构剂，它与酶分子结合的部位往往是酶的非催化部位，即活性中心外别的部位，即别位或调节部位，因此别构调节也被称为变构调节。变构调节在生物界普遍存在。代谢途径中的关键酶大多是变构酶。

别构剂一般都是生理小分子物质，主要包括酶促反应的底物、代谢终产物或ATP、ADP等。若别构后引起酶活性升高的则被称为别构激活剂，反之则被称为别构抑制剂。

变构调节机理：变构酶常是由两个以上亚基组成的具有一定构象的四级结构的酶蛋白，一般由调节亚基与催化亚基组成。别构剂与调节亚基结合，而底物则与催化亚基结合，催化代谢反应，别构剂与调节亚基是通过非共价键结合的，当结合后，可以引起酶蛋白分子中调节亚基的改变，进而使整个酶蛋白分子构象发生变化，酶蛋白分子变得致密或松弛，从而引起酶活性的升高或降低，即变构激活或变构抑制。

变构调节是细胞水平代谢调节中一种较常见的快速调节。变构作用可分为变构激活和变构抑制两种，变构抑制较为常见。

变构激活：代谢底物作用于酶分子，使本来无活性或低活性的酶分子发生结构变化，成为有活性或高活性状态的酶。

变构抑制：通常是产物的反馈抑制。当代谢途径终产物在细胞内积累到一定浓度时，会反作用于催化该途径起始反应的酶，即该代谢途径的限速酶，使酶分子结构改变，活性降低，从而减慢代谢速度。例如长链脂酸辅酶A可反馈抑制乙酰辅酶 A 羧化酶，从而抑制脂酸的合成。这样可使代谢物的生成不致过多。又如 ATP 可变构抑制磷酸果糖激酶、丙酮酸激酶及柠檬酸合酶，阻断糖酵解、有氧氧化及三羧酸循环，使 ATP 生成不致过多，造成浪费。在这类代谢调节中，负反馈作用更多见。这是因为过量生成多余产物，不仅是浪费，而且对机体有害。变构调节还可使不同代谢途径相互协调，例如柠檬酸既可变构抑制磷酸果糖激酶，又可变构激活乙酰辅酶 A 羧化酶，使多余的乙酰辅酶 A 合成脂酸。

3. 共价修饰酶及酶活共价修饰调节机理

共价修饰酶有无活性和有活性两种基本形式。这类酶的两种结构形式是通过其他酶即修饰酶的催化作用，在其酶蛋白的某些氨基酸残基上引入或去除共价结合的某些化学基团，从而发生共价结构和构象的变化，实现活性形式与非活性形式的互相转变，这种酶活调节方式称为共价修饰调节，这种酶称为共价修饰酶。

和变构调节不同，共价修饰是由酶催化引起的化学变化，因其是酶促反应，故有放大效应。催化效率常较变构调节高。共价修饰是可逆过程，小分子基团可在酶的催化下水解去除，发生逆转。表 10-2 所示为一些可被化学修饰调节的酶。

表 10-2　　　　　　　　　一些可被化学修饰调节的酶

酶名称	修饰机理	变化
糖原磷酸化酶	磷酸化/脱磷酸化	增加/降低
磷酸化酶 b 激酶	磷酸化/脱磷酸化	增加/降低
糖原合成酶	磷酸化/脱磷酸化	降低/增加
丙酮酸脱氢酶	磷酸化/脱磷酸化	增加/降低
谷氨酰胺合成酶	腺苷酰化/脱腺苷酰化	降低/增加

酶的共价修饰主要有磷酸化与脱磷酸，乙酸化与脱乙酸，甲基化与去甲基，腺苷化与脱腺苷及 SH 与—S—S—互变等，其中磷酸化与脱磷酸在代谢调节中最为多见。

酶活共价修饰调节机理：糖原磷酸化酶是酶促化学修饰的典型例子。糖原作为贮藏性碳水化合物，广泛存在于人和动物体内。糖原在糖原磷酸化酶作用下发生磷酸解产生 1-磷酸葡萄糖。此酶有两种形式：即有活性的磷酸化酶 a 和无活性的磷酸化酶 b，二者可以互相转变。磷酸化酶 b 在磷酸化酶 b 激酶催化下，接受 ATP 上的磷酸基团转变为磷酸化酶 a 而活化；磷酸化酶 a 也可在磷酸化酶 a 磷酸（酯）酶催化下转变为磷酸化酶 b 而失活。酶被修饰的基团是丝氨酸的羟基。

$$2\text{磷酸化酶b(失活态)} \underset{\underset{\text{Pi} \quad \text{H}_2\text{O}}{\text{磷酸酶}}}{\overset{\overset{\text{ATP 磷酸化 ADP}}{\text{酶b激酶}}}{\rightleftharpoons}} \text{磷酸化酶a(激活态)}$$

4. 解聚、聚合作用调节机理

酶分子的解聚、聚合作用是一种非共价形式的结合,大多数情况下,酶与一些小分子调节因子结合,从而引起酶的聚合和解聚,实现酶的活性与无活性形式间的相互转化。

如乙酰 CoA 羧化酶,它是脂肪酸合成过程中的关键酶。它是由四种不同亚基构成的原聚体,每个亚基有不同的功能,分别是:生物素载体蛋白,它能结合辅基生物素;生物素羧化酶,它能催化生物素发生羧化反应;羧基转移酶,它能将生物素上的羧基转移给乙酰 CoA 形成丙二酰 CoA 和调节亚基,它能与柠檬酸或异柠檬酸结合,使原聚体聚合为多聚体。只有多聚体酶才有催化活性。ATP、Mg^{2+} 可使多聚体解聚为原聚体而使酶失活。乙酰 CoA 羧化酶由聚体解聚如图 10-1 所示。

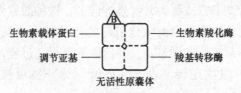

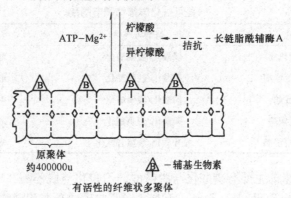

图 10-1　乙酰 CoA 羧化酶聚合解聚示意图

第四节　代谢控制与发酵工业生产

一、代谢调控发酵

微生物细胞有着一整套可塑性极强和极精确的代谢调节系统,以确保上千种酶能准确无误、有条不紊和高度协调地进行极其复杂的新陈代谢反应。通过代谢调节,微生物可最经济地利用其营养物,合成出能满足自己生长、繁殖所需要的一切中间代谢物,并做到既不缺乏、也不剩余或浪费任何代谢物的高效"经济核算"。通过微生物自身的代谢调节,微生物细胞内一般不会累积大量的代谢产物。但在工业发酵生产中，我们的目的是使微生物能够最大限度地积累对人类有用的代谢产物，这就需要对微生物代谢的调节进行人工控制。代谢调控就是人为地打破微生物的代谢控制体系，使代谢朝着人们希望的方向进行。代谢控制发酵的关键，取决于微生物本身的代谢调控机制是否能够被解除，能否打破微生物正常的代谢调节，人为地控制微生物的代谢。

在发酵工业中通过人工控制代谢，调节微生物生命活动的方法很多，包括运用遗传育种技术获得突变株，控制生产过程中的各种条件即发酵条件以及改变细胞膜透性。从而人为地控制微生物的代谢途径，使有用代谢产物选择性地大量合成和积累。人工控制代谢调节很大程度上是指在代谢途径水平上对酶活性进行的调节，通过培养条件来解除反馈调节，而使生物合成的途径朝着人们所希望的方向进行，使微生物累积更多的为人类所需的有益代谢产物，即实现代谢控制发酵。

二、以代谢调控理论指导微生物的定向育种

微生物代谢控制育种是指以生物化学和遗传学为基础，研究代谢产物的生物合成途径和代谢调节的机制，选择巧妙的技术路线，通过遗传育种技术获得解除或绕过了微生物正常代谢途径的突变株，从而人为地使用有用产物选择性地大量合成积累。从工业微生物育种史来看，诱变育种曾取得了巨大的成就，使微生物有效产物成百倍、乃至成千倍的增加。但是诱变育种工作量繁重，盲目性大。在生物合成代谢途径以及代谢调节控制的基础理论的指导下，通过定向选育发酵生产的特定的突变型菌株，从而从菌种的根源上达到大量积累有益产物的目的。代谢调节控制育种通过特定突变型的选育，达到改变代谢通路、降低支路代谢终产物的产生或切断支路代谢途径及提高细胞膜的透性，使代谢向目的产物积累方向进行。代谢控制定向育种成就显赫，几乎全部氨基酸和多种核苷酸生产菌株都是抗性或缺陷型突变型菌株。

1. 营养缺陷型菌株在工业上的应用（以赖氨酸发酵为例）

工业上应用的重要例子是赖氨酸发酵。赖氨酸在人类和动物营养上是一种十分重要的必需氨基酸，在食品、医药和畜牧业上需求很大。但其在代谢过程中，一方面由于赖氨酸对天冬氨酸激酶（AK）有反馈抑制作用，另一方面，作为分支代谢，天冬氨酸除了合成赖氨酸外，还要作为合成甲硫氨酸和苏氨酸的原料，所以，在正常细胞中，难以积累较高浓度的赖氨酸。如图10-2所示。

图10-2 高丝氨酸缺陷型菌株的代谢调节与赖氨酸生产
AK—天冬氨酸激酶 HSDH—高丝氨酸脱氢酶

为了解除正常的代谢调节以获得赖氨酸的高产菌株，工业上选育了一株高丝氨酸缺陷型菌株作为赖氨酸的发酵菌种。由于该菌种不能合成高丝氨酸脱氢酶（HSDH），所以不能合成高丝氨酸，也就不能产生苏氨酸和甲硫氨酸，因而天冬酰半缩醛由原来负责合成苏氨酸、甲硫氨酸和赖氨酸，而使代谢完全导向赖氨酸方向进行，使赖氨酸产量大量累积。

2. 抗反馈突变株在工业上的应用

抗反馈突变株，就是指一种对反馈抑制不敏感的突变型菌株。抗反馈突变株由于基因突变，它们的酶不再与末端产物结合，从而不再发生酶的变构，酶活性不会受到末端产物的抑制而降低，因此反馈调节被打破，即使在末端产物过量的情况下，也同样可以积累高浓度的产物。

三、改善细胞膜的通透性

微生物的细胞膜对于细胞内外物质的运输具有高度选择性。在人工控制发酵的条件下，细胞内的代谢产物常以很高浓度积累起来，但也会自然地通过反馈抑制来限制进一步的合成，此时，需要设法改变细胞膜的通透性，就可使细胞内的代谢产物迅速渗漏到细胞外，同时也解除了末端代谢产物的抑制作用，可以提高发酵产物的产量。可以通过生理学手段和利用膜缺损突变株达到改善细胞膜通透性的目的。

1. 用生理学手段——直接抑制膜的合成

在谷氨酸发酵中，如果能够改变细胞膜的通透性，使谷氨酸不断地排到细胞外面，就会大量生成谷氨酸。因此，对谷氨酸的代谢调控，往往从控制磷脂的合成或使细胞膜受损伤入手，以提高细胞膜对谷氨酸的通透性。

谷氨酸发酵生产中，常采用控制生物素的浓度来达到谷氨酸积累的目的。这是因为生物素是脂肪酸生物合成中乙酰辅酶 A 的辅基，脂肪酸是细胞膜中磷脂的主要成分，所以控制生物素的含量，就可以控制脂肪酸的合成量，可以改变细胞膜的成分，进而改变细胞膜的通透性，从而有利于谷氨酸的分泌。通常在谷氨酸发酵中把生物素浓度控制在亚适量，才能大量分泌谷氨酸。当发酵液中生物素含量很高时，菌体的细胞膜结构十分致密，阻碍了谷氨酸的分泌，并可引起反馈抑制。

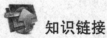 知识链接

发酵法生产味精

味精即谷氨酸钠，谷氨酸学名 α-氨基戊二酸，是由 TCA 循环中 α-酮戊二酸还原氨基化所得。早期生产谷氨酸是提取法和蛋白质水解法，1957 年发酵法生产谷氨酸在日本投产。谷氨酸产生菌中谷氨酸的生物合成途径如图 10-3 所示：其中的代谢途径包括糖酵解途径（EMP）、己糖单磷酸途径（HMP）、三羧

酸循环（TCA 循环）、乙醛酸循环、CO_2 固定反应等。葡萄糖经过 EMP（主要）和 HMP 途径生成丙酮酸，其中一部分氧化脱羧生成乙酰 CoA 进入 TCA 循环，另一部分固定 CO_2 生成草酰乙酸或苹果酸，草酰乙酸与乙酰 CoA 在柠檬酸合成酶催化下，合成柠檬酸进入 TCA 循环，TCA 循环中间产物 α-酮戊二酸，在谷氨酸脱氢酶作用下，还原氨基化合成谷氨酸。谷氨酸再经过部分中和形成谷氨酸钠（即味精）。

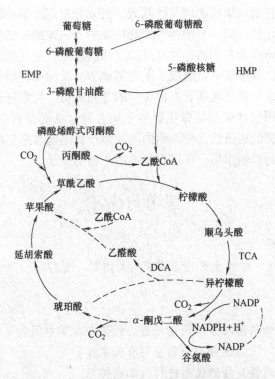

图 10-3 谷氨酸棒杆菌的谷氨酸生物合成途径

在产氨短杆菌的核苷酸发酵生产中，通过控制发酵液中 Mn^{2+} 的浓度，来控制细胞膜的通透性从而达到核苷酸发酵产物的大量积累。Mn^{2+} 的作用与生物素相似，都与细胞膜的生物合成有关。

2. 利用膜缺损突变株——油酸缺陷型

通过选育细胞膜缺损的突变菌株作为菌种，达到改变细胞膜通透性的目的。如：用谷氨酸生产菌的油酸缺陷型，培养过程中，有限制地添加油酸，合成有缺损的膜，使细胞膜发生渗漏而提高谷氨酸产量。其原因是油酸是细菌细胞膜磷脂中的一种重要脂肪酸，油酸缺陷型菌株因不能合成油酸而使其细胞膜缺损，提高膜的通透性，使谷氨酸及时通过细胞膜排出，大幅度地提高发酵产物的产量。

小 结

微生物的代谢包括合成代谢与分解代谢。各种代谢是同时进行的，彼此互相联系构成统一的整体。微生物通过 EMP、HMP 和 TCA 等重要两用代谢途径中的代谢回补顺序的方式，解决了分解代谢与合成代谢中共用中间代谢物的矛盾。微生物代谢受着严格的调节，主要通过细胞内酶的调节来实现，这种调节称为细胞水平代谢调节，它是一切代谢调节的基础。酶的分布调节指各种多酶体系在细胞内的分布是区域化的，同一多酶体系的酶均集中在一定的亚细胞结构中。酶活性调节是以酶分子结构为基础的，它通过酶结构的改变，使其活性发生变化。它包括酶的变构效应、共价修饰及解聚、聚合等调节。代谢调控就是人为地打破微生物的代谢控制体系，使代谢朝着人们希望的方向进行。代谢调控在发酵工业中的应用包括以代谢调控理论指导微生物的定向育种，从而获得突变株解除反馈调节；及改善细胞膜的通透性，使细胞内的代谢产物迅速渗漏到细胞外，同时解除了末端代谢产物的抑制作用，可以提高发酵产物的产量。

思考与练习

一、名词解释

代谢回补顺序　细胞水平代谢调节　关键酶　变构酶　共价修饰调节　变构抑制

二、问答题

1. 微生物是如何解决分解代谢与合成代谢中共同中间代谢物的矛盾的？
2. 细胞结构对代谢途径的分隔控制有何意义？
3. 为什么要对微生物的代谢进行人工调控？
4. 举例说明代谢调控在发酵工业中的应用。

第十一章 生物化学实验基本方法

学习目标

1. 掌握实验常用的基本操作。
2. 熟悉常用实验仪器的使用方法。

第一节 基本实验操作

一、称 量

称量是生物化学实验的基本操作之一。根据被称量药品的特点和要求,称量方法分为以下几种:

1. 直接称量法

用一干净的纸条套住被称物体放在天平左盘中央,然后去掉纸条,砝码按取用规则依次加在右盘中,使其平衡点与零点重合,此时所加砝码的质量即为物品的质量。可先称得表面皿、小烧杯、坩埚、称量瓶等质量,再把试样放入容器中称量,两次称量之差即为试样的质量。

2. 固定称量法

在实验工作中常常要准确称取指定质量的试样时,可采用固定称量法。此法用于称量不易吸水、在空气中性质稳定的试样。步骤如下:

(1) 先用直接称量法准确称出洁净干燥的容器质量,如小表面皿、小烧杯等,并记录质量。

(2) 如指定取0.2500g时,先在右盘固定加放0.2500g砝码,然后在左盘容器内略加小于0.25g的试样,再用牛角匙盛试样(事先研磨)在容器上方轻轻振动,使试样慢慢落入容器中(注意不得让试样洒到秤盘上),直至平衡点与称量容器时的平衡点恰好一致。

3. 减量称量法

此法适合对易吸水、易被氧化或易与CO_2作用的物质。

减量称量法是先称装有试样的称量瓶的质量,再称取倒出部分试样后称量瓶的质量,两者之差即为试样的质量。对称取质量不固定在某数值,只需要求在某一范围内时,常采用减量法。

小知识

如何选择称量器皿（表11-1）

表11-1　　　　　　　　称量器皿的选择

样品形态	样品性质	称量器皿
固体	稳定	表面皿、小烧杯、坩埚等
	不稳定（易吸湿、易氧化、易与CO_2反应等）	称量瓶
液体	稳定	小滴瓶
	不稳定（易挥发）	安瓿球

二、滴定分析

1. 基本概念

滴定分析是将一种已知准确浓度的试剂溶液滴加到待测物质的溶液中，直到所加试剂与待测组分按化学计量关系完全反应为止，然后根据标准溶液的浓度和用量，计算待测组分的含量。

2. 滴定分析对化学反应的要求

（1）反应按一定的化学反应式定量进行。无副反应，无共存干扰，并且能进行完全，这是定量计算的基础。

（2）反应速度要快。对于速度较慢的反应，可以通过加热或加催化剂等措施来加快反应速度。

（3）有适当的方法确定化学计量点。

3. 滴定分析法的分类

（1）按反应类型分类　酸碱滴定法；配位滴定法；氧化还原滴定法；沉淀滴定法。

（2）按滴定方式分类　直接滴定法；返滴定法；置换滴定法；间接滴定法。

三、标准溶液配制

标准溶液也称滴定剂，是一种已知准确浓度的溶液。其浓度的准确与否直接关系到滴定分析结果的准确度。标准溶液的浓度一般配成0.1mol/L。标准溶液的配制有直接法和标定法。

想一想

为什么标准溶液的浓度要适当，既不能太浓也不能太稀？

因为若标准溶液的浓度过浓，要使标准溶液消耗20mL以上，就必须增加试样的用量，而且要消耗大量的试剂，造成浪费；若浓度太稀，滴定终点时指示剂终点颜色突变不明显，无法确定滴定终点，造成滴定误差。

（一）直接法

直接法是用分析天平准确称取一定量的基准物质，溶解于适量水中，再定量转移至容量瓶后加水至刻度，即成为标准溶液。其浓度可根据物质的质量和体积计算而得。

能用于直接配制标准溶液的物质称为基准物质（表11-2）。基准物质必须具备以下条件：

（1）纯度高　含量一般要求在99.9%以上。

（2）实际组成与化学式完全符合（包括结晶水）。

（3）性质稳定　在烘干、放置和称量过程中不发生任何变化（如吸湿、分解、氧化等）。

（4）摩尔质量大。

表11-2　　　　　　　　　　常用基准物质

基准物质		干燥条件	应用
名称	化学式		
无水碳酸钠	Na_2CO_3	300℃/（2~2.5h）	标定酸
硼砂	$Na_2B_4O_7 \cdot 10H_2O$	放于装有NaCl和蔗糖	标定酸
邻苯二甲酸氢钾	$KHC_8H_4O_4$	置于空气干燥	标定碱
重铬酸钾	$K_2Cr_2O_7$	105~110℃/（1~2h）	标定还原剂
高锰酸钾	$KMnO_4$	100~110℃/（3~4h）	标定还原剂
草酸钠	$Na_2C_2O_4$	室温硫酸干燥器保存	标定氧化剂
碳酸钙	$CaCO_3$	130~140℃/（1~1.5h）	标定EDTA

（二）标定法

很多用来配制标准溶液的物质不符合基准物质的以上条件，不能用直接标定法配制。例如NaOH易吸收水分和CO_2，HCl易挥发等。

标定方法如下：粗略称取（托盘天平）或量取（量筒）一定量的试剂，配成接近于所需浓度的溶液，再用基准物（直接标定法）或另外一种标准溶液（间接标定法）通过滴定来测定它们的准确浓度。这种确定浓度的操作过程称为标定。间接标定的系统误差比直接标定要大些。

（三）比较

用基准物直接标定标准溶液的浓度后，为了更准确地保证其浓度，采用比较法进行验证。例如，HCl标准溶液用Na_2CO_3基准物标定后，再用NaOH标准溶液进行标定。国标规定两种标定结果之差不得大于0.2%，"比较"即可验证HCl标准溶液的浓度是否准确，也可考查NaOH标准溶液的浓度是否可靠，最后以直接标定结果为准。

标定好的标准溶液妥善保存。对于见光易分解的 $AgNO_3$，$KMnO_4$ 等标准溶液应贮存于棕色瓶中，并放置暗处。对于易吸收空气中 CO_2 并能腐蚀玻璃的强碱溶液，最好装在塑料瓶内或内壁涂有蜡的玻璃瓶中，并在瓶口装一苏打石灰管以吸收空气中的 CO_2 和水。

第二节 常用实验仪器的使用

一、常用玻璃仪器的使用方法

（一）滴定管

滴定管是用于准确测量滴定时放出的滴定剂体积的量器，它是具有刻度的细长玻璃管。按要求不同，有"蓝带"滴定管、棕色滴定管（用于装 $KMnO_4$、$AgNO_3$、I_2 等标准溶液）。按构造不同又分为普通滴定管和自动滴定管。按其用途不同又分为酸式滴定管和碱式滴定管。

带有玻璃磨口旋塞以控制流出的是酸式滴定管，用来盛放酸类或氧化性溶液，但不能装碱性溶液，因为磨口旋塞会被碱腐蚀而粘住不能转动。

用带玻璃珠的乳胶管控制液滴，下端再连一尖嘴玻璃管，用于盛放碱性溶液和非氧化性溶液，不能装 $KMnO_4$、$AgNO_3$、I_2 等溶液，以防将胶管氧化而老化。

（1）使用前的准备

洗涤→涂油、试漏→装溶液与赶气泡。

（2）滴定管的使用

滴定管的操作：进行滴定时，应该将滴定管垂直地夹在滴定管架上。

酸管的使用：左手无名指和小指向手心弯曲，轻轻地贴着出口管，用其余的三指控制活塞的转动，但应注意不要向外拉旋塞造成漏液，也不要过分往里扣，以免造成旋塞转动困难而不能操作自如。

碱管的使用：左手无名指及小指夹住出口管，拇指与食指在玻璃珠所在部位往一旁捏挤乳胶管，玻璃珠移至手心一侧，使溶液从玻璃珠旁边的空隙处流出。

必须掌握的三种滴液方法：

A. 逐滴连续滴加，即一般的滴定速度，"见滴成线"的方法；

B. 只加一滴，要做到需加一滴就能只加一滴的熟练操作；

C. 使液滴悬而不落，即只加半滴，甚至不到半滴的方法。

滴定操作：滴定前后都要记取读数，终读数和初读数之差就是溶液体积。滴定操作一般在锥形瓶中进行，也可在烧杯内进行。

※注意：

A. 摇瓶时，应微动腕关节，使溶液向同一方向做圆周运动，但勿使瓶口接触滴定管，溶液也不得溅出。

B. 滴定时左手不能离开旋塞让溶液自行流下。
C. 注意观察液滴落点周围溶液颜色的变化。
D. 每次滴定最好都从"0.00"mL处开始，这样可固定使用滴定管的某一段，以减少体积误差。

(3) 滴定管的读数

①由于水的附着力和内聚力的作用，滴定管内的液面呈弯月形，无色或浅色溶液的弯月面比较清晰，读数时，应读弯月面下缘实线的最低点，即线在弯月面下缘实线最低处且与面成一水平。对于弯月面不够清晰的溶液，读数时，视线应与液面两侧最高点成水平。

②读数要求读到小数点后第二位，即估读到±0.01mL。

③滴定至终点时应立即关闭旋塞，并注意不要使滴定管中的溶液有稍许流出，否则终读数便包括流出的半滴溶液。

滴定结束后，滴定管内剩余的溶液应弃去，不能将其倒回原试剂瓶中，以免沾污整瓶试剂。

(二) 容量瓶

容量瓶是用于测量容纳液体体积的一种量器。主要是用于配制标准溶液，试样溶液。也可用于将准确容积的浓溶液稀释成准确容积的稀溶液，也称为"定容"。常用的容量瓶有10、25、50、100、250、500、1000mL等各种规格。

(1) 容量瓶的准备　洗净的容量瓶内壁应为蒸馏水均匀润湿，不挂水珠。带玻璃磨口塞的容量瓶使用前应检查瓶塞是否漏水。

(2) 容量瓶的使用　用容量瓶配制标准溶液或试样溶液时，通常是将准确称取的固体物质放于小烧杯中，加水或其他溶剂将其溶解，然后将溶液定量地转移至容量瓶中。在转移过程中，用一玻璃棒插入容量瓶内，玻璃棒的下端靠近瓶颈内壁，上面不要碰瓶口，烧杯嘴紧靠玻璃棒，使溶液沿玻璃棒和内壁慢慢流入。要避免溶液从瓶口溢出，待溶液全部流完后，将烧杯沿玻璃棒稍向上提，同时使烧杯直立，使附着在烧杯嘴的一滴溶液流回烧杯中，并将玻璃棒放回烧杯中。注意勿使溶液流至烧杯外壁引起损失。用洗瓶吹洗玻璃棒和烧杯内壁五次以上，洗涤液按上述方法移至容量瓶，使残留在烧杯中的少许溶液定量地移至容量瓶中。然后加蒸馏水稀释定容后摇匀。

热溶液必须冷却到室温后，再移入容量瓶中，稀释至标线，否则会造成体积误差。

(三) 移液管和吸量管

移液管和吸量管都是准确移取一定量溶液的量器，是一根细长而中间有膨大部分的玻璃管。常用的移液管有1、2、5、10、25、50mL等规格。

(1) 使用前准备　移液管和吸量管在使用前都应该洗净，使整个内壁和下部的外壁不挂水珠。

（2）使用方法　在用洗净的移液管和吸量管移取溶液前，为避免移液管管壁及尖端上残留的水进入所要移取的溶液中，使溶液浓度改变，应先用滤纸将尖端内外的水吸干，然后用待吸溶液润洗三次，但用过的溶液应从下口放出弃去。

移取溶液时，用右手的大拇指和中指拿住移液管管颈标线上方，将移液管直接插入待吸溶液液面下1~2cm处，不要伸入太深，以免移液管外壁沾附有过多的溶液，影响量取溶液体积的准确性；也不要伸入太浅，以免液面下降后造成吸空。洗液时将洗耳球紧接在移液管口上，并注意容器中液面和移液管尖的位置，应使移液管管尖随液面下降而下降。当管内液面上升至标线稍高位置时，迅速移去洗耳球，并用右手食指按住管口，将移液管向上提，使其离开液面，并使管的下部沿待吸液容器内壁轻转两圈，以除去管外壁上的溶液，另取一干净小烧杯，将移液管放入烧杯中，使管尖端紧靠烧杯内壁，烧杯稍倾斜，移液管垂直，微微松开食指，并用拇指和中指轻轻转动移液管，让溶液慢慢流出，液面下降，直到溶液的弯液面与标线相切时，立刻用食指按住管口，使溶液不再流出。取出移液管，左手拿接受容器，使接受容器倾斜。将移液管放入接受容器内，使管尖与容器内壁紧贴成45°左右，并使移液管保持垂直，松开右手食指，使溶液自由地沿壁流出。

待液面下降到管尖后，再等待15s后取出移液管。注意，除非在管上特别注明"吹"的以外，管尖最后的残留溶液切勿吹入接受器中。

二、称量仪器的使用方法

生物化学实验中常用的称量仪器有台秤和光学天平。目前，不同型号的电子天平应用也很普遍。它具有实用、快速和称量范围大的特点。

1. 台秤

台秤又称药物天平，是用于粗略称量的仪器。常用的有100（感量0.1g）、200（感量0.2g）、500（感量0.5g）和1000g（感量1g）4种。使用方法如下：

（1）根据所称物品的质量选择合适的台秤。

（2）将游码移至标尺"0"处，调节横梁上的螺丝使指针停止在刻度中央或使其左右摆动的格数相等。

（3）将称量用纸或玻璃器皿（易吸潮的药品称重时应放在带盖的器皿中）放在左盘上，砝码放在右盘上。使指针重新平衡摆动，则右盘上的砝码总量（包括游码代表的质量）即代表左盘上称量用纸（或器皿）的质量，记录此质量。

（4）向纸或器皿中加入称重的物品再向右盘上加砝码使重新达到平衡，将所得砝码总重减去纸或容器的质量即得所称物品的质量。

（5）必须用镊子夹取砝码，加砝码的顺序是从大到小。

（6）称量完毕，将游码重新移至"0"处，清洁称重盘，放回砝码。

2. 分析天平

（1）分析天平的使用方法

①用前检查：称量前，先将天平罩取下叠好，检查天平是否处于水平状态，天平盘上是否清洁，必要时用软毛刷清扫干净，检查天平各部件是否正常。

②天平零点的测定和调整：在称量样品前，还要对天平的零点进行测定和调整。

③称量方法：将被称的物品从天平的左门放于左盘中央，估计物品大约质量（也可以先放在台秤上进行粗称），然后按砝码取用规则加减砝码至指针摆动较缓慢，才可全开升降旋钮，等待投影屏上标尺图像停止移动后才可读数。一般调整数字盘使投影屏上读数在 0 ~ +10mg 边。此时，可读取被称物体的质量（读准至 0.1mg）。

（2）使用注意事项

①在旋转升降旋钮时，必须缓慢，轻开轻关，既可防止吊耳脱落，又能保护玛瑙刀口。称放物体、加减砝码时，都必须关闭天平，托起横梁，以免损坏玛瑙刀口。

②称量时，应先关好两个侧门，天平前门不要随意打开，以防呼出的热量、水蒸气和二氧化碳气流影响称量。前门主要是供调装天平时使用。

③热的或过于冷的物体不能直接放在天平上称量，应先放在干燥器中冷至室温后再称量。样品不能直接放在秤盘上，应根据样品性能选用适当的称量器皿称量。

④取用砝码时，必须用镊子夹取，不能用手直接拿取，以免污染砝码，使其质量不准。加减砝码的原则一般是"由大至小，折半加入"。砝码在秤盘上放置的位置应遵循"大砝码放中间，小砝码围一圈"的原则，避免砝码放置过偏。

⑤不能使天平载重超过最大负载。开启开关不能用力过猛。

⑥称量数据应及时记在记录本上，不能记在纸片或其他地方。

⑦称量完毕，应检查天平是否托起，砝码是否归位，天平内外是否清洁。关好天平门，切断电源，然后罩好保护罩。

⑧天平安装好后，不准随便乱动，应保持天平处于水平状态。为了防潮，天平箱内应放有吸湿用的干燥剂，如变色硅胶。

三、干 燥 箱

干燥箱用于物品的干燥和干热灭菌。干燥箱的使用温度范围为 50 ~ 250℃，常用鼓风式电热以加速升温。

1. 使用方法

（1）将温度计插入座内（在箱顶放气调节器中部）。

（2）将电源插头插入电源插座。

(3) 将电热丝分组开头转到 1 或 2 位置上（视所需温度而定），此时可开启鼓风机促使热空气对流。电热丝分组开头开启后，红色指示灯亮。

(4) 注意观察温度计。当温度计温度将要达到需要温度时，调节自动控温旋钮，使绿色指示灯正好发亮，10min 后再观察温度计和指示灯，如果温度计上所指温度超过需要，而红色指示灯仍亮，则将自动控温旋钮略向反时针方向旋转，直调到温度恒定在要求的温度上，指示灯轮番显示红色和绿色为止。自动恒温器旋钮在箱体正面左上方。它的刻度板不能作为温度标准指示，只能作为调节用的标记。

(5) 在恒温过程中，如不需要三组电热丝同时发热时，可仅开启一组电热丝。开启组数越多，温度上升越快。

(6) 工作一定时间后，可开启顶部中央的放气调节器将潮气排出，也可以开启鼓风机。

(7) 使用完毕后将电热丝分组开关全部关闭，并将自动恒温器的旋钮沿反时针方向旋至零位。

(8) 将电源插头拔下。

2. 注意事项

(1) 使用前检查电源，要有良好地线。

(2) 干燥箱无防爆设备，切勿将易燃物品及挥发性物品放箱内加热。箱体附近不可放置易燃物品。

(3) 箱内应保持清洁，放物网不得有锈，否则影响玻璃器皿洁度。

(4) 使用时应定时监看，以免温度升降影响使用效果或发生事故。

(5) 鼓风机的电动机轴承应每半年加油一次。

(6) 切勿拧动箱内感温器，放物品时也要避免碰撞感温器，否则温度不稳定。

(7) 检修时应切断电源。

四、可见光（紫外）分光光度计

1. 工作原理

物质对光的吸收有选择性，不同的物质有其特定的吸收波长。当一束平行的单色光通过均匀的有色溶液时，其吸光度与溶液的浓度和液层厚度的乘积成正比。

2. 分光光度计的使用方法

(1) 首先安装调试好仪器，根据测试的要求，选择合适的光源灯，氘灯的适用波长为 200~400nm，钨灯适用波长为 400~1000nm。

(2) 接通电源，开启电源开关，打开样品室暗室箱盖，使电表针处于"0"位，预热 20min 左右。用波长选择钮选定测定波长和相应的灵敏度档，用调

"0"电位器调整电表为：0%。

（3）用光电选择杆选择测试波长所对应的光电管，625nm 以下，选用蓝敏管；625nm 以上，选用红敏管。

（4）选择合适的比色皿，在紫外波段用 1cm 石英比色皿；在可见光、近红外波段使用 0.5、1、2、3cm（根据颜色深或浅选择薄或厚的比色皿，使标准曲线的吸光度值在线性范围内）玻璃比色皿。一般在 350nm 以下，就可选用石英比色皿。

（5）将测试液和空白液（蒸馏水）倒入比色皿（溶液装入 4/5 高度）中，放入比色皿架（空白液置第一格，试液按顺序放入）上，然后再放入试样室，盖好暗盒盖。

（6）校正仪器，把空白液置于光路中，使透光率达 100%，吸光度为零。

（7）将拉杆轻轻拉出一格，使第二个比色皿内的待测溶液进入光路，读出吸光度，其余待测溶液以此类推。

（8）测试完毕，取出比色皿，洗净后倒置于滤纸上晾干。盖好暗盖，各旋钮置于原来位置，电源开关置于"关"，拔下电源插头。

3. 分光光度计的维护

（1）仪器应安置在干燥、无污染的地方。

（2）仪器内的防潮硅胶应定期更换或再生。

（3）仪器停止工作时，必须切断电源，应按开、关机顺序关闭主机和稳流稳压电源开关。

（4）仪器停止工作，应把狭缝关闭在 0.02nm 附近。

（5）比色皿使用完毕，立即用蒸馏水或有机溶剂冲洗干净，并用柔软清洁的纱布把水渍擦净，以防表面光洁度受损，影响正常使用。

（6）仪器经过搬动，请及时检查并纠正波长精度，确保仪器的正常使用。

（7）光源灯、光电管通常在使用一定时期后会衰老和损坏，必须按规定换新的。

（8）仪器的内光路系统一般不会发生故障，勿随意拆动。

第十二章 生物化学基本实验技术

实验一 糖的颜色反应与还原反应

一、目的要求

通过实验掌握还原糖的测定方法,了解糖的颜色反应变化。

二、试剂与器材

1. 试剂

(1) 费林甲液 称15g硫酸铜($CuSO_4 \cdot 5H_2O$)和0.05g次甲基蓝,溶于1000mL蒸馏水中。

(2) 费林乙液 称50g酒石酸钾钠、54g氢氧化钠和4g亚铁氰化钾溶于1000mL蒸馏水中。

(3) 标准葡萄糖溶液 准确称取干燥至恒重的葡萄糖1.00g,用少量蒸馏水溶解后加入8mL浓盐酸(防止微生物生长),再用蒸馏水定容至1000mL。

(4) 6mol/L盐酸溶液

(5) 6mol/L氢氧化钠溶液

(6) 甘薯粉 内含大量淀粉和部分还原性糖。

(7) 广谱pH试纸

(8) 0.1%碘液

(9) 乙醇(分析纯)

2. 器材

(1) 玻璃器皿 酸式滴定管、容量瓶、三角瓶、烧瓶、烧杯等。

(2) 仪器 电炉、恒温水浴、温度计、天平等。

三、实验步骤

1. 淀粉与碘的反应

取少量淀粉放入白瓷板孔内,加稀碘液2滴,观察颜色变化。

在试管中加入0.1%淀粉溶液5mL,加入稀碘液2滴,摇匀观察颜色变化。将此溶液平均分装在3支试管中做下列实验:1号管在酒精灯上加热,然后冷却,观察整个过程中的颜色变化;2号管加入6mol/L氢氧化钠溶液3滴,观察颜色变化;3号管加入乙醇3滴,观察颜色变化。认真记录实验过程和结果,解释实验现象。

2. 还原糖液制备

称取 1.00g 甘薯粉，在烧杯中用少量蒸馏水调成糊状，再加入 70mL 蒸馏水，50℃保温 15min，取出后在 100mL 容量瓶中定容，经过滤，取滤液进行还原糖测定。

3. 总糖水解液

称取 1.00g 甘薯粉置于小烧杯中，加 6mol/L 盐酸 10mL，蒸馏水 15mL，在沸水浴中加热 30min 后，取出几滴水解液用 I–KI 溶液检验水解是否完全，若已经水解完全，则不呈现蓝色。冷却后加入酚酞指示剂 1 滴，用 6mol/L 氢氧化钠中和至溶液呈微红色，然后定容至 100mL。经过滤，取滤液 10mL 稀释至 100mL，即为稀释 1000 倍的总糖水解液。

4. 糖的定量测定

在 250mL 三角瓶中加入费林试剂甲液和乙液各 5mL，再加入总糖水解液或还原糖液 5mL，并做空白样（即用蒸馏水代替样品滤液）。在加入费林试剂甲乙液后，为了保证处于沸腾状态下快速滴定（整个滴定在 3min 内完成），在滴定前先从滴定管中加入适量的葡萄糖液，然后在沸腾状态下持续滴入葡萄糖液，直至蓝色消失停止滴定。由于还原型次甲基蓝遇到空气后又能转为氧化型而恢复蓝色，因此，当滴定到蓝色刚消失出现黄色时，应立即停止滴定。如果再出现蓝色不能继续滴定。

四、计 算

$$还原糖或总糖 = \frac{(V_1 - V_2)(mL) \times 标准葡萄糖浓度(g/mL) \times 稀释倍数}{样品质量(g)} \times 100\%$$

V_1——空白所耗葡萄糖毫升数

V_2——样品所耗葡萄糖毫升数

五、思 考 题

本实验在滴定时，为什么开始要快速滴定？

实验二 淀粉 α-化程度测定

一、目 的 要 求

掌握测定淀粉性样品的 α-化程度。

二、实 验 原 理

对于淀粉性样品，糊化度的高低是衡量其生熟程度的指标，而糊化度的高低可用淀粉的 α-化程度来表示。淀粉在糖化酶的作用下可转化为葡萄糖，且其糊化度越大，其 α-化程度越高，转化生成的葡萄糖的量就越多。用碘量法测定转化葡萄糖的含量，根据滴定结果计算 α-化程度。

$$C_6H_{12}O_6 + I_2 + 2NaOH \rightarrow C_6H_{12}O_7 + 2NaI + H_2O$$
$$I_2（过量部分） + 2NaOH \rightarrow NaOI + NaI + H_2O$$
$$NaOI + NaI + 2HCl \rightarrow 2NaCl + I_2 + H_2O$$
$$I_2 + 2Na_2S_2O_3 \rightarrow 2NaI + Na_2S_4O_6$$

三、试剂与器材

1. 试剂

（1）糖化酶液（300mL） 取啤酒麦芽，粉碎，按料水比（1∶3）加水在常温下浸提25min，用脱脂棉过滤。

（2）0.1mol/L $Na_2S_2O_3$ 标准溶液

（3）0.1mol/L 碘标准溶液

（4）10% 硫酸溶液

（5）1mol/L 盐酸溶液

（6）0.1mol/L NaOH 溶液

2. 器材

恒温水浴锅、电炉、移液管、酸式滴定管、容量瓶、碘量瓶、60目筛等。

四、实 验 步 骤

（1）取3个碘量瓶A、B、C，分别称取粉碎后经60目筛的样品1.00g两份，置于A、B瓶中，C瓶做空白对照。

（2）分别加入50mL水，并将A瓶放在电炉上微沸20min，然后冷却至室温。

（3）向各瓶加入稀释的糖化酶液2mL，摇匀后一起置于50℃恒温水浴中保温1h，取出，立即向每瓶中加入1mol/L盐酸溶液2mL，终止糖化。

（4）将各瓶内反应物移入容量瓶定容至100mL，过滤。分别取滤液10mL置于250mL碘量瓶中，准确加入0.1mol/L碘标准溶液5mL及0.1mol/L NaOH溶液18mL，盖严放置15min。

（5）打开瓶塞，迅速加入10%硫酸溶液2mL，以0.1mol/L $Na_2S_2O_3$ 标准溶液滴定至无色，记录所消耗的 $Na_2S_2O_3$ 标准溶液的体积。

五、计 算

$$\alpha-\text{化程度} = \frac{V_0 - V_2}{V_0 - V_1} \times 100\%$$

式中 V_0——滴定空白溶液所消耗的 $Na_2S_2O_3$ 标准溶液的体积，mL

V_1——滴定糊化样品所消耗的 $Na_2S_2O_3$ 标准溶液的体积，mL

V_2——滴定未糊化样品所消耗的 $Na_2S_2O_3$ 标准溶液的体积，mL

六、注意事项

1. 加酶糖化时的条件,如加酶量、糖化温度与时间等对测定结果均有影响,操作时应适当控制。

2. 一般膨化食品的 α - 化程度为 98%~99%,方便面为 86%,速溶代乳粉为 90%~92%,生淀粉为 15%。

实验三 蛋白质的颜色反应

一、目的要求

(1) 学习几种鉴定氨基酸与蛋白质的一般方法及应用。
(2) 学习和了解一些鉴定氨基酸的特殊颜色反应及其原理。

二、实验原理

蛋白质所含有的某些氨基酸及其特殊结构,可以与某些试剂发生反应生成有颜色的物质。这些反应非常灵敏,常作为蛋白质或氨基酸的定性和定量测定的依据。下面分别介绍几种呈色反应。

(1) **双缩脲反应** 当尿素加热到 180℃ 左右时,2 分子尿素发生缩合放出 1 分子氨而形成双缩脲。双缩脲在碱性溶液中与铜离子结合生成复杂的紫色化合物。这一呈色反应称为双缩脲反应。

$$2H_2N-\overset{O}{\underset{\|}{C}}-NH_2 \xrightarrow{\text{加热}} H_2N-\overset{O}{\underset{\|}{C}}-NH-\overset{O}{\underset{\|}{C}}-NH_2 + NH_3 \uparrow$$

蛋白质分子中含有多个与双缩脲结构相似的肽键,因此也能发生双缩脲反应,形成紫红色或蓝紫色化合物。借此可以鉴定蛋白质的存在或测定其含量。应当指出,凡含有肽键的物质(包括一切蛋白质或三肽以上的多肽物质)均有此反应,但有双缩脲反应的物质不一定都是蛋白质或多肽。

(2) **黄色反应** 凡是含有苯基 ($-C_6H_5$) 的化合物都能与浓硝酸作用产生黄色的硝基衍生物。该化合物在碱性溶液中进一步形成深橙色的硝醌酸钠(加碱后颜色变深,可能是由于硝醌酸化合物的生成)。

在蛋白质分子中,这种特殊复合物的生成与酪氨酸及色氨酸有关。苯丙氨酸不易硝化,一般情况下几乎无黄色反应,若同时加入少量浓硫酸,则能得到明显的正反应。绝大多数的蛋白质分子中都含有含苯基结构的氨基酸(如酪氨酸、色氨酸等),因此都有黄色反应。皮肤、指甲和毛皮等遇浓硝酸变黄即为这种反应的结果。

(3) **茚三酮反应** 除脯氨酸和羟脯氨酸外,所有的氨基酸都能与茚三酮发生反应,生成紫红色,最终形成蓝紫色化合物。

除蛋白质、多肽、各种氨基酸具有茚三酮反应外，氨、β-丙氨酸和许多一级胺化合物都给出正反应。尿素、马尿酸、二酮吡嗪和肽键上的亚氨基呈负反应。该反应十分灵敏，1:1500000 浓度的氨基酸水溶液就能呈现反应。反应液的酸度应在 pH 5~7 之间。目前，此反应广泛用于氨基酸的定量测定。

(4) 乙醛酸反应　当向蛋白质溶液中加入乙醛酸并用浓硫酸重叠时，则产生红紫色（注：若用乙醛来替代乙醛酸，则色环以黄色为主）。此反应与蛋白质分子中的色氨酸有关。

色氨酸在浓硫酸中与一些醛类反应形成有色物质。很多人用含有少量醛杂质的冰醋酸或用乙醛酸作为试剂。形成的有色产物的性质还不清楚。但可能是醛与两分子色氨酸脱水缩合形成与靛蓝相似的物质。

硝酸根、亚硝酸根、氯酸根及过多的氯离子均能妨碍此反应。有微量硫酸铜或 Fe^{3+} 存在时，可加强色氨酸的阳性反应。

(5) 醋酸铅反应　蛋白质分子中存在含硫的胱氨酸和半胱氨酸。含硫蛋白质在强碱作用下，有硫化钠生成，硫化钠与醋酸铅作用生成黑色硫化铅沉淀。若再与浓 HCl 反应，则出现 H_2S 的臭味。但蛋氨酸中的硫相当稳定，不产生此反应。

$$R-SH + 2NaOH \rightarrow R-OH + Na_2S + H_2O$$

$$Na_2S + Pb^{2+} \rightarrow PbS\downarrow + 2Na^+$$

$$PbS + 2HCl \rightarrow PbCl_2 + H_2S\uparrow$$

三、试剂与器材

1. 试剂

(1) 蛋白质溶液　取 5mL 蛋清，用蒸馏水稀释至 100mL，搅拌均匀后用纱布过滤。

(2) 黄豆提取液

(3) 尿素

(4) 10% 氢氧化钠溶液

(5) 1% 硫酸铜溶液

(6) 浓硝酸、浓硫酸（AR 试剂）

(7) 0.5% 苯酚（也称石炭酸）溶液

(8) 0.5% 茚三酮-乙醇溶液　称取 0.5g 茚三酮，溶于 100mL 95% 乙醇。临用前配制。

(9) 0.5% 的酪蛋白溶液（0.01% NaOH 作溶剂）

(10) 0.5% 的甘氨酸溶液

(11) 0.5% 的醋酸铅溶液

(12) 浓盐酸

(13) 饱和硫酸铵溶液

(14) 浓醋酸（常含有少量乙醛酸，若不含需单独加入）

2. 器材

试管及试管架、酒精灯、水浴锅、滤纸片、电炉等。

四、实验步骤

1. 双缩脲反应

(1) 取1支干燥试管，加入少量尿素，用微火加热使之熔化，待熔化的尿素开始变硬时停止加热。此时，尿素已缩合为双缩脲并放出氨气（可由气味辨别）。待试管冷却，加入约1mL 10% NaOH溶液，振荡使其溶解，再加入1滴1%的硫酸铜溶液。混匀后观察出现的粉红色。

(2) 另取2支试管，分别放入2滴蛋白溶液及20滴黄豆提取液，再加入5滴10%氢氧化钠溶液，摇匀，然后再加入1滴1%的硫酸铜溶液，再摇动，观察颜色变化，出现紫红色表示有蛋白质存在。

注意：加入的硫酸铜不可过量，否则会生成蓝色的氢氧化铜，从而掩盖了双缩脲反应的粉红色。

2. 黄色反应

(1) 取1支试管，加稀释过的蛋白质溶液4滴及浓硝酸2滴，此时有沉淀生成。用微火小心加热，不必至沸腾，则沉淀变为黄色。待冷却后，逐滴加入10% NaOH溶液，当反应液由酸变碱时，颜色由黄变为深橙色。

另取1支试管，用黄豆提取液20滴，按同样方法进行蛋白质黄色反应。

(2) 取1支试管，用0.5%苯酚溶液代替蛋白溶液，重复上述操作，观察黄色的生成及变化。

(3) 剪些指甲和头发分别放入2支试管中，加入数滴浓硝酸，观察其颜色变化。

3. 茚三酮反应

(1) 取1支试管，加入稀释过的蛋白质溶液4滴，0.5%茚三酮-乙醇溶液2滴，混匀后在小火上加热煮沸1~2min，放置冷却，观察颜色变化。

(2) 另取2支试管，用0.5%的酪蛋白和0.5%的甘氨酸溶液代替蛋白溶液，进行茚三酮反应，观察颜色变化。

(3) 在一块滤纸片上滴1滴0.5%的甘氨酸溶液。风干后，加1滴0.5%茚三酮-乙醇溶液显色，在小火旁烘干。观察出现的紫红色斑点。

4. 乙醛酸反应

向试管中加数滴蛋白质溶液，再加冰醋酸约1mL。倾斜试管，谨慎地沿着管壁加浓硫酸约1mL，使其重叠，勿使两者混合。静置后，观察在两液界面上出现的红紫色环，于水浴中微热，可帮助颜色形成。白明胶不含色氨酸，不呈此反应。

5. 醋酸铅反应

取 1 支试管，先加入 1mL 0.5% 的醋酸铅溶液，然后慢慢加入 10% 的氢氧化钠溶液，直到产生的沉淀溶解为止（注：10% 的氢氧化钠溶液浓度太高，很易过量而看不到沉淀，可适当降低其浓度）。摇匀后，加入稀蛋白溶液数滴，摇匀，小心加热，则溶液变黑。小心加入 2mL 浓盐酸，嗅其味，判断有什么物质生成。

五、思 考 题

1. 皮肤、指甲、毛皮等遇浓硝酸变黄的原因是什么？
2. 明胶为什么不能发生乙醛酸反应？

实验四　蛋白质的沉淀反应

一、目 的 要 求

（1）通过实验加深对蛋白质胶体分子稳定因素的认识。
（2）区分可逆的盐析沉淀作用及不可逆的沉淀作用（重金属沉淀、有机酸沉淀、无机酸沉淀及加热沉淀等）。

二、实 验 原 理

在水溶液中蛋白质分子的表面由于形成水化层和双电层而成为稳定的胶体颗粒。因此，蛋白质溶液与其他亲水胶体溶液相似，这种稳定性是有条件的和相对的。在一定的物理化学因素影响下，蛋白质颗粒失去电荷，脱水，甚至变性而丧失稳定因素，即以固态形式从溶液中析出，这种作用称为蛋白质的沉淀反应。该反应有两种类型：可逆沉淀反应和不可逆沉淀反应。

1. 可逆沉淀反应

在发生沉淀反应时，蛋白质虽已沉淀析出，蛋白质内部结构并未发生显著变化，基本上保持原有的性质。如除去造成沉淀的因素后，蛋白质沉淀可再溶于原来的溶剂中。因此，这种沉淀反应称为可逆沉淀反应。属于此类的反应有盐析作用，在低温下用乙醇或丙酮短时间作用于蛋白质的反应，以及利用等电点的沉淀。

2. 不可逆沉淀反应

在发生沉淀反应时，蛋白质分子内部结构，特别是空间结构遭到破坏，失去其天然蛋白质的原来性质。这种蛋白质沉淀不能再溶解于原来的溶剂中。可能是结构破坏时，蛋白质分子的疏水基团暴露出来，使其从亲水胶体转变为疏水胶体的缘故。重金属盐、生物碱试剂、过酸、过碱、加热、震荡、超声波、有机溶剂等都能使蛋白质发生不可逆沉淀而析出。

3. 蛋白质可逆沉淀与不可逆沉淀的比较

（1）将蛋白质可逆沉淀反应中用硫酸铵盐析所得的清蛋白沉淀倒入透析袋内，用线绳或橡皮筋将透析袋口扎紧，并捆在玻璃棒上，使透析袋浸入盛有蒸馏水的烧杯中进行透析。每隔30min换水一次，细心观察透析现象。

（2）将蛋白质不可逆反应中用硝酸银沉淀所得到的蛋白质沉淀倒入透析袋内，如前法进行透析。

透析1h左右，比较以上两个透析袋中蛋白质沉淀所发生的变化，并加以解释。

如果将盛有透析袋的烧杯放在电磁搅拌器上进行透析，则5min换一次水，透析过程只需15~20min。

三、试剂与器材

1. 试剂

（1）蛋白质氯化钠溶液　取20mL蛋清，加蒸馏水200mL和饱和氯化钠溶液100mL，充分搅拌均匀后纱布过滤。加氯化钠的目的是溶解球蛋白。

（2）饱和硫酸铵溶液

（3）硫酸铵粉末

（4）蛋白质溶液

（5）2%硝酸银溶液

（6）0.5%醋酸铅溶液

（7）10%三氯乙酸溶液

（8）黄豆提取液

（9）浓盐酸

（10）浓硫酸

（11）浓硝酸

（12）0.5%磺基水杨酸溶液

（13）1%硫酸铜溶液

（14）饱和硫酸铜溶液

（15）0.1%醋酸溶液

（16）10%醋酸溶液

（17）饱和氯化钠溶液

（18）10%氢氧化钠溶液

（19）饱和苦味酸溶液

（20）5%鞣酸溶液

（21）1%醋酸溶液

2. 器材

试管及试管架、玻璃漏斗、滤纸、玻璃纸、玻璃棒、线绳或橡皮筋、烧杯（500mL）、量筒（10mL）。

四、实验步骤

1. 蛋白质的可逆沉淀反应——蛋白质的盐析作用

取 1 支试管加入 3mL 蛋白质氯化钠溶液和 3mL 饱和硫酸铵溶液，混匀，静置约 10min，球蛋白则沉淀析出。过滤后向滤液中加入硫酸铵粉末，边加边用玻棒搅拌，直至粉末不再溶解达到饱和为止，析出的沉淀为清蛋白。静置，倒去上部清液，清蛋白留下做透析用。

2. 蛋白质的不可逆沉淀反应

（1）重金属沉淀蛋白质　重金属盐类易与蛋白质结合成稳定的沉淀而析出。蛋白质在水溶液中是酸碱两性电解质，在碱性溶液中（对蛋白质等电点而言），蛋白质分子带负电荷，能与带正电荷的金属离子结合成蛋白质盐。当加入汞、铅、铜、银等重金属盐时，则蛋白质形成不溶性的盐类而沉淀。

取 3 支试管，都加入约 1mL 蛋白质溶液，再分别向 3 支试管加入 1 滴 2%硝酸银溶液、0.5%醋酸铅溶液和 1%硫酸铜溶液，观察沉淀的生成。

对第 2 支、第 3 支试管分别加入过量醋酸铅溶液及饱和硫酸铜溶液，观察沉淀的再溶解。第 1 支试管中形成的沉淀留做不可逆沉淀的透析用。

（2）有机酸沉淀蛋白质　有机酸能使蛋白质沉淀。三氯乙酸和磺基水杨酸最有效，可将血清等生物体液中的蛋白质完全除去。

取 2 支试管，各加入蛋白质溶液 0.5mL，然后分别滴加 10%三氯乙酸和 0.5%磺基水杨酸溶液数滴，观察蛋白质的沉淀。

（3）无机酸沉淀蛋白质　除磷酸外的浓无机酸都能使蛋白质发生不可逆的沉淀反应。过量的无机酸（硝酸除外）又可使沉淀出的蛋白质重新溶解。

取 3 支试管，各小心加入 6 滴蛋白质溶液，再分别滴加浓盐酸、浓硫酸、浓硝酸，不要摇动，观察各管中白色蛋白质沉淀的出现。然后再滴加浓盐酸或浓硫酸，蛋白质沉淀应在过量的盐酸或硫酸中溶解。在含硝酸的试管中，虽经震荡，蛋白质沉淀也不溶解。

（4）生物碱试剂沉淀蛋白质　生物碱是植物中具有显著生理作用的一类含氮的碱性物质。凡能使生物碱沉淀，或能与生物碱作用生成颜色产物的物质称为生物碱试剂，如鞣酸、苦味酸、磷钨酸等。

取 2 支试管，各加入 2mL 蛋白质溶液及 1%醋酸 4~5 滴。向一试管中加入 5%鞣酸溶液数滴，另一试管中加入饱和的苦味酸溶液数滴，观察结果。

（5）加热沉淀蛋白质　几乎所有的蛋白质都因加热变性而凝固，变成不可逆的不溶解状态。盐类和氢离子浓度对蛋白质加热凝固有重要影响。少量盐类促进蛋白质的加热凝固。当蛋白质处于等电点时，加热凝固最完全、最迅速。在酸性或碱性溶液中蛋白质加热不凝固，但同时有中量中性盐存在时，蛋白质可加热凝固。

取5支试管，编号，按表12-1加入有关试剂：

表12-1　　　　　　　　　　蛋白质沉淀实验

试管编号	试剂 蛋白质溶液	0.1%醋酸	10%醋酸	饱和NaCl	10%NaOH	蒸馏水	实验结果
1	10滴	—	—	—	—	7滴	
2	10滴	5滴	—	—	—	2滴	
3	10滴	—	5滴	—	—	2滴	
4	10滴	—	5滴	2滴	—	—	
5	10滴	—	—	—	2滴	5滴	

将各管混匀，观察，记录各管溶液情况。然后放入沸水中加热10min。注意观察比较各管的沉淀情况。最后，将第3、4、5号管分别用10% NaOH或10%醋酸中和，观察并解释实验结果。

实验五　蛋白质等电点的测定

一、目的要求

（1）初步学会测定蛋白质等电点的基本方法。
（2）了解蛋白质的两性解离性质。

二、实验原理

蛋白质由许多氨基酸组成，虽然绝大多数的氨基与羧基成肽键结合，但是总有一定数量自由的氨基与羧基，以及酚基、巯基、胍基、咪基等酸碱基团，因此蛋白质和氨基酸一样是两性电解质，在溶液中存在两性电离平衡。

当调节溶液的酸碱度达到一定的氢离子浓度，使蛋白质分子上所带的正负电荷相等时，在电场中，该蛋白质分子既不向阳极移动，也不向阴极移动，这时溶液的pH就是该蛋白质的等电点（pI）。不同蛋白质的等电点不同。当溶液的pH低于蛋白质等电点时，即在H^+较多的条件下，蛋白质分子带正电成为阳离子；当溶液的pH大于蛋白质等电点时，即在OH^-较多的条件下，蛋白质分子带负电成为阴离子。

蛋白质的等电点多接近于pH 7.0，略偏酸性的等电点也很多，如白明胶的等电点为 pH 4.7，也有偏碱性的，如精蛋白等电点为 pH 10.5~12.0。在等电点时，蛋白质溶解度最小，容易沉淀析出。因此，可以借助在不同 pH 溶液中的某蛋白质的溶解度来测定该蛋白质的等电点。

三、试剂与器材

1. 试剂

(1) 5% 酪蛋白溶液（以 0.01mol/L 氢氧化钠溶液作溶剂）

(2) 0.5% 酪蛋白醋酸钠溶液　将纯酪蛋白充分研磨后称量 0.25g，加蒸馏水 20mL 及 1.00mol/L 氢氧化钠溶液 5mL（必须准确）。摇荡使酪蛋白溶解。然后加 1.00mol/L 醋酸 5mL（必须准确），倒入 50mL 容量瓶中，用蒸馏水稀释至刻度，混匀，结果使酪蛋白溶于 0.10mol/L 醋酸钠溶液内。酪蛋白的浓度为 0.5%。

(3) 0.01% 溴甲酚绿指示剂

(4) 0.02mol/L 盐酸溶液

(5) 0.10mol/L 醋酸溶液

(6) 0.02mol/L 氢氧化钠溶液

(7) 0.01mol/L 醋酸溶液

(8) 1.00mol/L 醋酸溶液

2. 器材

试管及试管架、移液管（1、5mL）、滴管。

四、实验步骤

1. 蛋白质的两性反应

(1) 取 1 支试管，加 0.5% 酪蛋白溶液 20 滴和 0.01% 溴甲酚绿指示剂 5~7 滴，混匀。观察溶液呈现的颜色，并说明原因。

(2) 用细滴管缓慢加入 0.02mol/L 盐酸溶液，随滴随摇，直至有明显的大量沉淀发生，此时溶液的 pH 接近于酪蛋白的等电点。观察溶液颜色的变化，并说明原因。

(3) 继续滴入 0.02mol/L 盐酸溶液，观察沉淀和溶液颜色的变化，并说明原因。

(4) 再滴入 0.02mol/L 氢氧化钠溶液进行中和，观察是否出现沉淀，解释其原因。继续滴入 0.02mol/L 氢氧化钠溶液，为什么沉淀又会溶解？溶液的颜色如何变化？说明了什么问题？

2. 酪蛋白等电点的测定

方法一：取 5 支同种规格的试管，编号，按表 12-2 顺序精确加入各种试剂，然后逐一振荡试管，使试剂混合均匀。

表 12-2　　　　　　　　　　蛋白质的等电点测定表

试管号	蒸馏水/mL	1.00mol/L 醋酸/mL	1.00mol/L 醋酸/mL	1.00mol/L 醋酸/mL	0.1%酪蛋白/mL	溶液 pH	浑浊度
1	8.4	—	—	0.6	1.0	5.9	
2	8.7	—	0.3	—	1.0	5.3	
3	8.0	—	1.0	—	1.0	4.7	
4	—	—	9.0	—	1.0	4.1	
5	7.4	1.6	—	—	1.0	3.5	

方法二：取 9 支粗细相近的干净试管，编号后按表 12-3 的顺序准确地加入各种试剂。加入每种试剂后应混合均匀。

表 12-3　　　　　　　　　　蛋白质的等电点测定表

	试管编号	1	2	3	4	5	6	7	8	9
加入的试剂	蒸馏水/mL	2.4	3.2	—	2.0	3.0	3.5	1.5	2.75	3.38
	1.00mol/L 醋酸溶液/mL	1.6	0.8	—	—	—	—	—	—	—
	0.1mol/L 醋酸溶液/mL	—	—	4.0	2.0	1.0	0.5	—	—	—
	0.01mol/L 醋酸溶液/mL	—	—	—	—	—	—	2.5	1.25	0.62
	0.5%酪蛋白醋酸钠溶液/mL	1.0	1.0	1.0	1.0	1.0	1.0	1.0	1.0	1.0
	溶液的最终 pH	3.5	3.8	4.1	4.4	4.7	5.0	5.3	5.6	5.9
	沉淀出现的情况									

根据实际情况选择其中一种方法。将上述试管静置于试管架上约 20min 后，仔细观察，比较各管的浑浊度，将观察的结果记于表内，并指出酪蛋白的等电点。

注：①本试验各种试剂的浓度及用量均要求很准确。
②浑浊度可用 -、+、++、+++等符号表示。

五、思　考　题

1. 什么是等电点？在等电点时，蛋白质为什么容易被沉淀析出？
2. 当实验结果与已知发生较大误差时，试分析其原因。

实验六　凯氏定氮法测定食品中的蛋白质

一、实　验　原　理

样品与浓硫酸和催化剂（$CuSO_4$、K_2SO_4）一同加热，使有机质破坏，蛋白质分解，其中碳和氢被氧化为二氧化碳和水逸出，而样品中的有机氮转化为氨与硫酸结合成硫酸铵,留在溶液中。然后加碱蒸馏,放出的氨用硼酸吸收,再以标准盐酸或硫酸溶液滴定,根据标准酸消耗量可计算出样品含氮量,由含氮量乘以蛋白质系数就得出蛋白质含量。反应式如下:

$$2NH_2(CH_2)_2COOH + 13H_2SO_4 \longrightarrow (NH_4)_2SO_4 + 6CO_2\uparrow + 12SO_2\uparrow + 16H_2O$$

$$(NH_4)_2SO_4 + 2NaOH \longrightarrow 2NH_3\uparrow + Na_2SO_4 + 2H_2O$$

$$2NH_3 + 4H_3BO_3 \longrightarrow (NH_4)_2B_4O_7 + 5H_2O$$

$$(NH_4)_2B_4O_7 + 2HCl + 5H_2O \longrightarrow 2NH_4Cl + 4H_3BO_3$$

二、试剂与器材

1. 试剂

(1) 硫酸

(2) 硫酸钾

(3) 硫酸铜

(4) 400g/L 氢氧化钠

(5) 40g/L 硼酸溶液

(6) 甲基红-溴甲酚绿混合指示剂 5份0.2%溴甲酚绿95%乙醇溶液与1份0.2%甲基红乙醇溶液混合。

(7) 0.1mol/L 盐酸标准溶液(预先标定)

2. 器材

500mL凯氏烧瓶、定氮蒸馏装置(见图12-1)。

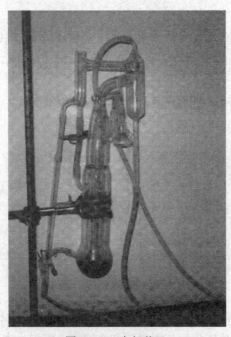

图12-1 定氮装置

三、实验步骤

1. 样品消化

准确称取均匀的固体样品 0.5~3g，或半固体样品 2~5g，或吸取液体样品 15~20mL。小心移入干燥的凯氏烧瓶中（勿粘附在瓶壁上）。加入 1g $CuSO_4$、10g K_2SO_4 及 25mL 浓硫酸，小心摇匀后，于瓶口置一小漏斗，瓶颈 45°角倾斜置于电炉上，在通风橱内加热消化（若无通风橱可于瓶口倒插入一口径适宜的干燥管，用乳胶管与水力真空管相连，利用水力抽除消化过程所产生的烟气）。先以小火缓慢加热，待内容物完全炭化、泡沫消失后，加大火力，消化至溶液透明呈蓝绿色。取下漏斗，继续加热 0.5h，冷却至室温。定容至 100mL。

2. 蒸馏、吸收

（1）常量蒸馏　装好蒸馏装置，冷凝管下端进入接受瓶液面之下（瓶内预先装有 50mL 4% 硼酸溶液及混合指示剂 5~6 滴）。在凯氏烧瓶内加入 100mL 蒸馏水、玻璃珠数粒，从安全漏斗中慢慢加入 70mL 400g/L 氢氧化钠，溶液应呈蓝褐色。不要摇动，将定氮球连接好。加热蒸馏 30min，将蒸馏装置出口离开液面继续蒸馏 1min，用蒸馏水淋洗尖端后停止蒸馏。

（2）微量蒸馏　本实验采用此方法。

①连接蒸馏装置：装好后，打开进水管和出水管，水进入烧瓶（水面要比反应室液面稍高，加热时，使水蒸气能包住反应室溶液）。

②清洗定氮仪：从定氮仪小漏斗加入 5mL 稀酸、5mL 蒸馏水至定氮仪反应室。几分钟后，停止加热，排出废液。洗净即可（不洗净时，加热中水沸腾至虹吸管口，影响蒸馏）。每次清洗前和蒸馏前要彻底冷却才可。

③蒸馏：将消化液 [含 $(NH_4)_2SO_4$] 5mL 从小漏斗加入定氮仪反应室。再加 400g/L 氢氧化钠 8~10mL，用少量水润洗小漏斗。

向接收瓶（可用三角瓶）内加入 10mL 硼酸、几滴甲基红 - 溴甲酚绿混合指示剂，把接收管口置于接收瓶液面（若管口离液面太高时 NH_3 会挥发走，若深入液面时可能会使硼酸倒流入接收管）。

加热，当蒸馏瓶内水沸腾时，反应室有 NH_3 放出，至冷凝管处冷却为液滴，流经接收管到接收瓶中。

当接收瓶内液体由淡红色变为草绿色时，用 pH 试纸检测（先用蒸馏水冲洗接收管口，防硼酸干扰，影响 pH），若为中性，说明已蒸馏完毕。

停止加热，蒸馏瓶遇冷，与反应室温差骤大，反应室内的溶液通过虹吸口进入外层，经出水管排出。

冲洗定氮仪：同②。

3. 滴定

将接收瓶内的硼酸液用 0.1mol/L 盐酸标准溶液滴定，由蓝色变为微红色即为终点。同时做一试剂空白（除不加样品外，从消化开始操作完全相同）。

四、结果计算

常量蒸馏计算公式：

$$蛋白质含量 = \frac{c(V_2 - V_1) \times 0.014 \times F}{m} \times 100\%$$

微量蒸馏计算公式：

$$蛋白质含量 = \frac{c(V_2 - V_1) \times 0.014 \times F}{m \times \frac{10}{100}} \times 100\%$$

式中 c——盐酸标准液的浓度，mol/L

V_1——滴定空白消耗标准盐酸液量，mL

V_2——滴定试样消耗标准盐酸液量，mL

m——样品质量，g

0.014——1mL 1mol/L盐酸标准溶液相当于氮的质量，g

F——蛋白质系数

说明：

（1）消化过程应注意转动凯氏烧瓶，利用冷凝酸液将附在瓶壁上的炭粒冲下，以促进消化完全。

（2）若样品含脂肪或糖较多时，应注意会产生大量泡沫而溢出，可加入少量辛醇或液体石蜡，或硅消泡剂，防止其溢出瓶外，并注意适当控制热源强度。

（3）若样品消化液不易澄清透明，可将凯氏烧瓶冷却，加入300g/L过氧化氢2~3mL后再加热。

（4）消化时加入K_2SO_4可以提高溶液的沸点而加快有机物分解，它与硫酸作用生成硫酸氢钾可提高反应温度，一般纯硫酸的沸点在340℃左右，而添加K_2SO_4后，可使温度提高至400℃以上。

（5）$CuSO_4$为催化剂，起催化作用，加速氧化分解。$CuSO_4$也是蒸馏时样品液碱化的指示剂，具有蓝绿色，有助于观察消化的是否彻底。若所加碱量不足，分解液呈蓝色不生成氢氧化铜沉淀，需再增加氢氧化钠用量。

（6）一般消化至呈透明后，继续消化30min即可，但当含有特别难以氨化的氮化合物的样品，如含赖氨酸或组氨酸时，消化时间需适当延长。有机物如分解完全，分解液呈蓝色或浅蓝色。但含铁量多时，呈较深绿色。

（7）硼酸吸收液的温度不应超过40℃，否则氨吸收减弱，造成损失，可将吸收瓶置于冷水浴中。

（8）蒸馏过程应注意接头处无松漏现象，蒸馏完毕，先将蒸馏出口离开液面，继续蒸馏1min，将附着在尖端的吸收液完全洗入吸收瓶内，再将吸收瓶移开。

五、注 意 事 项

1. 蒸馏时实验室中切忌有碱性雾气（如氨），否则将严重影响实验结果的准确度。

2. 若反应室内液体太多，超过 1/2，又不易排出时，只能拆开仪器倒出贮液。但是一般尽量避免发生此种情况。拆卸时应特别小心，防止损坏仪器。

拆卸仪器应首先放松用来固定冷凝管的万能夹，然后小心地将冷凝管向下错开，待反应室外壳与冷凝管分开后，再移动反应室。

3. "空白"滴定值包括水及氢氧化钠溶液中含有的微量的氨。因此，水质对"空白"滴定值的影响甚大。"消化样品"最后用"消化空白"进行校正计算，"不消化的样品"最后用"不消化的空白"进行校正计算。而且，在实验中，稀释样品的水与"空白"的水应当取自于同一瓶中。

4. 蛋白质是一类复杂的含氮化合物，其中每一种蛋白质都有恒定的含氮量，一般为 14%～18%，平均为 16%。由凯氏定氮法测出含氮量，再乘以系数 6.25（即每含氮 1g，就表示该物质含蛋白质 6.25g）即为蛋白质量。

实验七 氨基酸的分离鉴定——纸上层析

一、目 的 要 求

（1）了解分配层析的原理。
（2）掌握氨基酸纸上层析法的操作技术（包括点样、平衡、展层、显色、鉴定及定量）。

二、实 验 原 理

纸上层析是一种分配层析。分配层析是利用不同的物质在两个互不相溶的溶剂中的分配系数不同而得到分离的。通常用 α 表示分配系数。α 等于溶质在固定相的浓度（c_s）与溶质在流动相的浓度（c_1）的比值，即 c_s/c_1。一个物质在某溶剂系统中的分配系数，在一定的温度下是一个常数。

纸上层析是用滤纸作为惰性支持物的分配层析法。纸纤维上的—OH 具有亲水性，因此能吸附一层水作为固定相，而通常把有机溶剂作为流动相。有机溶剂自上而下流动，称为下行层析；自下而上流动，称为上行层析。流动相流经支持物时与固定相之间进行连续抽提、分配，使物质在两相之间不断分配而得到分离。

物质被分离后，层析点在图谱上的位置，即在纸上的移动速率，用 R_f 值（比移值）来表示：

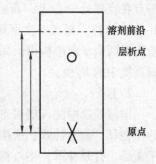

图 12-2 纸上层析示意图

$$R_f = \frac{\text{原点到层析点中心的距离}}{\text{原点到溶剂前沿的距离}}$$

R_f 值的大小与物质的结构、性质、溶剂系统、层析纸的质量、层析温度、pH 和时间等因素有关。但在相同条件下，R_f 只与各物质的分配系数有关。某一物质在某一特定条件下的 α 值是固定的，因此 R_f 值可作为特征常数。比较不同的 R_f 值，可鉴别出不同的物质。

三、试剂与器材

1. 试剂

（1）氨基酸标准液（1mg/mL） 将天冬氨酸、丙氨酸、酪氨酸、蛋氨酸、胱氨酸、亮氨酸六种氨基酸配成相应浓度的溶液。

（2）第一展层剂 正丁醇:80% 甲酸:水 = 15:3:2（体积比），为酸溶剂系统，其平衡溶剂与展层剂相同。

（3）第二展层剂 正丁醇:12% 氨水:95% 乙醇 = 13:3:3（体积比），为碱溶剂系统，其平衡溶剂为 12% 氨水。

（4）显色剂 0.1% 茚三酮–丙酮溶液，0.5% 茚三酮–丙酮溶液。

2. 器材

（1）层析滤纸（新华一号）

（2）培养皿（φ10cm）

（3）玻璃钟罩

（4）电热干燥箱

（5）电吹风、喷雾器、点样管（毛细管）、镊子、铅笔、尺子、针线等。

四、实验步骤

1. 滤纸及点样

选用新华一号滤纸，剪成 22cm×28cm 大小，在距纸边 2cm 处，用铅笔轻轻划一条线，于线上每隔 3cm 处画一小圈圈作为点样处，直径在 0.3cm 内。然后将滤纸悬挂在点样架上，用点样管吸取样液，在与滤纸垂直方向依次将各种氨基酸点在点样处中心上，点样量为 10～20μg 为宜。为防止扩散，点样时可分为 2～3 次点样，每点一次可用电吹风吹干后再点第二次，但温度不能过高。本实验要做两张单向层析谱，每张 6 种氨基酸，一张测酸系统中的 R_f 值，另一张测碱系统中的 R_f 值。

2. 层析

向培养皿中注入展层剂，使液层厚为 1.5cm 左右，周围放三个盛有平衡剂的小烧杯，盖上钟罩，平衡 2h，同时用线将滤纸缝成筒状，纸的两边不能接触。平衡后，打开钟罩，小心将点样后的滤纸移入培养皿内（不能碰皿壁），再盖上钟罩，开始层析。当展层剂到达离滤纸上边 1cm 左右时，取出滤纸，立即用铅笔标出溶剂前沿位置，挂在点样架上晾干，直至除净溶剂，或用电吹风吹干。

3. 显色

用喷雾剂把0.1%茚三酮－丙酮溶液均匀地喷在已除净溶剂的层析滤纸上（不要喷太多），取下滤纸，放入65℃烘箱中烘10~15min显色，或用热风吹至显色为止。

4. 计算

显色后，用铅笔轻轻描出显色斑点的形状，找出中心点，用尺子量出原点到中心点和原点到溶剂前沿的长度，即可算出各种氨基酸在酸系统和碱系统中的 R_f 值。

五、思 考 题

1. 何谓纸上层析法？
2. 何谓 R_f 值？影响 R_f 值的主要因素是什么？

实验八　酪蛋白的制备

一、目 的 要 求

学习从牛乳中制备酪蛋白的原理和方法。

二、实 验 原 理

牛乳中主要的蛋白质是酪蛋白，含量约为35g/L。酪蛋白是一些含磷蛋白质的混合物，等电点为4.7。利用等电点时溶解度最低的原理，将牛乳的pH调至4.7时，酪蛋白沉淀出来。酪蛋白不溶于乙醇，用乙醇洗涤沉淀物，除去脂类杂质后便可得到纯的酪蛋白。

三、试剂与器材

1. 试剂
(1) 牛乳
(2) 醋酸钠缓冲液 0.2mol/L，pH 4.6
(3) 乙醇
(4) 乙醚
(5) 乙醇－乙醚混合液　乙醇:乙醚=1:1（体积比）

2. 器材
(1) 100℃温度计
(2) 电炉
(3) 细布
(4) 玻璃漏斗（大）

(5) 布氏漏斗
(6) 抽滤瓶
(7) 烧杯（500mL）
(8) pH 试纸或酸度计

四、实 验 步 骤

将 100mL 牛乳放到 500mL 烧杯中，加热至 40℃，再在搅拌下慢慢加入预热至 40℃左右的醋酸缓冲液 100mL，直至 pH 达到 4.7 左右。可以用精密 pH 试纸或酸度计调节。将上述悬浮液冷却至室温，然后放置 5min，用细布过滤，收集沉淀。

上述沉淀用少量水洗数次，然后悬浮于 30mL 乙醇中。将此悬浮液倾于布氏漏斗中，过滤除去乙醇溶液，再倒入乙醇-乙醚混合液洗涤沉淀（洗两次）。最后再用乙醚洗涤沉淀两次，抽干。

将沉淀从布氏漏斗中移出，在表面皿上摊开以除去乙醚，干燥后得到的是酪蛋白纯品。

准确称重后，计算出每 100mL 牛乳所制备出的酪蛋白数量（g/100mL），并与理论含量（3.5g/100mL）相比较，求出实际获得的百分率。

$$得率：\frac{测得含量（g/100mL）}{理论含量（3.5g/100mL）} \times 100\%$$

附：0.2mol/L pH 4.6 醋酸-醋酸钠缓冲液的配制

先配制 A 液与 B 液。

A 液：0.2mol/L 醋酸钠溶液：称取 $NaAc \cdot 3H_2O$ 27.22g，定容至 1000mL。

B 液：0.2mol/L 醋酸溶液：称取优级冰醋酸（含量大于 99.8%）12.0mL 定容至 1000mL。

取 A 液 49.0mL，B 液 51.0mL，混合即得 pH 4.6 的醋酸-醋酸钠缓冲液 100mL。

五、思 考 题

1. 为什么酪蛋白可在等电点 pH 下沉淀出来？
2. 蛋白质为什么可以用有机溶剂沉淀？

实验九　发酵过程中谷氨酸含量的测定

一、目 的 要 求

了解华勃氏呼吸仪的使用方法，熟悉用华勃氏呼吸仪测定谷氨酸含量。

二、实 验 原 理

大量形成谷氨酸是生产的目的，发酵液中谷氨酸含量的测定，普遍使用华勃氏呼吸仪测定法。一般从发酵 12h 开始，每隔 2~4h 测定一次。华勃氏呼吸仪法是一种微量检压技术，可用于测定微生物和组织代谢时所发生的气体量的改变，如氧的吸收和 CO_2 的产生等。

大肠杆菌菌体内含有 L-谷氨酸脱羧酶，在一定温度（37℃）、一定 pH（4.8~5.0）和固定容积下，能专一地催化 L-谷氨酸脱羧，释放出二氧化碳。在恒温、恒容情况下，如果华勃氏呼吸仪所带瓶内气体的量发生改变，则引起压力的改变（如放出 CO_2 时瓶内压力增加），由测压计上压力的改变就可计算放出 CO_2 的量（每分子 L-谷氨酸产生一分子 CO_2），进一步求出 L-谷氨酸的量。通过测量反应系统中气体压力的升高，可计算出反应生成的 CO_2 的体积，然后换算成试样中谷氨酸的含量。

三、试剂与器材

1. 试剂

（1）谷氨酸发酵液

（2）pH 5.0 醋酸-醋酸钠缓冲液

A 液：3mol/L 醋酸钠溶液：称取 $NaAC·3H_2O$（相对分子质量 136.09）40.8g 溶于蒸馏水，然后定容至 100mL。

B 液：2mol/L 醋酸溶液：称取 12g 醋酸加蒸馏水定容至 100mL。

将 A、B 两液按 7:3（体积比）混合即得，使用时事先用 pH 计校正。

（3）pH 5.0 0.5mol/L 醋酸-醋酸钠缓冲液　称取 30g 冰醋酸加 12g $NaAC·3H_2O$ 溶于 100mL 容量瓶中，用蒸馏水稀释至刻度。也可用 3mol/L 醋酸缓冲液稀释制得。

（4）2% 大肠杆菌谷氨酸脱羧酶液　称取 2g 大肠杆菌脱羧酶丙酮粉（制备方法附后）用 pH 5.0、浓度为 0.5mol/L 的醋酸缓冲溶液定容至 100mL。

2. 器材

华氏呼吸仪、1mL 移液管、检压管、反应瓶、100mL 容量瓶等。

四、实验步骤

1. 检压管及反应瓶的准备

将检压管与反应瓶洗净并在 60℃下烘干，冷却后于各个磨口塞上涂上凡士林（最好用羊毛脂，真空油）。在检压管下端安上一干净的短橡皮管，橡皮管末端用玻璃珠塞住。小心将检压管固定在金属板上，用注射器在橡皮管内加入检压液至刻度 50mm 处。打开三通活塞，旋动螺旋压板，检压液应能上升到最高刻度处，液柱必须连续，不能有气泡，两边高度应一致。

2. 发酵液的稀释

本法要求试样含谷氨酸 0.05%~0.15%，否则反应生成二氧化碳太多，压力升高太大以致超过检压管刻度而无法读数。一般发酵终了发酵液含谷氨酸 6%~8%，故应稀释 50 倍：吸取发酵液 2mL，注入 100mL 容量瓶中，用水稀释至刻度，摇匀即可。

3. 加液

分别吸取上述发酵稀释液 1mL，pH 5.0 醋酸－醋酸钠缓冲液 0.2mL 和蒸馏水 1.0mL，置入反应瓶主室，另吸取 0.3mL 2% 大肠杆菌谷氨酸脱羧酶液置于反应瓶侧室内，使总体积为 2.5mL。主侧二室瓶口均以活塞脂涂抹，旋紧瓶塞，将反应瓶用小弹簧紧固在检压管上，将检压计放在仪器的水槽侧内，固定在支架上。

4. 预热

将仪器的电源接通，调节水浴温度为 37℃，打开三通活塞，旋动螺旋压板，调节液面高度达 250mm 以上，开启振荡（120 次/min 左右），使在 37℃水浴中平衡约 10min。

5. 初读

关闭三通活塞，调节右侧管液面在 150mm 处，再振荡约 5min，左侧管液面达到平衡后，记下读数 H_1。若 H_1 变化较大，则需要重新平衡。

6. 反应

记下 H_1 后，用左手指按紧左侧管口，立即取出检压计迅速将酶液倒入主室内（不要倒入中央小杯里），稍加摇动后放回水浴中，放开左手指，继续振荡让其反应，20min 后调节右侧管液面于 150mm 处，振荡 3min 开始读数，继续振荡 3min 后再读数，直至左侧管液柱不再上升为止。记下反应完的左侧管读数 H_2。

7. 空白试验

由于测压结果与环境温度、压力有关，故测定时需同时作一个空白对照。空白对照瓶不将酶液倒入主室反应即可，或者在反应瓶内置入 2.5mL 蒸馏水代替，同样进行初读和终读，其差值即为空白数 H。空白读数之差可为正、负值。

五、计　算

$$谷氨酸含量（g/100mL）=(H_2-H_1-H)\times K\times N\times 100\div 1000$$

式中，K——常数

N——稀释倍数

H_2、H_1、H——检压管反应后、反应前和空白管的液柱读数，mm

附：反应瓶常数 K 的测定

K 的物理意义是：在标准状况下，测压管液柱增加 1mm 时，反应放出 CO_2

的微升数。

计算公式：

$$K = \frac{(V - V_f) \times 273/T + V_f \times a \ (\mu L)}{p_0} mm \ 液柱$$

V_f——反应瓶中液体体积，μL

V——反应瓶体积，μL，在实验前预先测定

T——反应温度，以热力学温度（K）计，这里是（273 + 37）℃

a——CO_2 在一大气压及反应温度（37℃）下，在液体中的溶解度

p_0——标准大气压：即 760mmHg，在这里测压液相对密度为 1.033

所以：$p_0 = \frac{13.6 \times 760}{1.033} = 10000 mm$ 液柱

上式中只有 V 需预先测定，其他都是常数。

六、思 考 题

影响华勃氏呼吸仪测定精度的主要因素有哪些？

实验十 酿造酱油中氨基酸态氮含量的测定

一、目 的 要 求

（1）掌握 pHS – 3C 型酸度计的使用。
（2）掌握酱油中氨基酸态氮含量的测定方法。

二、实 验 原 理

氨基酸中的氨基和甲醛反应后失去碱性，氨基酸则成为羧酸，用 NaOH 标准溶液滴定可测出氨基酸的含量，从而计算出氨基酸态氮的量。

三、试剂与器材

1. 试剂
（1）pH 6.18 的标准缓冲溶液（用于校正酸度计）
（2）20% 中性甲醛溶液
（3）0.05mol/L NaOH 标准溶液
2. 器材
酸度计、磁力搅拌器、容量瓶、烧杯、移液管、锥形瓶、滤纸等。

四、实 验 步 骤

1. 样品处理
吸取酱油 5.0mL 于 100mL 容量瓶中，定容。吸取定容液 20.00mL 于 250mL

烧杯，加蒸馏水60mL，用磁力搅拌器搅拌。用pH 6.18的标准缓冲溶液校正酸度计，将电极洗净，插入到酱油液中，用0.05mol/L NaOH标准溶液滴定至酸度计指示pH 8.2，记录消耗的NaOH标准溶液的体积，可计算总酸含量。

2. 氨基酸的滴定

在上述滴定至pH 8.2的溶液中加入10.00mL中性甲醛液，再用0.05mol/L NaOH标准溶液滴定至pH 9.2，记录消耗的NaOH标准溶液的体积。

3. 空白滴定

吸取80mL蒸馏水于250mL烧杯中，用0.05mol/L NaOH标准溶液滴定至pH 8.2，加入10.00mL中性甲醛液，再用NaOH标准溶液滴定至pH 9.2，记下加入甲醛后消耗的NaOH标准溶液的体积。

4. 计算

$$X = \frac{(V_1 - V_2) \times c \times 0.014}{m \times \frac{20}{100}} \times 100$$

式中　　X——样品中氨基酸态氮的含量，g/100mL

　　　　V_1——酱油稀释液在加入甲醛后滴定至pH 9.2所用的NaOH标准溶液的体积，mL

　　　　V_2——空白试验在加入甲醛后滴至pH 9.2所用的NaOH标准溶液的体积，mL

　　　　c——NaOH标准溶液的浓度，mol/L

　　　　m——试样体积，mL

　　0.014——1.00mL、$c(NaOH) = 1.000$mol/L的NaOH标准溶液相当于氮的质量，g/mmol

五、注意事项

1. 同一样品平行试验的测定差不得超过0.03g/100mL。
2. 酿造酱油中氨基酸态氮的含量要求≥0.40g/100mL。

实验十一　酶的性质——酶的专一性
一、目 的 要 求

(1) 加深对酶的性质的认识。
(2) 了解酶的专一性，掌握检查酶专一性的方法。

二、实 验 原 理

酶是一种生物催化剂。酶作用的专一性是酶与一般催化剂的主要区别之一。所谓酶作用的专一性，是指酶只能对一种化合物或一类化合物起一定的催化作用，而不能对别的物质发生催化作用。

本实验以蔗糖酶和α-淀粉酶对蔗糖和淀粉的作用为例来说明酶作用的专一性。

淀粉和蔗糖无还原性。α-淀粉酶水解淀粉生成糊精及少量有还原性的麦芽糖、葡萄糖。在同样的条件下，α-淀粉酶不能催化蔗糖的水解。蔗糖酶能催化蔗糖水解产生有还原性的葡萄糖和果糖，但不能催化淀粉的水解。可用班氏（Benedict）试剂检查糖的还原性。

三、试剂与器材

1. 试剂

（1）2%蔗糖溶液（至少要分析纯，若商品蔗糖中还原性糖含量超过一定标准，则呈现还原性，这种蔗糖不能使用。）

（2）溶于0.3%氯化钠的1%淀粉溶液（需新鲜配制）

（3）稀释20倍的新鲜唾液

（4）蔗糖酶溶液　取干酵母100g置于研钵内，添加适量蒸馏水及少量细砂，用力研磨，提取约1h，再加蒸馏水，使总体积约为500mL，过滤，滤液存冰箱中备用。

（5）本氏（Benedict）试剂（定性试剂）　无水硫酸铜17.3g溶于100mL热水中，冷却后稀释至150mL。取柠檬酸钠173g，碳酸钠（$Na_2CO_3 \cdot H_2O$）100g，加600mL蒸馏水共热，溶解后冷却并加水至850mL。再将冷却的150mL硫酸铜溶液注入，混匀。本试剂可长久保存。

（6）碘化钾-碘溶液　将碘化钾20g及碘10g溶于100mL蒸馏水中。使用前稀释10倍。

2. 器材

恒温水浴、试管及试管架、吸管（5mL 3支、2mL 2支、1mL 1支）、滴管。

四、实验步骤

取试管2支，各加入本氏试剂2mL，再分别加入1%淀粉液和2%蔗糖液各4滴，混合均匀后，放在沸水浴中煮2~3min。观察有无红黄色沉淀产生（还原性检验）。

取试管3支，分别加入1%淀粉液3mL，2%蔗糖液3mL，蒸馏水3mL，再向3支试管各添加淀粉酶稀释液1mL，混匀，放入37℃恒温水浴中保温，15min后取出。各加本氏试剂2mL，摇匀后，放在沸水浴中煮2~3min，观察现象，并解释之。

取3支试管，分别加入1%淀粉液3mL，2%蔗糖液3mL，蒸馏水3mL。再向3支试管各添加蔗糖酶液1mL，混匀，放入37℃恒温水浴中保温，10min后取出，各加本氏试剂2mL，混匀，放入沸水浴中煮2~3min。观察现象，并解释之（注意：加蒸馏水的1支试管内溶液呈现轻度阳性反应，这是由于蔗糖酶溶液本身含有少量还原性杂质的缘故)。

五、思 考 题

1. 为什么用于本实验的蔗糖必须是分析纯的试剂?
2. 用煮沸后的蔗糖酶水解淀粉或蔗糖,会产生什么现象?为什么?

实验十二 酶的激活剂和抑制剂

一、目 的 要 求

(1) 了解酶促反应的激活与抑制。
(2) 学习鉴定激活剂和抑制剂影响酶促反应的方法和原理。

二、实验原理

酶的活性常受某些物质的影响,有些物质能使酶的活性增加,称为酶的激活剂;有些物质能使酶的活性降低,称为酶的抑制剂。激活剂和抑制剂影响酶作用的需要量很小,并常有特异性。

本实验以唾液淀粉酶为例说明氯离子(Cl^-)对该酶的激活作用以及铜离子(Cu^{2+})对该酶的抑制作用。

三、试剂与器材

1. 试剂

(1) 0.5%淀粉溶液

(2) 1%氯化钠溶液

(3) 0.5%硫酸铜溶液

(4) 碘-碘化钾溶液 将碘化钾20g及碘10g溶于100mL水中。使用前稀释10倍。

(5) 唾液淀粉酶液 实验者先用清水漱口后,取唾液1mL,稀释100倍左右。

2. 器材

试管及试管架、恒温水浴锅、移液管(5mL 1支、1mL 4支)

四、实验步骤

取试管3支,各加入3mL 0.5%淀粉溶液及1mL稀释唾液。然后向其中1支试管中加1mL 1%氯化钠溶液,另1支加1mL 0.5%硫酸铜溶液,剩下的1支加1mL蒸馏水。

将上述3支试管放入37℃恒温水浴中保温10~15min后取出。冷却后分别加入4~5滴碘-碘化钾溶液。观察比较3支试管颜色的深浅,并解释之。

实验十三　pH对酶活性的影响

一、目的要求

了解pH对酶活性的影响,掌握测定酶的最适pH的方法。

二、实验原理

酶的活力受环境的pH影响极为显著,通常只在一定的pH范围内才表现它的活性。一种酶活性表现最高时的pH为该酶的最适pH。低于或高于最适pH时,酶的活性渐次降低,不同酶的最适pH不同。例如胃蛋白酶的最适pH为1.5~2.5,胰蛋白酶的最适pH为8等。本实验以α-淀粉酶来说明pH对酶活性的影响。

三、试剂与器材

1. 试剂

（1）0.5%淀粉溶液

（2）α-淀粉酶稀释液（唾液淀粉酶稀释液：漱口后,取唾液1mL,稀释10~20倍,用前制备。）

（3）0.2mol/L磷酸氢二钠溶液

（4）0.1mol/L柠檬酸溶液

（5）碘-碘化钾溶液　将碘化钾20g及碘10g溶于100mL水中。使用前稀释10倍。

2. 器材

（1）试管及试管架

（2）恒温水浴锅

（3）移液管（10mL 2支、5mL 8支、2mL 2支）

（4）白瓷调色板1块

四、实验步骤

取试管8支,编号,用吸管按表12-4的数据添加0.2mol/L磷酸氢二钠溶液和0.1mol/L柠檬酸溶液制备pH为4.4~7.2的缓冲液。

表12-4　　　　　pH为4.4~7.2的缓冲液的制备

试管号	0.2mol/L磷酸氢二钠/mL	0.1mol/L柠檬酸/mL	pH
1	4.41	5.59	4.4
2	4.93	5.07	4.8

续表

试管号	0.2mol/L 磷酸氢二钠/mL	0.1mol/L 柠檬酸/mL	pH
3	5.36	4.64	5.2
4	5.80	4.20	5.6
5	6.32	3.68	6.0
6	6.93	3.07	6.4
7	7.73	2.27	6.8
8	8.70	1.30	7.2

取试管9支，编号，将上述缓冲溶液分别吸取3mL，分别加入相应号码的试管中（1~8号），第9号试管中加入pH 5.6的缓冲溶液3mL，然后再向各试管添加0.5%淀粉液2mL，将9支试管放入37℃恒温水浴中预热5~10min。

向第9支试管添加α-淀粉酶稀释液2mL，摇匀，仍在37℃恒温水浴中保温，1min后（注：若淀粉溶液浓度低，或酶的活性高，则淀粉水解快，不需要1min的时间，可直接进行碘反应试验。否则看不到淀粉水解的过程。），每隔15s自第9号试管中取出一滴混合液，置白瓷板空穴中，以碘－碘化钾溶液试之，检查淀粉水解的程度，待结果成橙黄色时，取出试管记下酶作用的时间（自加入酶液时开始）。

以1min的间隔，依次向第1~8号试管加入α-淀粉酶稀释液2mL，摇匀，并仍在37℃恒温水浴中保温。然后，按第9号试管中酶作用的时间，依次将各管取出，并立即加入碘－碘化钾溶液两滴，充分摇匀，观察各管呈现的颜色，并说明之。

实验十四　温度对酶活性的影响

一、目的要求

通过检验不同温度下唾液淀粉酶和蔗糖酶的活性，了解温度对酶活性的影响。

二、实验原理

酶的催化作用受温度的影响很大，温度对酶催化的反应有双重效应：温度上升可以使反应加快；温度升高又可使酶因变性而失活。

三、试剂与器材

1. 试剂

（1）0.5%淀粉溶液

(2) 2%蔗糖溶液

(3) 碘-碘化钾溶液 将碘化钾20g及碘10g溶于100mL水中。使用前稀释10倍。

(4) 本尼迪克特试剂 无水硫酸铜17.3g溶于100mL热水中，冷却后稀释至150mL。取柠檬酸钠173g，碳酸钠（$Na_2CO_3 \cdot H_2O$）100g，加600mL蒸馏水共热，溶解后冷却并加水至850mL。再将冷却的150mL硫酸铜溶液注入，混匀。本试剂可长久保存。

(5) α-淀粉酶稀释液

(6) 蔗糖酶液 取干酵母100g置于研钵内，添加适量蒸馏水及少量细砂，用力研磨，提取约1h，再加蒸馏水，使总体积约为500mL，过滤，滤液存冰箱中备用。

(7) 冰

2. 器材

试管及试管架、恒温水浴、移液管（5、2、1mL）。

四、实验步骤

1. 温度对α-淀粉酶活性的影响

取试管3支，各加入0.5%淀粉溶液3mL，分别置于冰水浴、37℃水浴、沸水浴中，5min后，各缓缓加入1mL α-淀粉酶稀释液，继续保温5min，取出37℃、沸水浴试管置于冰水浴中冷却后，各加入碘-碘化钾溶液约1mL，比较各管颜色并解释之。

2. 温度对蔗糖酶的影响

取试管3支，各加入2%蔗糖溶液3mL，分别置于冰水浴、37℃水浴、沸水浴中，5min后，各加入1mL蔗糖酶液，继续保温10min，取出，各加入2mL本氏试剂，置于沸水中煮2~3min，比较各管颜色并解释之。

实验十五 淀粉的酶解

一、目的要求

进一步了解淀粉酶的分类与作用，掌握淀粉酶促水解过程及水解程度的检测方法。

二、实验原理

淀粉粒在温度低于60℃时是不溶于水的，当温度高于这个温度时，淀粉颗粒就开始吸水膨胀。这个温度是不同类型淀粉的特征常数，称为糊化温度。这种凝胶状分散的物质称为"淀粉糊"。淀粉糊在酸或淀粉酶的催化下会发生水解反应，淀粉糊比淀粉更容易发生酶法转化。大分子的淀粉，可以在酸或淀粉酶催化下发生逐步水解反应，其最终产物为葡萄糖，反应过程如下：

$$(C_6H_{12}O_5)_m \rightarrow (C_6H_{12}O_5)_n \rightarrow C_{12}H_{22}O_{11} \rightarrow C_6H_{12}O_6$$
$$\text{淀粉} \qquad \text{糊精} \qquad \text{麦芽糖} \qquad \text{葡萄糖}$$

三、水解程度的检测

1. 碘液检测法

淀粉与碘作用呈蓝色，是由于淀粉与碘作用形成了碘－淀粉的吸附性复合物，这种复合物是由淀粉分子的每6个葡萄糖残基形成的1个螺旋圈束缚1个碘分子，所以受热或者淀粉被降解，都可以使淀粉螺旋圈伸展或解体，失去淀粉对碘的束缚，因而蓝色消失。

2. 无水酒精检测法

当用碘液法判断水解终点，而反应无色（碘液原色）时，改用无水酒精检验，取少量的水解液加入已装入无水酒精的试管中观察是否出现沉淀（浑浊）。判断水解终点。水解时各种变化如下所示：

淀粉水解：淀粉→大分子糊精→中分子糊精→小分子糊精→麦芽糖→葡萄糖

碘液反应：蓝紫色 → 蓝色→红色→无色

无水酒精：沉淀 → 沉淀 → 沉淀（不溶）→沉淀→微溶→ 溶解

四、试剂与器材

1. 试剂

（1）可溶性淀粉、α－淀粉酶、β－淀粉酶和葡萄糖淀粉酶等

（2）淀粉及0.5%淀粉溶液

（3）10% NaOH 溶液

（4）20% H_2SO_4 溶液

（5）10% Na_2CO_3 溶液

（6）稀碘液

（7）班乃德试剂　取硫酸铜17.3g 溶于100mL 热水中，冷却后稀释至150mL。取柠檬酸钠173g，无水碳酸钠100g 和600mL 水共热，溶解后冷却并加水至850mL。再将冷却的150mL 硫酸铜溶液注入，混匀。本试剂可长久保存。

2. 器材

试管夹、量筒、烧杯、白瓷板、试管、水浴锅、温度计和秒表等。

五、实验步骤

1. 淀粉与碘的反应

（1）取少量淀粉于白瓷板孔内，加稀碘液2滴，观察颜色。

（2）取试管1支，加入0.5%淀粉溶液6mL，碘液2滴，摇匀，观察颜色变化。

（3）另取试管2支，将（2）中淀粉溶液均分为三等份并编号作如下实验：1号试管在酒精灯上加热，观察颜色变化。然后冷却，再观察颜色变化。2号试管加入10% NaOH溶液几滴，观察颜色变化。3号试管加入乙醇几滴，观察颜色变化。记载上述实验过程和结果，并解释现象。

2. 淀粉酸水解实验

（1）取100mL小烧杯，加入0.5%淀粉溶液15mL及20% H_2SO_4溶液5mL后，置于沸水浴中。

（2）每隔2min取透明液1滴滴于白瓷板上作碘实验，直至不产生颜色反应为止。

（3）取1支试管，加入反应液1mL，滴入10% Na_2CO_3溶液进行中和至中性。然后加入班氏试剂2mL，沸水浴数分钟。

记录（2）、（3）步骤的实验结果，并解释之。

3. 淀粉酶促水解实验

（1）取100mL小烧杯，加入0.5%淀粉溶液15mL及稀酶液1mL后，置于温水浴中。

（2）每隔2min取透明液1滴滴于白瓷板上作碘实验，直至不产生颜色反应为止。

（3）取1支试管，加入反应液1mL，然后加入班氏试剂2mL，沸水浴数分钟。

记录步骤（2）、（3）的实验结果，并解释之。

实验十六　小麦萌发前后淀粉酶活性的比较

一、目的要求

（1）掌握测定小麦萌发前后淀粉酶变化的原理。
（2）学会比较生物材料酶活性的一种实验方法。

二、实验原理

淀粉酶是水解淀粉糖苷键的一类酶的总称。按照其水解淀粉的作用方式，可以分成α-淀粉酶、β-淀粉酶、糖化淀粉酶、异淀粉酶等。实验证明，在小麦、大麦、黑麦的休眠种子中只含有β-淀粉酶，而α-淀粉酶是在发芽过程中形成的，其活性随萌发时间的延长而增高。所以，在禾谷类萌发的种子中，这两类淀粉酶都存在。α-淀粉酶可将淀粉分解为糊精和麦芽糖，而β-淀粉酶可把直链淀粉分解成麦芽糖，并能使一部分糊精糖化。因此淀粉糖化的过程是由两种淀粉酶共同催化的结果。

本实验测定小麦萌发前后淀粉酶活性的变化。

三、试剂与器材

1. 试剂及材料

（1）休眠的小麦种子和干麦芽

（2）碘－碘化钾溶液　将碘化钾 20g 及碘 10g 溶于 100mL 水中。使用前稀释 10 倍。

（3）10% 甘油溶液

（4）0.1% 淀粉溶液

2. 器材

（1）试管及试管架

（2）架盘天平

（3）量筒（10mL）

（4）烧杯（100mL）

（5）三角瓶（50mL）

（6）玻璃漏斗

（7）滤纸

（8）恒温水浴

四、实验步骤

1. 酶液的制备

称取 2g 干麦芽，放入研钵中研碎，加入约 10mL 10% 甘油热溶液（约 50℃），转移到三角瓶中，放入 37℃ 恒温水浴中提取约 1h，然后过滤，滤液为麦芽的酶提取液。

用同样的方法制备一未萌发的小麦种子的酶提取液。

2. 小麦萌发前后淀粉酶活性的比较

取 4 支试管，编号。向 1 号试管内加入 2mL 麦芽的酶提取液，在火上煮沸 2min 以灭酶；向 2 号试管内加入 2mL 麦芽的酶提取液；向 3 号试管中加入 2mL 未萌发种子的酶提取液；4 号管中加入 2mL 蒸馏水。然后，再向各管（1～4 号管）内各加入 2mL 0.1% 淀粉溶液；摇匀后，一齐放入 37℃ 恒温水浴中保温 15min，同时取出 4 支试管，冷却后各滴入 2～3 滴碘－碘化钾溶液，混匀，观察颜色变化，并解释实验结果。

五、思考题

小麦萌发过程中淀粉酶活性升高的原因是什么？

实验十七 α-淀粉酶活力的测定

一、目 的 要 求

(1) 进一步熟悉α-淀粉酶的特性。
(2) 掌握测定α-淀粉酶活力的方法。

二、实 验 原 理

α-淀粉酶（液化型淀粉酶）能催化淀粉水解，生成分子较小的糊精和少量的麦芽糖及葡萄糖。本实验利用碘的呈色反应来测定液化型淀粉酶水解淀粉作用的速度，从而测定淀粉酶活力的大小。

三、试剂与器材

1. 试剂

(1) 原碘液　称取 I_2 11g、KI 22g，加少量水完全溶解后，再定容至500mL，贮于棕色瓶中。

(2) 碘液　吸取原碘液2mL，加 KI 20g，用蒸馏水溶解，定容至500mL，贮于棕色瓶中。

(3) 标准"终点色"溶液

A液：准确称取氯化钴40.2439g，重铬酸钾0.4878g，加水溶解并定容至500mL。

B液：0.04%铬黑T溶液：准确称取铬黑T 40mg，加水溶解并定容至100mL。

取A液80mL与B液10mL混合，即为终点色。冰箱保存。

(4) 2%可溶性淀粉　称取烘干可溶性淀粉2.00g，先以少许蒸馏水混匀，倾入80mL沸水中，继续煮沸至透明，冷却后用水定容成100mL（此溶液需要新鲜配制）。

(5) 0.02mol/L、pH 6.0 磷酸氢二钠-柠檬酸缓冲溶液　称取磷酸氢二钠（$Na_2HPO_4 \cdot 12H_2O$）45.23g 和柠檬酸（$C_6H_8O_7 \cdot H_2O$）8.07g，用蒸馏水溶解定容至1000mL，配好后以酸度计或精密试纸校正pH。

(6) α-淀粉酶粉或酶液。

2. 器材

白瓷板、50mL烧杯、100mL容量瓶、纱布、架盘天平、50mL锥形瓶、移液管、水浴锅、计时器。

四、实 验 步 骤

1. 待测酶液的制备

精确称取α-淀粉酶粉1~2g,放入小烧杯中,先用少量的40℃、0.02mol/L、pH 6.0磷酸氢二钠-柠檬酸缓冲溶液溶解,并用玻璃棒捣研,将上清液小心倾入100mL容量瓶中,沉渣部分再加入上述缓冲溶液,如此反复捣研3~4次,最后全部转入容量瓶中,用缓冲溶液定容至刻度,摇匀,通过4层纱布过滤,滤液供测定用。如为液体样品,可直接过滤,取一定量滤液入容量瓶中,加上述缓冲溶液稀释至刻度,摇匀,备用。

2. 测定

(1) 将"标准色"溶液滴于白瓷板的左上角孔穴内,作为比较终点色的标准。

(2) 在50mL的锥形瓶中(或大试管),加入2%可溶性淀粉液20mL,加缓冲液5mL,在60℃水浴中平衡4~5min,加入上述制备好的酶液0.5mL,立即记录时间,不断搅拌。定时用滴管取出反应液约0.25mL,滴于预先盛有稀碘液(约0.75mL)的调色板孔穴内,当孔穴颜色由紫色变为棕红色,与标准色相同时,即为反应终点,记录时间T。

五、计　算

1g酶粉或1mL酶液于60℃、pH 6.0的条件下,1h液化可溶性淀粉的质量(g),称为液化型淀粉酶的活力单位数。

$$酶活力单位 = \left(\frac{60}{t} \times 20 \times 2\% \times n\right) \times \frac{1}{0.5} \times \frac{1}{m}$$

式中　n——酶粉(或酶液)稀释倍数

　　　60——1h (60min)

　　　0.5——吸取待测酶液的量,mL

　　　$20 \times 2\%$——可溶性淀粉的量,g

　　　t——反应时间,min

　　　m——酶粉质量(或酶液体积),g (mL)

六、说　明

(1) 酶反应时间应控制在2~2.5min,否则应改变稀释倍数重新测定。

(2) 实验中,吸取2%可溶性淀粉及酶液的量必须准确,否则误差较大。

实验十八　维生素C的定量测定

一、目的要求

(1) 掌握直接碘量法测定维生素C的原理和方法。

(2) 掌握直接碘量法终点的判断。

(3) 了解果蔬中维生素C的含量。

二、实验原理

维生素C在自然界分布很广,在植物的绿色部分及许多水果中含量尤为丰富。维生素C又称抗坏血酸,是具有L系糖构型的不饱和的多羟化合物,具有很强的还原性,纯品为白色无臭结晶,属于水溶性维生素。维生素C与碘标准溶液作用,从滴定的碘标准溶液的消耗量,可以计算出被检物质中维生素C的含量。

三、试剂与器材

1. 试剂

(1) 稀醋酸 冰醋酸60mL,用蒸馏水稀释至1000mL。

(2) 淀粉溶液 5g/L

(3) 碘标准溶液 $c\left(\frac{1}{2}I_2\right) = 0.10\text{mol/L}$

(4) 维生素C试样

2. 器材

锥形瓶、烧杯、量筒、天平、滴定管等。

四、实验步骤

(1) 准确称取试样0.2g(若试样为粒状或片状各取1粒或1片)放入250mL锥形瓶中,加入新煮沸过的冷蒸馏水100mL,稀醋酸10mL,使之溶解。加淀粉指示剂2mL,立即用碘标准溶液滴定至溶液恰呈蓝色不褪为终点。记下消耗的碘标准溶液的体积。平行做3份。

(2) 计算

$$\text{维生素C含量} = \frac{c\left(\frac{1}{2}I_2\right) \times V \times M\left(\frac{1}{2}\text{维生素C}\right)}{m} \times 100\%$$

$c\left(\frac{1}{2}I_2\right)$——$\frac{1}{2}I_2$ 标准溶液的浓度,mol/L

V——滴定时消耗的碘标准溶液的体积,L

$M\left(\frac{1}{2}\text{维生素C}\right)$——$\frac{1}{2}$维生素C的摩尔质量,88g/mol

m——维生素C试样的质量,g

附:

1. 0.10mol/L碘标准溶液的配制

(1) 称量、溶解 称取碘片2.4g、KI 6.8g。将KI分4~5次放入装有碘片的小烧杯中,每次加蒸馏水5~10mL,用玻棒轻轻研磨,使碘片充分溶解。将溶解部分倒入棕色试剂瓶中,如此反复进行,直至碘片全部溶解为止。用剩余的蒸馏水涮洗烧杯，并将涮洗液一并倒入试剂瓶中，至200mL。混匀，待标定。

（2）标定　用移液管移取已知浓度的 $Na_2S_2O_3$ 标准溶液25mL，加蒸馏水50mL，淀粉指示剂3mL，用待标定的碘溶液滴定至溶液恰呈蓝色为终点，记下所消耗的碘溶液的体积。平行做3份。

（3）计算碘溶液的准确浓度

$$c\left(\frac{1}{2}I_2\right) = \frac{c \times V}{V}$$

c——$Na_2S_2O_3$ 溶液的浓度，mol/L
V——$Na_2S_2O_3$ 溶液的体积，mL
V——滴定所消耗的 I_2 溶液的体积，mL

2. 0.10mol/L $Na_2S_2O_3$ 标准溶液的配制

（1）称量、溶解　准确称取13.0g $Na_2S_2O_3 \cdot 5H_2O$，溶于500mL蒸馏水中。摇匀，待标定。

（2）标定　称取 $K_2Cr_2O_7$ 0.12~0.15g 于250mL三角瓶中，加25mL蒸馏水，溶解后，加10% KI 溶液20mL及3mol/L硫酸溶液15mL，摇匀后，放暗处10min。取出，加蒸馏水120mL，用待标定的 $Na_2S_2O_3$ 溶液滴定至溶液棕红色消失，变为浅黄色，加3mL 0.5%淀粉溶液继续滴定，溶液由暗蓝色变为亮绿色。平行做2~3份。

（3）计算　$Na_2S_2O_3$ 标准溶液浓度

$$c = \frac{m}{M} \times 1000 \times \frac{6}{V}$$

c——$Na_2S_2O_3$ 标准溶液浓度，mol/L
V——$Na_2S_2O_3$ 标准溶液消耗的体积，mL
m——$K_2Cr_2O_7$ 质量，g
M——$K_2Cr_2O_7$ 的摩尔质量，g/mol

实验十九　酵母核糖核酸的水解及成分鉴定

一、目的要求

了解定性鉴定核酸的原理和方法。

二、实验原理

用硫酸水解 RNA 时，可以生成磷酸、戊糖和碱基。各种成分以下列反应鉴定。

（1）磷酸与钼酸铵反应能产生黄色的磷钼酸铵沉淀。

（2）核糖与地衣酚反应呈鲜绿色，脱氧核糖与二苯胺试剂反应生成蓝色化合物，而核糖无此反应。

（3）嘌呤碱与硝酸银能产生白色的嘌呤银化合物沉淀。

三、试剂与器材

1. 试剂

（1）酵母干粉（RNA）

（2）10%硫酸

（3）1mol/L 氨水　取浓氨水 70mL 溶解于 1000mL 蒸馏水中。

（4）0.1mol/L 硝酸银溶液

（5）钼酸铵试剂　将 2g 钼酸铵溶解在 100mL 10%硫酸中。

（6）地衣酚试剂　100mL 浓盐酸加入 100mg 三氯化铁，摇匀，贮存备用。使用前加入 476mg 地衣酚（甲基苯二酚）。

（7）二苯胺试剂　将 4g 二苯胺溶于 400mL 冰醋酸中，再加入 11mL 浓硫酸（相对密度 1.84），若冰醋酸不纯，试剂呈蓝色或绿色，则不能使用。

2. 器材

试管及试管架、水浴锅、漏斗、滤纸、锥形瓶（50mL）、量筒（10mL）。

四、实验步骤

取一 50mL 锥形瓶，加入 0.1~0.2g 的酵母 RNA 和 15mL 10%硫酸溶液，然后在沸水浴中加热 0.5h，再取反应液进行下列实验。

取试管 1 支，加入 1mL 0.1mol/L 硝酸银溶液，再逐滴加入 1mol/L 氨水至沉淀消失。然后加入 1mL 反应液，放置片刻，观察有无白色嘌呤碱基的银化物产生（见光变为红棕色）。

取试管 1 支，加入 2mL 反应液，再加入 5 滴浓硝酸和 1mL 钼酸铵溶液后，在沸水浴中加热，观察有无黄色磷钼酸铵沉淀。

取试管 2 支，各加入 1mL 反应液，分别加入等体积的地衣酚试剂和二苯胺试剂，在沸水浴中加热 10~15min，比较两支试管颜色的变化，并解释之。

实验二十　酵母 RNA 的提取与检测

一、目的要求

（1）掌握测定 RNA 含量的方法。

（2）了解 RNA 提取的原理。

二、实验原理

提取和制备 RNA 的首要问题是选择 RNA 含量高的材料。微生物是工业上大量生产核酸的原料，其中 RNA 的提制以酵母最为理想，因为酵母核酸中主要是

RNA（2.67%～10.0%），DNA 很少（0.03%～0.516%），而且菌体容易收集，RNA 也易于分离。此外，抽提后的菌体蛋白质（占干菌体的 50%）仍具有很高的应用价值。

RNA 提制过程首先要使 RNA 从细胞中释放，并使它和蛋白质分离，然后将菌体除去。再根据核酸在等电点时溶解度最小的性质，将 pH 调至 2.0～2.5，使 RNA 沉淀，进行离心收集。然后运用 RNA 不溶于有机溶剂乙醇的特性，以乙醇洗涤 RNA 沉淀。

提取 RNA 的方法很多，在工业生产上常用的是稀碱法和浓盐法。稀碱法利用细胞壁在稀碱条件下溶解，使 RNA 释放出来，这种方法提取时间短，但 RNA 在稀碱条件下不稳定，容易被碱分解；浓盐法是在加热的条件下，利用高浓度的盐改变细胞膜的透性，使 RNA 释放出来，此法易掌握，产品颜色较好。使用浓盐法提取 RNA 时应注意掌握温度，避免在 20～70℃ 之间停留时间过长，因为这是磷酸二酯酶和磷酸单酯酶作用的温度范围，会使 RNA 因降解而降低提取率。在 90～100℃ 条件下加热可使蛋白质变性，破坏磷酸二酯酶和磷酸单酯酶，有利于 RNA 的提取。

三、试剂与器材

1. 试剂

活性干酵母、冰块、NaCl（化学纯）、6mol/L HCl、95% 乙醇（化学纯）。

2. 器材

pH 0.5～5.0 的精密试纸、药物天平、锥形瓶、量筒、水浴锅、电炉、离心管、离心机、烧杯、滴管、吸滤瓶、布氏漏斗、表面皿、烘箱、干燥器、紫外分光光度计。

四、实验步骤

1. 提取

称取活性干酵母粉 5g，倒入 100mL 锥形瓶中，加 NaCl 5g，水 50mL，搅拌均匀，置于沸水浴中提取 1h。

2. 分离

将上述提取液取出，立即用自来水冷却，装入大离心管内，以 3500r/min 离心 10min，使提取液与菌体残渣等分离。

3. 沉淀 RNA

将离心得到的上清液倾于 50mL 烧杯中，并置于放有冰块的 250mL 烧杯中冷却，待冷至 10℃ 以下时，用 6mol/L HCl 小心调节 pH 为 2.0～2.5。随着 pH 下降，溶液中白色沉淀逐渐增加，到等电点时沉淀量最多（注意严格控制 pH）。调好后继续于冰水中静置 10min，使沉淀充分，颗粒变大。

4. 抽滤和洗涤

上述悬浮液以 3000r/min 离心 10min，得到 RNA 沉淀。将沉淀物放在 10mL 小烧杯内，用 95% 乙醇 5～10mL 充分搅拌洗涤，然后在铺有已称重滤纸的布氏漏斗上用真空泵抽气过滤，再用 95% 乙醇 5～10mL 淋洗 3 次。由于 RNA 不溶于乙醇，洗涤不仅可脱水，使沉淀物疏松，便于过滤、干燥，而且可除去可溶性脂类及色素等杂质，提高制品的纯度。

5. 干燥

从布氏漏斗上取下有沉淀物的滤纸，放在 8cm 表面皿上，置于 80℃ 烘箱内干燥。将干燥后的 RNA 制品称重。

6. 含量测定

称取一定量干燥后的 RNA 产品配制成浓度为 10～50μg/mL 的溶液，用 1cm 石英比色皿，在 260nm 波长处测其吸光度。

五、结 果 计 算

按下式计算 RNA 含量

$$RNA\ 含量\% = \frac{A}{0.024} \times \frac{RNA\ 溶液总体积（mL）}{RNA\ 称取量（\mu g）} \times 100\%$$

式中　A——260nm 处的吸光度

0.024——1mL 溶液含有 1μg RNA 的吸光度值

根据含量测定的结果按下式计算提取率：

$$RNA\ 提取率\% = \frac{RNA\ 含量 \times RNA\ 称取量（\mu g）}{酵母质量（g）} \times 100\%$$

实验二十一　柠檬酸的提取

一、目 的 要 求

学习钙盐沉淀硫酸转溶提取柠檬酸的方法。

二、实 验 原 理

国内目前柠檬酸发酵所采用的原料主要是山芋干及废糖蜜。在成熟的柠檬酸发酵液中大部分是柠檬酸，但还含有部分山芋粉渣、菌丝体以及其他的代谢产物等杂质。柠檬酸的提取方法有钙盐沉淀法、离子交换法、电渗析法及萃取法等，目前国内广泛用于生产的是钙盐沉淀法，其原理是利用柠檬酸与碳酸钙反应形成不溶性的柠檬酸钙而将柠檬酸从发酵液中分离出来，并利用硫酸酸解从而获得柠檬酸粗液，经活性炭、离子交换树脂的脱色及脱盐，再经浓缩、结晶干燥等精制后获得柠檬酸成品，其中和及酸解反应式如下：

中和：$2C_6H_8O_7 \cdot H_2O + 3CaCO_3 \rightarrow Ca_3(C_6H_5O_7)_2 \cdot 4H_2O \downarrow + 3CO_2 \uparrow + H_2O$

酸解：$Ca_3(C_6H_5O_7)_2 \cdot 4H_2O + 3H_2SO_4 + 4H_2O \rightarrow 2C_6H_8O_7 \cdot H_2O + 3CaSO_4 \cdot 2H_2O \downarrow$
本实验以提取柠檬酸钙盐为主。

三、试剂与器材

1. 试剂

柠檬酸发酵液、碳酸钙（固体）、0.1mol/L NaOH 溶液、1% 酚酞指示剂、0.1mol/L H_2SO_4 溶液。

2. 器材

制备式离心分离机、滴定管、烘箱、水浴锅等。

四、实验步骤

1. 发酵液预处理

将成熟的柠檬酸发酵液加热至80℃，保温 10~20min，趁热进行离心（或8层纱布过滤）分离，取滤液备用并记录滤液总体积V_0（mL）。

2. 发酵液总酸的测定

取滤液 5mL，加 5mL 蒸馏水于洁净三角瓶中，加入 2 滴酚酞指示剂，用 0.1mol/L NaOH 标准溶液滴定至微红色且30s 不褪色为止，记下 NaOH 的消耗量 V_1（mL）。

$$m_{酸}(g) = V_1(mL) \times cNaOH(mol/L) \times 0.001 \times 1/3 \times M_{柠檬酸} \times V_0/5$$

注：$M_{柠檬酸} = 210g/mol$

3. 中和

将发酵滤液加热至70℃，同时加入发酵液总酸量72%的轻质碳酸钙进行中和，边搅拌边缓慢加入（防止产生大量的泡沫使溶液溢出），至溶液 pH 5.8，残酸 0.2%~0.3%，并于85℃条件下搅拌并保温30min。

$$m_{碳酸钙}(g) = \frac{3m_{酸} \times \frac{V_0-5}{V_0} \times M_{碳酸钙}}{2M_{柠檬酸}}$$

注：$M_{碳酸钙} = 100g/mol$

4. 离心及洗糖

将中和液趁热离心（或抽滤），倾去上清液后加入滤液总量1/2 的80℃热水以除去残糖等可溶性杂质，再次离心所得固体即为柠檬酸钙盐。

5. 酸解

在沉淀物中加入约等体积的蒸馏水，调匀成浆状，量取一定体积0.1mol/L H_2SO_4 溶液，边搅拌边加入到浆液中，85℃反应10min，趁热抽滤，获得清亮的酸解液。

$$V_{硫酸}(mL) = \frac{m_{碳酸钙}}{M_{碳酸钙}} \times \frac{1}{c_{硫酸}} \times 1000$$

注：$c_{硫酸}$——加入沉淀物中的硫酸溶液的浓度，mol/L

6. 低压浓缩

将酸解液转入圆底烧瓶中，水浴 60~70℃，真空度 0.08~0.09MPa，浓缩至原体积约 1/10。

7. 冷却结晶

将浓缩液转入烧杯中，于室温下搅拌，待出现晶核，停止搅拌，再移入 4℃ 冰箱冷却结晶约 15min，抽滤获得柠檬酸晶体，烘干后称重 m 柠檬酸。

五、实 验 结 果

计算发酵液中柠檬酸的产率：

$$柠檬酸产率（g/100mL）= \frac{m_{柠檬酸}（g）}{V_{发酵液}（mL）} \times 100$$

第十三章 实验相关知识

第一节 实验室规则与安全防护

一、实验室规则

1. 遵守实验室纪律,维护秩序,保持安静,按要求穿戴工作服。
2. 实验前应认真做好预习,明确目的和要求,弄清本次实验内容的基本原理和操作步骤,了解所用器材和试剂,逐步学会合理计划和安排实验时间。
3. 在实验过程中要听从教师的指导,严肃认真的按操作规程进行实验,并简要、准确地将实验结果及原始数据记录在专用的实验记录本上,养成良好的实事求是的科学作风。
4. 课后及时总结复习,根据原始记录进行整理,并写出实验报告,按时送交任课教师评阅。
5. 保持实验室环境和仪器的整洁是完成实验的基本条件。药品、试剂和仪器的放置要井然有序,公用试剂、药品用毕立即放回原处。
6. 使用仪器、药品、试剂和各种器材都必须注意爱护及节约,不得浪费。洗涤和使用玻璃仪器时,应谨慎仔细,防止损坏,在使用贵重精密仪器时,应严格遵守操作规程,发现故障立即报告教师,不要擅自动手拆散和检修。
7. 废弃溶液可倒入水槽内,但强酸、强碱溶液必须先用水稀释后,再放水冲走。强腐蚀性废弃试剂药品、废纸及其他固体废物或带有渣滓沉淀的废液均应倒入废品缸内,不能倒入水槽内。
8. 实验室内一切物品,未经本室教师许可,严禁携出室外,借物时必须办理登记手续。仪器损坏时,应随即向教师报告,如实说明情况并认真登记后方可补领。
9. 必须遵守和熟悉实验室安全规章及防护知识,不得违反和破坏。禁止在实验室内吸烟。使用电炉应有人在旁,不可擅自离开不管,用毕后切记断电。
10. 每次实验结束后,应各自立即将仪器洗净倒置放好,并整理好实验桌面上的物品。值日生要负责当日实验室的卫生和安全检查,做好全部清理工作,离开实验室前应关上水、电、煤气、门窗等,严防安全隐患的发生。
11. 凡是发生烟雾、有毒气体及有臭味气体的实验,必须在通风橱内进行。

二、实验室安全及防护知识

1. 实验室安全知识

在生物化学实验室中，经常与毒性很强、有腐蚀性、易燃烧和具有爆炸性的化学药品直接接触，常常使用易碎的玻璃和瓷质的器皿，以及在水、电、煤气等高温电热设备的环境下进行着紧张而细致的工作。因此，必须十分重视安全工作和具备一定的防护知识。

（1）使用电器设备（如烘箱、恒温水浴、离心机、电炉等）时，严防触电，绝不可用湿手或在眼睛旁视时开关电闸和电器开关。凡是未装地线或漏电的仪器，一律不能使用。

（2）使用煤气灯或酒精喷灯时，应做到火着人在，人走火灭。

（3）使用浓酸、浓碱，必须极为小心地操作，防止溅失。用移液管吸量这些试剂时，必须使用橡皮球或洗耳球，绝对不能用口直接吸取。如果不慎溅洒在实验桌面或地面上，必须及时用湿抹布或拖布擦洗干净。

（4）使用易燃物（如乙醚、乙醇、丙酮、苯等）时，应特别小心。不要大量放在桌上，更不应在靠近火源处放置。只有在远离火源时，或将火焰熄灭后，才可大量倾倒这类试剂。低沸点的有机溶剂不准在火焰上直接加热，仅限在水浴上利用回流冷凝装置进行加热或蒸馏。如果不慎倾出了相当量的易燃液体，应立即关闭室内所有的火源和电加热器，并打开窗门及通风设备迅速用抹布或毛布擦拭洒出的液体，转入适当的容器中后再作妥善处理。

（5）用油浴操作时，应小心加热，随时用温度计观测，绝对不能使温度超过油的燃烧温度。

（6）易燃和易爆物质的残渣（如金属钠、白磷、火柴头等）不得倒入水槽或废物缸中，应倾入或收集在指定的容器内。

（7）毒物应按实验室规定及办理审批手续后领取，使用时严格操作，用后妥善处理。

2. 实验室灭火方法

实验中一旦发生了火灾切不可惊慌失措，应保持镇静。首先立即切断室内一切火源和电源。然后根据具体情况积极正确地进行抢救和灭火。常用的方法有：

（1）在可燃液体燃着时，应立即拿开着火区域内的一切可燃物质，关闭通风器，防止扩大燃烧。若着火面积较小，可用石棉布、湿布或沙土覆盖，隔绝空气使之熄灭。但覆盖时要轻，避免碰坏或打翻盛有易燃溶剂的玻璃器皿，导致更多的溶剂流出而再着火。

（2）酒精及其他可溶于水的液体着火时，可用水灭火。

（3）汽油、乙醚、甲苯等有机溶剂着火时，应用石棉布或砂土扑灭。绝对不能用水，否则反而会扩大燃烧面积。

（4）金属钠着火时，可把砂子倒在它的上面。

（5）导线着火时不能用水及二氧化碳灭火器，应切断电源或用四氯化碳灭火器。

（6）衣服被烧着时切忌奔走，可用衣服、大衣等包裹身体或躺在地上滚动借以灭火。

（7）发生火灾时应注意保护现场。较大的着火事故应立即报警。

3. 实验室急救措施

在实验过程中不慎发生受伤事故，应立即采取适当的急救措施：

（1）受玻璃割伤及其他机械损伤时首先必须检查伤口内有无玻璃或金属等物碎片。然后用硼酸水洗净，再涂以碘酒或红汞水，必要时可用护创膏或纱布包扎。若伤口较大或过深而大量出血，应迅速在伤口上部和下部扎紧血管止血，立即到医院诊治。

（2）烫伤一般用浓的（90%～95%）酒精消毒后，涂上苦味酸软膏。如果伤处红痛或红肿（一级灼伤），可涂医用橄榄油或用棉花沾酒精敷盖伤处；若皮肤起泡（二级灼伤），不要弄破水泡，防止感染；若伤处皮肤呈棕色或黑色（三级灼伤），应用干燥而无菌的消毒纱布轻轻包扎好，急送医院治疗。

（3）强碱（如氢氧化钠，氢氧化钾等）、钠、钾等触及皮肤而引起灼伤时，要先用大量自来水冲洗，再用5%硼酸溶液或2%乙酸溶液涂洗。

（4）强酸、溴等触及皮肤而致灼伤时，应立即用大量自来水冲洗，再以5%碳酸氢钠溶液或5%氢氧化铵溶液洗涤。

（5）如酚触及皮肤引起鸭伤，可用酒精洗涤。

（6）若煤气中毒时，应到室外呼吸新鲜空气。如严重时应立即到医院诊治。

（7）水银容易由呼吸道进入人体，也可以经皮肤直接吸收而引起积累性中毒。严重中毒的征象是口中有金属味，呼出气体也有气味；流唾液，牙床及嘴唇上有硫化汞的黑色，淋巴腺及唾液腺肿大。若不慎中毒时，应送医院急救。急性中毒时，通常用碳粉或呕吐剂彻底洗胃，或者食入蛋白（如一升牛奶加三个鸡蛋清）或蓖麻油解毒并使之呕吐。

（8）触电　触电时可按下列方法之一切断电路：①关闭电源；②用干木棍使导线与被害者分开；③使被害者和土地分离。急救时急救者必须做好防止触电的安全措施，手或脚必须绝缘。

第二节　实验记录及实验报告

一、实验记录

1. 实验前必须认真预习，弄清原理和操作方法，并在实验记录本上写出简要的预习报告，内容包括实验基本原理、简要的操作步骤（可用流程图等表示）

和记录数据的表格等。

2. 实验中观察到的现象、结果和测试的数据应及时地、如实记录在实验记录本上，不能靠记忆；不记录在单片纸上，防止丢失。避免事后追记。当发现与教材描述情况、结论不一致时，尊重客观，不先入为主，记录实情，留待分析讨论原因，总结经验教训。

3. 在已设计好的记录表格上，准确记录下观测数据，如称量物的重量、滴定管的读数、分光光度计的读数等，并根据仪器的精确度准确记录有效数字。例如，光吸收值为 0.050 不应写成 0.05。每一个结果最少要重复观测两次以上，当符合实验要求并确知仪器工作正常后，再写在记录本上。实验记录上的每一个数字，都是反映每一次的测量结果，所以，重复观测时，即使数据完全相同也应如实记录下来。总之，实验的每个结果都应正确无遗漏地做好记录。

4. 详细记录实验条件，如生物材料来源、形态特征、健康状况、选用的组织及其重量；主要使用观测仪器的型号和规格；化学试剂的规格、化学式、分子量、准确的浓度等，以便总结实验时进行核对和作为查找成败原因的参考依据。

5. 实验记录不能用铅笔，需用钢笔或圆珠笔。记录不要擦抹及修改，写错时可以准确地划去重记。

6. 如果怀疑所记录的观测结果或实验记录遗漏、丢失都必须重做实验，切忌拼凑实验数据、结果，自觉培养一丝不苟、严谨的科学作风。

二、实验报告

实验报告是做完每个实验后的总结。通过汇报本人的实验过程与结果，分析总结实验的经验和问题，加深对有关理论和技术的理解与掌握。

实验报告书写格式如下：

实　验　报　告

_____系　_____专业　_____班　日期_____
第_____组　姓名_____　同组人姓名_____

[**实验名称**]*
[**实验目的**]*
[**实验试剂及仪器**]*（最好把仪器的型号也写上，还有仪器台数）
[**实验原理**]*（不要照搬教材，应按自己的理解用简练的语言来概括）
[**实验内容**]*（指实验步骤和操作方法）
[**实验数据记录及处理**]*（通常是列表格来记录数据，要求数据真实完整）

［实验结果］*（总结通过实验得到什么样的结论）

［实验注意事项］*

［讨论］

［思考题］

［心得体会］*

注：打"*"号的项必须写。

在实验报告中，实验目的、原理以及实验内容部分应简单扼要的叙述。但是，对于实验条件（试剂配制及仪器）和操作的关键环节必须写清楚。对于实验数据记录及处理部分，应根据实验的要求将一定实验条件下获得的实验数据进行整理、归纳，分析和对比，并尽量总结成各种图表，如原始数据及其处理的表格，标准曲线图以及比较实验组与对照实验结果的图表等。实验结果部分，要对实验数据进行计算，得到实验的最终结果，并针对实验结果进行必要的说明和分析。讨论部分可以包括关于实验方法（或操作技术）和有关实验的一些问题，如实验的正常结果和异常现象以及思考题，进行探讨对于实验设计的认识、体会和建议，对实验课的改进意见等。

第三节　实验室常识

一、药品的安全使用原则

实验室里所用的药品，很多是易燃、易爆、有腐蚀性或有毒的。因此在使用时一定要严格遵照有关规定和操作规程，保证安全。不能用手接触药品，不要把鼻孔凑到容器口去闻药品（特别是气体）的气味，不得尝任何药品的味道。注意节约药品，严格按照实验规定的用量取用药品。如果没有说明用量，一般应按最少量取用：液体 1~2mL，固体只需要盖满试管底部。实验剩余的药品既不能放回原瓶，也不要随意丢弃，更不要拿出实验室，要放入指定的容器内。

二、几种特殊试剂的存放

（1）钾、钙、钠在空气中极易氧化，遇水发生剧烈反应，应放在盛有煤油的广口瓶中以隔绝空气。

（2）白磷着火点低（40℃），在空气中能缓慢氧化而自燃，通常保存在冷水中。

（3）液溴有毒且易挥发，需盛放在磨口的细口瓶里，并加些水（水覆盖在液溴上面），起水封作用。

（4）碘易升华且具有强烈刺激性气味，盛放在磨口的广口瓶里。

（5）浓硝酸、硝酸银见光易分解，应保存在棕色瓶中，贮放在黑暗而且温度低的地方。

（6）氢氧化钠固体易潮解，应盛放在易于密封的干燥大口瓶中保存；其溶液盛放在无色细口瓶里，瓶口用橡皮塞塞紧，不能用玻璃塞。

三、常用玻璃仪器

（1）容器类　试管，烧杯，烧瓶，锥形瓶，滴瓶，细口瓶，广口瓶，称量瓶等。

（2）量器类　量筒，移液管，吸量管，容量瓶，滴定管等。

常见玻璃仪器图示：

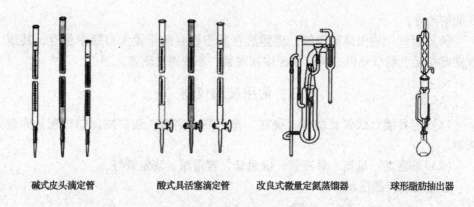

碱式皮头滴定管　　酸式具活塞滴定管　　改良式微量定氮蒸馏器　　球形脂肪抽出器

四、其他仪器

洗瓶，漏斗，布氏漏斗，试管架，三脚架，石棉网，蒸发皿，表面皿，坩埚等。

其他常见仪器图示：

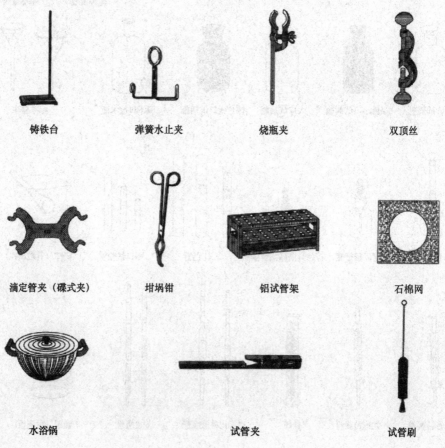

铸铁台　　弹簧水止夹　　烧瓶夹　　双顶丝

滴定管夹（碟式夹）　　坩埚钳　　铝试管架　　石棉网

水浴锅　　试管夹　　试管刷

瓷坩埚

化学瓷蒸发皿

三脚架

五、常用危险化学品标志

标志1　爆炸品标志

标志2　易燃气体标志

标志3　不燃气体标志

标志4　有毒气体标志

标志5 易燃液体标志

标志6 易燃固体标志

标志7 自燃物品标志

标志8 遇湿易燃物品标志

标志9 氧化剂标志

标志10 有机过氧化物标志

标志11 有毒品标志

标志12 剧毒品标志

标志13 一级放射性物品标志

标志14 二级放射性物品标志

标志15 三级放射性物品标志

标志16 腐蚀品标志

第四节 试剂的配制

一、配制试剂的原则

1. 以固体溶质配制试剂一般都用称重法，首先选取合格的溶质，必要时先进行烘烤处理，然后在分析天平上精确称取规定的重量。再放在洁净的烧杯中，加入适量的溶剂溶解。如溶质较难溶解，可适当加热助溶；如试剂为有机溶剂，欲加热，则需隔水加热，待完全溶解，置室温冷却，倒入容量瓶中，以溶剂补充体积至刻度，混匀，倒入试剂瓶，保存备用。

2. 以液体溶质配制试剂，除特别要求外，一般用容量法。

3. 对于一些含量不够准确的试剂，特别是液体试剂，以其配制标准溶液时，一般先配制成大约含量的浓溶液，再用基准液标定出它的精确含量，最后以稀释法稀释至精确浓度。

4. 某些试剂在配制过程中会产生高热，配制时应缓和操作，并不断搅拌，必要时设法降温，然后置室温冷却，待温度降至室温倒入容量瓶定容。

5. 对于一些在配制过程中产生一系列化学反应的试剂，必须先了解它的原理，掌握其关键要领，并严格按操作规程操作，才能取得满意的结果。

二、注意事项

1. 配制试剂时，应根据实验要求选用不同规格的试剂。配制标准溶液的试剂应符合 GR（优级纯）或 AR（分析纯）级，必要时要进行干燥、提纯。一般溶液无特殊要求者可选用 CP（化学纯）级试剂。

2. 配制试剂所用的水都应是蒸馏水或离子交换水，有特殊要求的除外。

3. 配制试剂必须合理选用衡器和量器，配制标准溶液、缓冲液，称量时应选用 0.0001g 的分析天平，量器选用一等容量瓶和吸量管，一般溶液无特殊要求者可选用粗天平和量筒。

4. 以固体溶质配制试剂一般采用称量法。根据实验要求选取合格溶质，称取所需重量，加适量溶质溶解，必要时可加热助溶，待冷至室温，转入适量的量器中，以溶剂补足至刻度。混匀，倒入试剂瓶密塞保存备用。

5. 以液体溶质配制试剂一般用容量法。取适量溶剂于烧杯中，量取规定量的溶质，缓缓加入溶剂内，必要时边加边搅拌，然后倒转入适当的容器中，再以溶剂补足至刻度。混匀，倒入试剂瓶密塞保存备用。

6. 对于不易恒重的固体试剂和含量不准的液体试剂，须配制成浓度标准的溶液时，可采用间接配制法。即先配成大约含量的浓溶液，再用基准液标定出它的准确浓度，最后用稀释法校正至所需浓度。

三、溶液浓度的表示方法及其运算

1. 百分浓度（％）
（1）质量分数：指100g溶液中，所含溶质的克数，符号％(m/m)。
（2）体积分数：指100mL溶液中所含溶质的毫升数，符号％(V/V)。
2. 质量—体积浓度（g/L）
3. 物质的量浓度：简称浓度c，是指1L溶液中所含溶质的物质的量。溶质的量可用mol、mmol、μmol等表示。

例：欲配制1mol/L的氢氧化钠溶液1000mL，应称取氢氧化钠多少克？如何配制？

解：已知氢氧化钠的浓度$(c)=1$mol/L

$$m_{NaOH}=40g/mol（m_{NaOH}代表氢氧化钠的摩尔质量）$$

因为n（物质的量）$=m/m$

$$c=n/v$$

所以$m=c\cdot v\cdot m=1$mol/L$\times 1$L$\times 40$g/mol$=40$（g）

即称取氢氧化钠40g，溶于800mL蒸馏水中，最后以蒸馏水稀释至1000mL即可。

4. 百分浓度与物质量浓度的换算：市售的浓酸都采用质量分数（％）表示其浓度。如将其换成物质的量浓度，可按下式计算：$c=1000\times\rho\times$质量分数（％）$/m$（ρ表示密度）。

5. 溶液稀释前后其溶质的物质的量保持不变。

即：
$$c_{浓}\times v_{浓}=c_{稀}\times v_{稀}$$

应用此公式要注意稀释前后其浓度单位与体积单位要一致。

四、实验试剂的保存

1. 配制的试剂应根据其性质和用量盛装于有塞试剂瓶中，见光易分解的试剂装入棕色瓶中，需滴加的试剂装入滴瓶中。
2. 试剂瓶上应贴上大小与瓶子相称的瓶签，写明试剂名称、浓度、用途、配制日期及配制人。
3. 根据试剂的性质和实验项目所需试剂排列、存放于试剂架或冰箱中（标准溶液、酶试剂、酶底物液一般都要置冰箱保存）。

五、常用实验试剂的配制

1. 0.5mol/L氢氧化钠溶液
■ 组分浓度0.5mol/L
■ 配制量2L

- 配置方法：准确称取氢氧化钠40g，用去离子水溶解并稀释至2L。

2. 10%氢氧化钠溶液
- 组分浓度10%
- 配制量2L
- 配置方法：称取200g氢氧化钠，用去离子水溶解并定容至2L。

3. 0.5mol/L盐酸溶液
- 组分浓度0.5mol/L
- 配制量2L
- 配置方法：准确量取盐酸83.4mL，用去离子水稀释至2L。

4. 10%盐酸溶液
- 组分浓度10%
- 配制量0.2L
- 配置方法：量取浓盐酸49.3mL，用去离子水定至0.2L。

5. 0.1%标准葡萄糖溶液
- 组分浓度0.1%
- 配制量1L
- 配置方法：称取葡萄糖1.5g置于称量瓶中，在70℃干燥2h，干燥器中冷却至室温，重复干燥，冷却至恒重；准确称取葡萄糖1.00g，用去离子水溶解后加入8mL浓盐酸（防止微生物生长），再用去离子水定容至1L；于4℃保存。

6. 2%蔗糖溶液
- 组分浓度2%
- 配制量1L
- 配置方法：称取蔗糖20g，用去离子水溶解定容至1L。

7. 0.1mol/L蔗糖溶液
- 组分浓度0.1mol/L
- 配制量1L
- 配置方法：称取蔗糖34.23g，用去离子水溶解并定容至1L。

8. 10%醋酸溶液
- 组分浓度10%
- 配制量1.2L
- 配置方法：量取冰醋酸150mL，用去离子水稀释至1.2L。

9. 1mol/L醋酸溶液
- 组分浓度1mol/L
- 配制量1L
- 配置方法：准确移取冰醋酸57mL，用去离子水稀释至1L。

10. 10%三氯乙酸溶液

- 组分浓度 10%
- 配制量 1L
- 配置方法：称取三氯乙酸 100g，用去离子水溶解定容至 1L。

11. 0.5%水合茚三酮乙醇溶液
- 组分浓度 0.5%
- 配制量 1L
- 配置方法：称取 0.5g 水合茚三酮试剂，溶于 1L 95%乙醇中。

12. 0.5%淀粉溶液
- 组分浓度 0.5%
- 配制量 0.1L
- 配置方法：称取淀粉 0.5g，用去离子水加热溶解，再稀释至 100mL。

13. 0.5%酪蛋白溶液
- 组分浓度 0.5%
- 配制量 0.1L
- 配置方法：将 0.5g 酪蛋白溶于 99.5mL 0.04%氢氧化钠溶液里。

14. 10%碘化钾溶液
- 组分浓度 10%
- 配制量 1L
- 配置方法：称取碘化钾 100g，用去离子水溶解至 1L。

15. 饱和硫酸铵溶液
- 配置方法：500mL 去离子水加热至 70~80℃，加入 400g 硫酸铵，充分溶解后冷却、静置，过滤上清液即可。

16. 0.5%酪蛋白醋酸钠溶液
- 组分浓度 0.5%
- 配制量 0.05L
- 配置方法：将纯酪蛋白充分研磨后称量 0.25g，加入去离子水 20mL 及 1.00mol/L 氢氧化钠溶液 5mL（必须准确），摇荡使酪蛋白溶解。然后加入 1.00mol/L 醋酸溶液 5mL（必须准确），倒入 50mL 容量瓶中，用去离子水稀释至刻度，混匀即可。

17. 常用指示剂的配制

（1）甲基红指示液　取甲基红 0.1g，加 0.05mol/L 氢氧化钠溶液 7.4mL 使溶解，再加水稀释至 200mL，即得。变色范围 pH 4.2~6.3（红→黄）。

（2）甲基红-溴甲酚绿混合指示液　取 0.1%甲基红的乙醇溶液 20mL，加 0.2%溴甲酚绿的乙醇溶液 30mL，摇匀，即得。

（3）甲基橙指示液　取甲基橙 0.1g，加水 100mL 使溶解，即得。变色范围 pH 3.2~4.4（红→黄）。

（4）酚酞指示液　取酚酞 1g，加乙醇 100mL 使溶解，即得。变色范围 pH 8.3~10.0（无色→红）。

（5）铬黑 T 指示液　取铬黑 T 0.1g，加氯化钠 10g，研磨均匀，即得。

（6）溴酚蓝指示液　取溴酚蓝 0.1g，加 0.05mol/L 氢氧化钠溶液 3.0mL 使溶解，再加水稀释至 200mL，即得。变色范围 pH 2.8~4.6（黄→蓝绿）。

（7）碘化钾淀粉指示液　取碘化钾 0.2g，加新制的淀粉指示液 100mL 使溶解，即得。

（8）溴甲酚绿指示液　取溴甲酚绿 0.1g，加 0.05mol/L 氢氧化钠溶液 2.8mL 使溶解，再加水稀释至 200mL，即得。变色范围 pH 3.6~5.2（黄→蓝）。

18. 碘化钾–碘溶液

将碘化钾 20g 及碘 10g 溶于 100mL 去离子水中。使用前稀释 10 倍。

19. 费林试剂

费林试剂由费林试剂甲液和费林试剂乙液组成，使用时将两者等体积混合，其配法分别是：

（1）费林试剂甲液　称取 15g 硫酸铜（$CuSO_4 \cdot 5H_2O$）及 0.05g 次甲基蓝，溶于水中并稀释至 1000mL。

（2）费林试剂乙液　称取 50g 酒石酸钾钠及 75g 氢氧化钠，溶于水中，再加入 4g 亚铁氰化钾，完全溶解后，用水稀释至 1000mL，贮存于橡胶塞玻璃瓶内。

20. 本尼迪特试剂

把 17.3g 研细的硫酸铜溶于 100mL 热水中，待冷却后用水稀释到 150mL。另把 173g 柠檬酸钠及 100g 无水碳酸钠（若用有结晶水碳酸钠，则取量应按比例计算）溶于 600mL 水中，加热溶解，待冷却后，再加入上面所配的硫酸铜溶液，混匀。加水稀释到 1000mL。将试剂贮于试剂瓶中，瓶口用橡皮塞塞紧，可长久保存。

综合测试题

生物化学综合测试题（一）

一、名词解释

蛋白质的等电点　淀粉的糊化　激活剂　酶　核酸的变性　生物氧化

二、填空题

1. 酶的专一性有_____、_____、_____和立体异构专一性。
2. 核酸包括核糖核酸和_____，核糖核酸又包括_____、_____和信使 RNA。
3. 维生素包括_____维生素和_____维生素两大类，维生素 C 属于_____维生素。
4. 生物体内的各种代谢反应是由_____来催化的，它的前体是活细胞生成的_____。
5. 油脂在常温下呈固态的称为_____、呈液态的称为_____、植物油含不饱和脂肪酸比动物油含的_____（多或少）。
6. 蛋白质在蛋白酶的催化下水解，最终生成的产物是_____。

三、判断题

1. 各种单糖中，溶解度最高的是葡萄糖。（　　）
2. 影响氨基酸溶解的因素主要有温度和 pH 等。（　　）
3. 维生素参与机体代谢，可提供能量。（　　）
4. 凝沉能使淀粉彻底恢复到生淀粉状态。（　　）
5. 生物体内的 ATP 生成的主要形式是氧化水平磷酸化。（　　）

四、简答题

1. 简述淀粉的理化性质。
2. 生物体内物质的代谢调节有哪些方式？
3. 简述维生素和辅酶的关系。
4. 核酸分为哪几类？比较它们在化学组成上的异同。
5. 氨基酸分解代谢的途径有哪些？

五、问答题

1. 为什么能用葡萄直接酿制葡萄酒，而不能用大麦直接做啤酒？
2. 影响酶促反应速度的因素有哪些？它们分别是如何影响反应速度的？

生物化学综合测试题(二)

一、名词解释

蛋白质的变性　抑制剂　酶原　维生素　淀粉的凝沉　新陈代谢

二、填空题

1. 糖酵解的途径主要有_____、_____、_____。

2. 酶的化学本质是_____,它具有_____功能。

3. 油脂酸价的高低,可衡量油质的好坏,酸价越高,油质_____。

4. _____是从淀粉分子内部水解 $\alpha-1,4$ 糖苷键,是一种内切酶,工业上又称此酶为"液化酶"。

5. 酱油发酵生产中,酱油色素的形成是因为原料中的_____和_____发生了_____反应。

三、单项选择

1. 下列物质中属于两性电解质的有（　　）
   A. 糖类　　　B. 蛋白质　　　C. 维生素　　　D. 脂类

2. 含有丰富酪蛋白的食品是（　　）
   A. 牛奶　　　B. 鸡蛋　　　C. 大豆　　　D. 瘦肉

3. 淀粉酶能催化淀粉水解,不能催化蔗糖水解;蔗糖酶能催化蔗糖水解,不能催化淀粉水解。酶的这种特性叫（　　）
   A. 高效性　　　B. 脆弱性　　　C. 专一性　　　D. 受调控

4. 人体获得维生素营养的重要来源是（　　）
   A. 肉类　　　B. 蛋类　　　C. 奶类　　　D. 蔬菜

5. 能被酵母直接利用的糖类有（　　）
   A. 葡萄糖　　　B. 淀粉　　　C. 糖原　　　D. 纤维素

四、简答题

1. 简述维生素的特点和作用。
2. 生物氧化的化学本质和特点是什么?
3. 影响核酸变性的因素有哪些?
4. 简述氨基酸的酸碱性质。
5. 酶作为生物催化剂有何特点?

五、问答题

1. 发酵生产中怎样利用代谢调节机理进行产物积累?发酵过程如何控制?

2. EMP、TCA、HMP 途径和回补反应是如何进行的,各有什么特点?

生物化学综合测试题（一）答案

一、名词解释

1. 蛋白质的等电点——蛋白质颗粒在溶液中净电荷为 0 时，在电场中既不向正极移动，也不向负极移动，此时溶液的 pH 为蛋白质的等电点。

2. 淀粉的糊化——具胶束结构的生淀粉在水中加热后，胶束逐渐被溶解至全部崩溃，形成淀粉单分子，并为水包围，成为溶液状态，这种现象称为淀粉的糊化。

3. 激活剂——能使酶由无活性到有活性、或从低活性到高活性的物质。

4. 酶——是由活细胞产生的，具有催化活性和高度专一性的特殊的蛋白质。

5. 核酸的变性——在某些因素影响下，核酸中氢键被破坏，使有规律的螺旋型结构变成无规律的线团的现象。

6. 生物氧化——有机物在生物体内的氧化还原作用称为生物氧化，是生物体内新陈代谢重要的基本反应。

二、填空题

1. 绝对专一性、键专一性、基团专一性
2. 脱氧核糖核酸、核糖体 RNA、转运 RNA
3. 水溶性、脂溶性、水溶性
4. 酶、酶原
5. 脂、油、多
6. 氨基酸

三、判断题

1. × 2. √ 3. × 4. × 5. √

四、简答题

1. 答：天然淀粉粒不溶于冷水，无还原性，在一定温度下会发生糊化溶解，冷却后会发生凝沉现象。淀粉与碘作用生成淀粉-碘复合物而呈现蓝色。淀粉在酸或淀粉酶的催化下发生水解，最终产物为葡萄糖。

2. 答：代谢调节包括酶活性的调节和酶合成的诱导和阻遏。

3. 答：水溶性维生素中的 B 族维生素多与辅酶有关，如辅酶 1、辅酶 2、辅酶 Q 等，这些辅酶参与维生素的构成，来调节代谢。

4. 答：核酸可分为核糖核酸（RNA）和脱氧核糖核酸（DNA）。RNA 结构中的糖类为核糖，碱基为鸟嘌呤、腺嘌呤、胞嘧啶、尿嘧啶。DNA 结构中的糖类为脱氧核糖，碱基为鸟嘌呤、腺嘌呤、胞嘧啶、胸腺嘧啶。

5. 答：有脱氨基作用、脱羧基作用和脱氨脱羧作用等。

五、问答题

1. 答：葡萄中含有大量单糖如葡萄糖，葡萄糖属于可发酵糖，可以被酵母直接利用。大麦中的糖类多为淀粉等多糖，属于不可发酵糖，不能被酵母直接利用，所以不能用大麦直接做啤酒。

2. 答：①酶浓度：成正比；②底物浓度：用米氏方程描述；③温度：最适温度；④pH：钟型曲线；⑤激活剂：加快速度；⑥抑制剂：抑制速度。

生物化学综合测试题（二）答案

一、名词解释

1. 蛋白质的变性——当蛋白质受某些理化因素作用时，其有序的空间结构被破坏，物理和化学性质发生变化，生物活性丧失，但一级结构未被破坏的现象。

2. 抑制剂——不引起酶变性，但能使酶活性降低或丧失的物质。

3. 酶原——是由活细胞生成的，不具催化活性的酶的前体。

4. 维生素——是维持人体正常生理功能所必需的一类有机化合物。

5. 淀粉的凝沉——稀淀粉糊缓慢冷却放置一段时间后，黏度加大、溶解度降低、产生沉淀的现象称为淀粉的凝沉。

6. 新陈代谢——生物体与外界环境不断进行物质交换的作用，就是新陈代谢，或称为物质代谢，包括分解代谢和合成代谢。

二、填空题

1. EMP、TCA、HMP
2. 蛋白质、催化
3. 越差
4. α－淀粉酶
5. 蛋白质、糖类、美拉德

三、单项选择

B、A、C、D、A

四、简答题

1. 维生素的特点有：参与机体代谢，但不提供能量；绝大多数不能在人体合成，必须从食物中补充；需量微。其作用有：多数B族类维生素的结构中有辅酶参与，可参与新陈代谢；某些维生素还有特殊功能，如维生素A有助于视觉功能、维生素D可促进钙吸收、维生素E抗不育等。

2. 答：生物氧化的化学本质是电子的得失过程。生物氧化的主要方式是有氧氧化，其特点是用氧气氧化体内的营养物质来获得能量，氧化彻底，释放的能量多；无氧氧化称发酵作用，氧化不彻底，产生的能量少。

3. 答：物理因素有热、射线、剧烈震荡等，化学因素有强酸、强碱、有机溶剂等。

4. 答：氨基酸在水中解离，两种基团带上不同电荷，整个分子净电荷为0；加碱时氨基酸带负电；若加酸，氨基酸带正电。

5. 答：催化效率高、专一性强、需要温和的反应条件、活性受到调节与控制。

五、问答题

1. 答：要实现产物的积累，必须将微生物的代谢调控系统破坏，使正常代谢不能积累或很少积累的产物能够大量积累下来。代谢控制发酵的关键是要从遗传角度解除微生物正常代谢机制，得到突变株。发酵过程控制：培养基、发酵初期、发酵中期、发酵后期、发酵过程的微机控制。

2. 答：略。

各章思考与练习参考答案

第一章 氨基酸和蛋白质 思考与练习参考答案

一、填空题

1. 蛋白质对紫外光的最大吸收波长是 <u>280</u>nm。
2. 多肽链 N-末端主要采用<u>桑格反应</u>、<u>艾德曼反应</u>和<u>丹磺酰氯反应</u>方法测定。
3. 不同蛋白质中含量比较接近的元素是<u>N</u>,平均含量为<u>16%</u>。
4. 组成蛋白质的基本单位是<u>氨基酸</u>,它们的结构均为 。它们之间靠<u>肽键</u>彼此连接而形成的物质称为<u>多肽</u>。

二、是非题

(×) 1. 构成蛋白质的 20 种氨基酸都具有旋光性。
(×) 2. 一蛋白质样品经酸水解后,用氨基酸自动分析仪能准确测定它的所有氨基酸。
(√) 3. 变性后的蛋白质,分子量不发生变化。
(×) 4. 氨基酸、蛋白质和核酸都具有等电点。
(√) 5. 在 pH 呈碱性的溶液中,氨基酸大多以阳离子形式存在。

三、选择题

1. 下列氨基酸中哪种是精氨酸（③）
①Asp ②His ③Arg ④Lys
2. 氨基酸顺序测定仪是根据哪种方法建立的？（③）
①2,4-二硝基氟苯法 ②丹磺酰氯法 ③苯异硫氰酸酯法 ④酶水解法
3. 在生理 pH 条件下,下列氨基酸中哪种以负离子形式存在？（①）
①天冬氨酸 ②半胱氨酸 ③赖氨酸 ④亮氨酸

第二章 酶 思考与练习参考答案

1. 什么是酶？它在生命活动过程中起何重要作用？

答：酶是生物体活细胞产生的具有特殊催化活性和特定空间构象的生物大分子，包括蛋白质及核酸，又称为生物催化剂。绝大多数酶是蛋白质，少数是核酸RNA，后者称为核酶。作用：生物体在新陈代谢过程中，几乎所有的化学反应都是在酶的催化下进行的。在生物体内，酶控制着所有的生物大分子（蛋白质、碳水化合物、脂类、核酸）和小分子（氨基酸、糖、脂肪和维生素）的合成和分解。

2. 酶与一般催化剂比较，其催化作用有何特点？

答：具有很高的催化效率；具有高度的专一性和多样性；反应条件温和；酶的活性受调节控制。

3. 什么是结合蛋白酶？什么是酶蛋白、辅酶、辅基和全酶？酶蛋白、辅酶（基）在酶促反应中起什么作用？

答：结合蛋白酶除了蛋白质组分外，还含对热稳定的非蛋白小分子物质。前者称为酶蛋白，后者称为辅因子。

酶蛋白指酶的纯蛋白部分，是相对于辅酶因子而言，又称为脱辅基酶蛋白，其单独存在时不具有催化活性，与辅酶因子结合形成全酶后才显示催化活性。

辅酶是指与酶蛋白以非共价结合的小分子有机物。

辅基是指与酶蛋白结合较紧（一般为共价结合）的小分子有机化合物。

完整的酶分子称为全酶即全酶＝酶蛋白＋辅助因子。

酶蛋白：在酶促反应中决定催化特异性。

辅酶或辅基作用：起传递电子、原子和某些基团的作用，从而决定催化反应类型。

相同的辅酶（基）与不同的酶蛋白结合成催化特异性不相同的结合酶。

4. 影响酶促反应的因素有哪些？它们是如何影响的？

答：影响酶促反应的因素有：酶浓度、pH、温度、激活剂、抑制剂。

酶浓度：在一定温度和pH下，酶促反应在底物浓度大大超过酶浓度时，反应达到最大反应速度，此时增加酶的浓度可增加反应速度，即酶促反应速度与酶的浓度呈正比。

pH：对酶活性的影响主要有下列几个方面：

（1）极强的酸或碱可以使酶的空间结构破坏，引起酶变性；

（2）酸或碱影响酶活性中心催化基团的解离状态，使底物不能分解成产物；

（3）酸或碱影响酶活性中心结合基团的解离状态，使底物不能与它结合；

（4）酸或碱影响底物和辅酶功能基团的解离状态。

酶催化活性最大时的环境pH称为酶促反应的最适pH。

温度：酶是生物催化剂，温度对酶促反应速度具有双重影响。升高温度一方面可加快酶促反应速度，同时也增加酶的变性。综合这两种因素，酶促反应速度最快时的环境温度称为酶促反应的最适温度。

激活剂：作用机理有以下几个方面：

(1) 与酶分子氨基酸侧链基团结合，稳定酶分子催化基团的空间结构；

(2) 作为底物或辅助因子与酶蛋白之间的桥梁；

(3) 作为辅助因子的组成成分协助酶的催化反应。

激活剂的作用是相对的，一种试剂对某种酶是激活剂，对另一种酶可能是抑制剂。不同浓度的激活剂对酶活性的影响也不同。

抑制剂：酶分子中的必需基团在某些化学物质的作用下发生改变，引起酶活性的降低或丧失称为抑制作用。能对酶起抑制作用的称为抑制剂。按照抑制剂的抑制作用，可将其分为不可逆抑制作用和可逆抑制作用两大类。

5. 什么是米氏方程？米氏常数 Km 的意义是什么？试求酶反应速度达到最大反应速度的99%时，所需求的底物浓度（用 Km 表示）。

答：Michaelis 和 Menten 根据酶与底物作用时形成中间复合物，并假定 E + S ES 之间的平衡迅速建立的机理前提下，推导出了一个数学方程式，表示整个反应中底物浓度与反应速度之间的定量关系，通常将这一方程称为米氏方程，是酶学中最基本的方程式：

$$v = \frac{V[S]}{Km + [S]} \text{ 或 } Km = [S]\left[\frac{V}{v} - 1\right]$$

式中 v 为反应速度，V（即 V_{max}）为酶完全被底物饱和时的最大反应速度，[S] 为底物浓度，Km 为米氏常数。

米氏常数 Km 的意义是：

(1) Km 是酶的一个很基本的特性常数。

(2) 从 Km 可以判断酶的专一性和天然底物。

(3) 当 $K_2 \gg K_3$ 时，Km 的大小可以表示酶和底物的亲和性。

(4) 从 Km 的大小，可以知道正确测定酶活力时所需的底物浓度。

(5) Km 值还可以推断某一代谢物在体内可能的代谢路线。

计算：酶反应速度达到最大反应速度的99%时，所需求的底物浓度

根据米氏方程 $V = V_{max}[S]/(Km + [S])$

当 $v = 99\% V_{max}$ 时，底物浓度 $[S] = 99\% Km/(1 - 99\%) = 99 Km$

6. 称取25mg某蛋白酶制剂配成25mL溶液，取出1mL该酶液以酪蛋白为底物，用Folin-酚比色法测定酶活力，得知每小时产生1500μg酪氨酸。另取2mL酶液，用凯式定氮法测得蛋白氮为0.2mg。若以每分钟产生1μg酪氨酸的酶量为一个活力单位计算，根据以上数据，求出 (1) 1mL酶液中含有的蛋白质和酶活力单位数；(2) 该酶制剂的比活力；(3) 1g酶制剂的总蛋白含量和酶活力单位数。

解：
(1) 1mL 酶液中含有的蛋白质 = 0.2×6.25/2 = 0.625mg
酶活力单位数 U = 1500μg/1μg 酪氨酸/h/mL = 1500U/mL
(2) 比活力 = 1500U/mL/(25mL/25mg) = 1500U/mg
(3) 1g 酶制剂的总蛋白含量 = 1000mg×0.625mg/mg = 625mg
酶活力单位数 = 1000mg 酶制剂 × 1500U/mL 酶液 = 1000mg × 1500U/mg 蛋白酶制剂 = 1.5×10^6 U

第三章 核酸 思考与练习参考答案

一、名词解释

中心法则：遗传信息由 DNA 转录给 RNA，然后通过 RNA 翻译成特定的蛋白质，这个由 DNA 决定 RNA 分子的碱基顺序，又由 RNA 决定蛋白质分子的氨基酸顺序的理论，称为中心法则。

半保留复制：DNA 分子在复制时，先将双螺旋的双链解开，形成两条单链，然后各自以解开的单链为模板，按照碱基互补配对的方式合成新链，新形成的链与原来的模板链成为双链 DNA 分子。每个子代分子的一条链来自亲代 DNA，另一条链是新合成的。DNA 的这种复制方式称为半保留复制。

复制：以亲代 DNA 分子为模板合成出相同子代 DNA 分子的过程。

转录：就是在 DNA 分子上合成出与其核苷酸顺序相对应的 RNA 的过程。

翻译：在 RNA 的控制下，根据核苷酸链上每三个核苷酸决定一种氨基酸的规则，合成出具有特定氨基酸顺序的蛋白质肽链的过程。

遗传密码：DNA 分子上的核苷酸序列和蛋白质的氨基酸序列是对应关系，这种核苷酸序列所表达的遗传信息，称为遗传密码。

密码子：mRNA 的核苷酸序列上每 3 个相邻的核苷酸编码一种氨基酸，这 3 个连续的核苷酸被称为密码子。

二、问答题

1. 什么是生物的遗传和变异？它们的物质基础是什么？如何证明？

答：遗传是指亲代生物传递给子代与自身性状相同的遗传信息，从而表现为与亲代相同的性状，这种遗传性是相对的。变异是生物体在某种外因或内因作用下引起的遗传物质水平上发生了改变从而引起某些相对应的性状改变的特性，这种变异性是绝对的。遗传是相对的，变异是绝对的；遗传中有变异，变异中有遗传，从而使微生物能够适应不断变化的环境，得以进化。三大遗传经典实验①肺炎双球菌的转化实验，②噬菌体的感染实验，③植物病毒的拆开和重建实验证明了核酸是遗传与变异的物质基础。

2. 试述遗传中心法则的主要内容。

答：DNA 决定 RNA 分子的碱基顺序，又由 RNA 决定蛋白质分子的氨基酸顺序，称为中心法则。

3. DNA 是如何复制的？

答：DNA 分子在复制时，先将双螺旋的双链解开，形成两条单链，然后各自以解开的单链为模板，按照碱基互补配对的方式合成新链，新形成的链与原来的模板链成为双链 DNA 分子。

4. 为什么说 DNA 的复制是半保留半不连续复制？试讨论之。

答：即 DNA 分子在复制时，先解开称为两条链，以这两条链为亲代链，各复制出一条子链，因此，每个子代分子的一条链来自亲代 DNA，而另一条链是新合成的。DNA 的这种复制方式称为半保留复制。

5. 什么是遗传密码？简述其基本特点。

答：DNA 分子上的核苷酸序列和蛋白质的氨基酸序列是对应关系，这种核苷酸序列所表达的遗传信息，称为遗传密码。其基本特点是具有简并性，变偶性，通用性和变异性。

第四章　维生素与辅酶　思考与练习参考答案

一、填空

1. 水溶性维生素、脂溶性维生素
2. 微生物 B_1
3. 磷酸吡哆醛、磷酸吡哆胺
4. 维生素 A
5. 焦磷酸硫胺素（TPP）

二、选择题

E、E、A、D、C、D、AC、C、D

三、想一想，答一答

1. 维生素 B_2 又称核黄素。核黄素是黄素蛋白（FP）的辅基，有黄素单核苷酸（FMN）和黄素腺嘌呤二核酸（FAD）两种形式。核黄素辅酶的功能是起氧化还原作用。还原型的核黄素是无色的，暴露在空气中时极易氧化而变为黄色。

2. 维生素 C 的主要作用是与细胞间质的合成有关。包括胶原，牙和骨的基质，以及毛细血管内皮细胞间的接合物。（1）促进骨胶原的生物合成。利于组织创伤口的更快愈合；（2）促进氨基酸中酪氨酸和色氨酸的代谢，延长机体寿命；（3）改善铁、钙和叶酸的利用；（4）改善脂肪和类脂特别是胆固醇的代谢，预防心血管病；（5）促进牙齿和骨骼的生长，防止牙床出血；（6）增强机体对外界环境的抗应激能力和免疫力。

3. 脂溶性维生素：维生素 A、维生素 D、维生素 E、维生素 K 等。维生素 A 缺乏症：夜盲症、干眼病；维生素 D 缺乏症：儿童：佝偻病；成人：软骨病、骨质疏松症；维生素 E 缺乏症：（1）红细胞数量少、寿命缩短。（2）红细胞脆性增加；维生素 K 缺乏症：凝血因子合成障碍，凝血时间延长，易出血，尤其是新生婴儿易发生出血性疾病。

第五章　糖与糖类发酵原料　思考与练习参考答案

一、填空

1. α-淀粉酶
2. 果糖
3. 单糖　寡糖　多糖　寡糖　多糖
4. 酸　淀粉酶　葡萄糖
5. 美拉德　焦糖化　褐变反应

二、判断题

1. ×　2. ×　3. √　4. ×　5. ×

三、选择题

1. B　2. A　3. C　4. A　5. D

四、想一想，答一答

1. 葡萄中富含葡萄糖与果糖等单糖，能直接被酵母菌利用，生成酒精；而大麦中的糖类主要是淀粉，酵母菌不能直接利用，不能生成酒精。

2. 天然淀粉包括直链淀粉与支链淀粉两类结构。支链淀粉不溶于冷水，可溶于沸水。若要制备淀粉溶液，必须在沸腾状态下把淀粉加入到水中，才可使淀粉溶解形成溶液。

3. 按照各种淀粉酶作用的方式主要可以分为四种类型的酶，即 α-淀粉酶、β-淀粉酶、葡萄糖淀粉酶和脱支酶。α-淀粉酶水解淀粉是从分子内部水解 α-1,4 糖苷键，是一种内切酶，又称液化酶。水解最终产物为麦芽糖、异麦芽糖和葡萄糖。β-淀粉酶从淀粉分子的非还原端开始，每次水解下一个麦芽糖分子。它对支链淀粉的水解是不完全的，产物有麦芽糖和界限糊精。葡萄糖淀粉酶作用于淀粉时，从淀粉分子的非还原端开始逐个地水解糖苷键，生成葡萄糖，但速度很慢。脱支酶能水解支链淀粉中的 α-1,6 糖苷键，使支链淀粉变成直链淀粉。

4. 微生物不能直接利用多糖。多糖分子结构复杂，分子量大，不能透过细胞膜。作为微生物的营养物质时，必须在细胞外先经相应的水解酶作用生成单糖或二糖，才能被吸收利用。

第六章 糖类分解代谢 思考与练习参考答案

一、名词解释

酵解：是指葡萄糖在不需氧的条件下，经一系列的酶促反应转变成丙酮酸，并生成少量 ATP 的代谢过程。

发酵：现代生物化学中的发酵是指微生物的无氧代谢过程，无氧条件下微生物把糖酵解产生的 NADH 上的氢不经呼吸链而直接传递给底物本身未被完全氧化的某种中间产物，从而实现底物水平磷酸化产能的一类生化反应。

三羧酸循环：在有氧的条件下，丙酮酸氧化脱羧形成乙酰 CoA，乙酰辅酶 A 经过一个循环式的反应序列，被彻底氧化为二氧化碳和水，最后仍生成草酰乙酸，进行再循环。因为这一环式循环反应中的第一个中间产物是一个含三个羧基的柠檬酸，被称为三羧酸循环。

磷酸己糖支路（HMP）：是糖的另一条氧化途径，葡萄糖的氧化不经 EMP 途径和 TCA 循环，而是直接脱氢和脱羧。从 6-磷酸葡萄糖开始通过二次脱氢和一次脱羧转变成 5-磷酸核糖，5-磷酸核糖经一系列基团的转移，生成 6-磷酸葡萄糖重新进入 HMP 途径循环，产生细胞所需大量 NADPH+H^+ 形式的还原力及多种重要中间代谢产物的过程。

磷酸解酮酶（PK）途径：磷酸解酮酶途径主要存在于某些细菌和少量真菌中，是明串珠菌在进行异型乳酸发酵过程中分解己糖和戊糖的途径。葡萄糖经 HMP 途径转变成 5-磷酸木酮糖之后，进入 PK 途径。5-磷酸木酮糖分解，生成 3-磷酸甘油醛和乙酰磷酸；3-磷酸甘油醛经 EMP 途径生产乳酸，并产生 2 个 ATP，乙酰磷酸还原成乙醇，并产生 1 个 ATP。

脱氧酮糖酸途径（ED 途径）：ED 途径是存在于某些缺乏完整 EMP 途径的微生物中的一种替代途径，为微生物所特有。葡萄糖只经过四步反应即可快速获得丙酮酸。在 ED 途径中，6-磷酸葡萄糖首先脱氢产生 6-磷酸葡萄糖酸，接着在脱水酶和醛缩酶的作用下，产生一分子 3-磷酸甘油醛和一分子丙酮酸，然后 3-磷酸甘油醛进入 EMP 途径转变成丙酮酸。

二、问答题

1. 由糖酵解产生的丙酮酸有氧、无氧条件下其最终去路是什么？

丙酮酸是 EMP 途径的关键产物，在有氧条件下，丙酮酸进入线粒体，经 TCA 循环被彻底氧化成 CO_2 和 H_2O，产生的 NADH 经呼吸链氧化形成大量 ATP 和 H_2O。

无氧条件下酵解反应脱氢产生的 NADH+H^+ 不经电子传递体系氧化，而是由丙酮酸或丙酮酸的进一步代谢产物或 EMP 中的某些中间代谢产物作为受氢体，得到不同的还原产物。比如被还原成乳酸、乙醇，被称为乳酸发酵和酒精发酵。

EMP途径中由丙酮酸出发，在不同的微生物中可进行多种发酵，例如，由酿酒酵母进行的酵母型酒精发酵；由德氏乳杆菌等进行的同型乳酸发酵；由谢氏丙酸杆菌进行的丙酸发酵；由产气肠杆菌等进行的2，3-丁二醇发酵；由大肠杆菌等进行的混合酸发酵；以及由各种厌氧梭菌例如：丁酸梭菌、丁醇梭菌和丙酮丁醇梭菌等所进行的丁酸型发酵等。通过这些发酵，微生物可获得其生命活动所需的能量，而对人类的生产实践来说，就可以通过工业发酵手段大规模地生产这类代谢产物。

2. 试述三羧酸循环的生理意义？

三羧酸循环是生物体获取能量的最主要和最有效的方式；是糖，脂肪和蛋白质三种主要有机物在体内彻底氧化的共同代谢途径，是三种主要有机物在体内氧化供能的共同通路；是生物体内三大物质互变的连接机构；与微生物生产大量发酵产物密切相关。

3. 三羧酸循环中的关键限速酶是什么？如何对循环进行调控？

三羧酸循环的调控发生在柠檬酸合酶、异柠檬酸脱氢酶和α-酮戊二酸脱氢酶系催化的三步反应中。调控的关键因素是［NADH］/［NAD^+］、［ATP］/［ADP］的比值，比值大时酶活性受到抑制，比值小时酶活性被激活。

4. 磷酸己糖支路有何特点？其生物学意义何在？

磷酸己糖支路是糖的另一条氧化途径，是葡萄糖的氧化不经EMP途径和TCA循环，而是直接脱氢和脱羧，它的功能不是产生ATP，而是产生细胞所需大量$NADPH+H^+$形式的还原力及多种重要中间代谢产物如5-磷酸核糖。

磷酸己糖支路的主要生理作用是提供生物合成所需的一些原料。产还原力：产生大量$NADPH+H^+$形式的还原力，可通过呼吸链产生大量的能量；供应合成原料：磷酸戊糖途径是体内利用葡萄糖生成5-磷酸核糖的唯一途径。5-磷酸核糖为核苷酸、核酸等的生物合成提供原料。扩大碳源利用范围：为微生物利用三碳糖、四碳糖、五碳糖、七碳糖及六碳糖等多种碳源提供了必要的代谢途径。连接EMP途径：通过在1，6-二磷酸果糖和3-磷酸甘油醛处可与EMP途径连接，可为生命合成提供更多的戊糖。微生物通过EMP途径可提供给人类许多重要的发酵产物。

5. 发酵生产柠檬酸的机理是什么？

柠檬酸是TCA循环的中间产物，正常代谢情况下，微生物是不能大量积累的，通过人为调节代谢途径中的一些关键酶如顺乌头酸合成酶的活性，而使TCA循环中柠檬酸到顺乌头酸的反应中断，从而可以大量积累柠檬酸。而另一方面在柠檬酸积累的条件下，三羧酸循环已被阻断，不能由此来提供合成柠檬酸所需要的草酰乙酸，此时由草酰乙酸的回补途径来提供草酰乙酸。即由丙酮酸或磷酸烯醇式丙酮酸固定二氧化碳生成草酰乙酸的回补反应来提供合成柠檬酸所需的原料，使柠檬酸得到大量积累。

6. 简述乳酸发酵和酒精发酵的类型和机理。

根据产物的不同，乳酸菌发酵乳酸有三种类型：同型乳酸发酵、异型乳酸发酵和双歧发酵三种类型。

同型乳酸发酵：发酵产物中只有乳酸的发酵。葡萄糖经 EMP 途径降解为丙酮酸，丙酮酸在乳酸脱氢酶的作用下被 NADH 还原为乳酸。1 分子葡萄糖产生 2 分子乳酸。如乳链球菌、乳酸乳杆菌等进行的发酵是同型乳酸发酵。

异型乳酸发酵：发酵产物中除乳酸外同时还有乙醇等的发酵。肠膜状明串珠菌等进行的乳酸发酵是异型乳酸发酵。在异型乳酸发酵中，葡萄糖首先经 HMP 途径降解为磷酸戊糖再进入 PK 途径经磷酸戊糖解酮酶催化分解，发酵终产物除乳酸以外还有一部分乙醇。

双歧发酵：两歧双歧杆菌发酵葡萄糖产生乳酸的一条新途径。此反应中有两种磷酸酮糖酶参加反应，1 分子葡萄糖经磷酸己糖解酮酶途径生成 1 分子乳酸、1.5 分子乙酸。

酒精发酵又称乙醇发酵，有酵母型乙醇发酵和细菌型乙醇发酵。

酵母型乙醇发酵：进行酵母型乙醇发酵的微生物主要是酵母菌。在厌氧和偏酸性（pH 3.5~4.5）的条件下，它们通过 EMP 途径将 1 分子葡萄糖分解为 2 分子丙酮酸。丙酮酸再在丙酮酸脱羧酶的作用下脱羧生成乙醛，然后再以乙醛为氢受体接受来自 $NADH+H^+$ 的氢生成乙醇。

细菌型乙醇发酵：某些细菌也能利用 ED 途径进行乙醇发酵（如运动发酵单胞菌和厌氧发酵单胞菌）。经 ED 途径发酵产生乙醇的过程与酵母菌通过 EMP 途径生产乙醇不同。1 分子葡萄糖经 ED 途径进行乙醇发酵，生成 2 分子乙醇和 2 分子 CO_2，净增 1 分子 ATP。

第七章 能量的释放 思考与练习参考答案

一、名词解释

生物氧化：生物氧化是指有机物质在生物体细胞内进行氧化分解，最终彻底氧化分解成二氧化碳和水并释放出能量，形成 ATP 的过程。

有氧氧化：在有氧条件下，细胞在氧的参与下，通过酶的催化作用，把糖类等有机物彻底氧化分解，产生出二氧化碳和水，同时释放大量能量的过程。

无氧氧化：一般是指兼性或厌氧微生物或生物体中某些组织中的细胞在无氧条件下，通过酶的催化作用，把葡萄糖等有机物质分解成为不彻底的氧化产物，同时释放出少量能量的过程。

呼吸链：呼吸链又称电子传递链，存在于有氧氧化体系中，是由存在于线粒体内膜上的一系列能接受氢或电子的中间传递体组成，它们一个接一个构成链状反应，因此称为呼吸链。

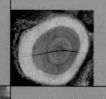

销售分类建议：教材

ISBN 978-7-122-20391-5

定价：35.00元

P/O：P/O 比值是指物质氧化时，每消耗 1 摩尔氧原子所消耗无机磷的摩尔数（或 ADP 摩尔数），即生成 ATP 的摩尔数。

二、问答题

1. 生物氧化的特点是什么？

生物氧化过程与体外物质氧化或燃烧的化学本质是相同的，最终产物是二氧化碳和水，所释放的能量也相等，都是氧化还原反应。其特点是：生物氧化在细胞内进行，是在体温和接近中性 pH 和有水的环境进行的，是在一系列酶、辅酶和传递体的作用下逐步进行的，每一步反应都放出一部分能量，能量是以生成 ATP 的形式逐步释放的；生物氧化受细胞的精确调节控制，有很强的适应性，可随环境和生理条件变化而改变呼吸强度和代谢方向。

2. 什么是底物水平磷酸化和电子传递氧化磷酸化？

生物细胞利用代谢过程中产生的能，使 ADP 磷酸化生成 ATP。体内 ATP 形成有两种方式，与呼吸链有关的是氧化磷酸化方式，呼吸链中的电子传递与放能磷酸化合物的偶联反应，也就是当电子从 $NADH_2$ 或 $FADH_2$ 经过电子传递体传递给 O_2 形成 H_2O，同时伴随着 ADP 磷酸化形成 ATP。这一过程称为电子传递氧化磷酸化。氧化磷酸化是体内生成 ATP 的主要方式。另一种方式是底物水平磷酸化，即底物分子内部能量重新分布形成高能磷酸酯键，伴有 ADP 磷酸化生成 ATP 的作用。底物水平磷酸化与呼吸链的电子传递无关。

3. NADH 呼吸链含有哪些组分？他们是如何传递氧和电子的？其能量产生的部位在何处？

组成 NADH 呼吸链的第一个成员是以 NAD^+ 或 $NADP^+$ 为辅酶的代谢物（SH_2）的脱氢酶。辅酶 NAD^+ 接受 SH_2 氧化脱落的氢而被还原为 $NADH + H^+$。第二个成员是 NADH 脱氢酶，它以 FMN 为辅基。NADH 脱氢酶催化第一个传递体 $NADH + H^+$ 氧化脱氢，使它恢复为 NAD^+。脱下的两个氢原子由辅基 FMN 接受，还原为 $FMNH_2$。$FMNH_2$ 将两个氢再传递给下一个成员辅酶 Q（CoQ）。辅酶 Q 接受两个氢后形成对二酚的衍生物，表示为 $CoQH_2$。辅酶 Q 以后的传递体都只能传递电子。两个氢原子中剩下两个电子在呼吸链中传递。承担电子传递体的是细胞色素（cyt）的蛋白质，主要包括细胞色素 b、c_1、c、a 和 a_3，传递顺序为 $b \rightarrow c_1 \rightarrow c \rightarrow a \rightarrow a_3$，细胞色素中的铁原子可进行 Fe^{2+} 和 Fe^{3+} 的价态变化，从而使色素起着电子传递的作用。细胞色素 a 和 a_3 构成细胞色素 c 氧化酶，两者无法分开，它们从细胞色素 c 处接受电子，最终传递给结合在 aa_3 上的氧，使之成为离子氧，离子氧与体系中游离的 H^+ 结合生成水。NADH 呼吸链中有 3 个氧化磷酸化部位，分别为 NADH 到辅酶 Q 之间、细胞色素 b 到细胞色素 c 之间、细胞色素 a 到分子氧之间，可三次偶联磷酸化反应，促使体系中的 ADP 与无机磷酸结合生成 ATP，产生 3mol ATP。

第八章 脂类代谢 思考与练习参考答案

一、名词解释

1. 脂类是一类低溶于水而高溶于非极性溶剂的生物有机分子。

2. 必需脂肪酸是机体生命活动必不可少,但机体自身又不能合成,必须由食物供给的多不饱和脂肪酸。

3. 油脂的酸值是指中和1g油脂中游离的脂肪酸所用氢氧化钾的质量(以mg计)。

4. 不饱和脂肪酸是指化学结构中含有一个或多个烯丙基(—CH=CH—CH_2—)结构,两个双键之间夹有一个亚甲基的脂肪酸。

5. 磷脂是一类含有磷酸和含氮碱的脂类。

二、填空题

1. 线粒体、脂酰辅酶A的$\alpha-\beta$脱氢、Δ^2反式烯脂酰辅酶A的水化、L(+)β-羟脂酰辅酶A的脱氢、β-酮脂酰辅酶A的硫解

2. 胆汁酸、甘油、脂肪酸

3. 脂肪

4. 单纯脂类、复合脂类、衍生脂类

5. 氢氧化钾

三、简答题

1. 脂类的生理学功能也和它们的化学组成及结构一样,是极其多种多样的。(1)贮存脂类:重要的贮能供能物质;(2)结构脂类:磷脂、糖脂、硫脂、固醇类等有机物是生物体的重要成分(如生物膜系统);(3)活性脂类:固醇类、萜类是一些激素和维生素等生理活性物质的前体;(4)脂类(糖脂)与信息识别、种特异性、组织免疫有密切的关系。

2. 甘油经酶催化进行反应,形成糖酵解中间产物——磷酸二羟丙酮,生成的磷酸二羟丙酮可经糖酵解途径继续分解氧化生成丙酮酸,进入三羧酸循环途径彻底氧化,也可经糖异生途径最后生成葡萄糖,还可重新转变为3-磷酸甘油,作为体内脂肪和磷脂等的合成原料。

3. 脂肪酸β-氧化分解过程如下:脂肪酸在细胞质中首先被活化为脂酰辅酶A,然后脂酰辅酶A在酶的作用下通过肉碱载体转移进入线粒体基质内,进行β-氧化作用,在一系列酶的作用下,在α-碳原子和β-碳原子之间断裂,β-碳原子氧化成羧基,生成含2个碳原子的乙酰辅酶A和较原来少2个碳原子的脂肪酸。

四、思考题

要点:脂肪无法直接分解为能量,而糖原可在能量短缺时迅速分解供能,血

糖过高时迅速合成糖原。另外，糖类还可直接从食物中大量获得，及时补充能量。所以，糖类是主要能源物质，而脂肪是主要储能物质。

第九章 氨基酸代谢与氨基酸发酵 思考与练习答案

一、名词解释

1. 联合脱氨作用指将转氨基作用和L-谷氨酸脱氢酶的氧化脱氨作用结合起来的脱氨方式，或氨基酸通过嘌呤核苷酸循环脱去氨基的方式。

2. 氨、CO_2合成氨基甲酰磷酸后，与鸟氨酸结合生成瓜氨酸，再与另一分子氨生成精氨酸，随后在精氨酸酶催化下水解生成尿素并重新释放出鸟氨酸。机体利用氨基酸代谢产生的氨和CO_2合成尿素，解除氨毒的这种过程称为尿素循环。在尿素循环中，由于鸟氨酸可循环利用，因此尿素循环又称为鸟氨酸循环。

3. 在转氨酶作用下，一种α-氨基酸的氨基转移给α-酮酸，生成新的α-氨基酸，原来的α-氨基酸则转变成新的α-酮酸。这种转氨酶催化的氨基在α-氨基酸和α-酮酸之间转移的过程称为转氨基作用。

4. 脱羧基作用是指氨基酸在氨基酸脱羧酶催化下生成二氧化碳和一个伯胺类化合物。

5. 氨基酸发酵工业就是利用微生物的生长和代谢活动生产各种氨基酸的现代工业。

二、填空题

1. 氨基酸

2. 以嘌呤核苷酸循环的方式进行联合脱氨

3. 氧化脱氨基作用、转氨基作用、联合脱氨基作用

4. 精氨酸、鸟氨酸、氨基甲酰磷酸、瓜氨酸、天冬氨酸

5. 二氧化碳

三、简答题

1. 联合脱氨基有两个途径，一是氨基酸的α-氨基先通过转氨基作用转移到α-酮戊二酸，生成相应的α-酮酸和谷氨酸，然后谷氨酸在谷氨酸脱氢酶的催化下，脱氨基生成α-酮戊二酸的同时释放氨。二是嘌呤核苷酸循环的联合脱氨基作用。因为大部分氨基酸不能直接氧化脱去氨基，而只有转氨基作用是普遍存的在，但转氨基作用并没有最终脱掉氨基，所以体内通过联合脱氨基作用，使得蛋白质降解的所有氨基酸都可以脱氨基生成氨，满足机体脱氨基的需要。

2. 生物体内糖类、脂类、氨基酸在代谢过程中相互影响，相互转化，三羧酸循环是糖类、脂类、氨基酸最终氧化分解和相互转变的共同代谢途径。

3. 氨基酸分解代谢的产物中，胺可随尿直接排出，也可在酶的催化下，转变为其他物质。二氧化碳可以由肺呼出。而氨在陆生脊椎动物体内的主要去路是

通过鸟氨酸循环（尿素循环）生成无毒的尿素，α-酮酸则可参加其他代谢过程，或再生成氨基酸，或彻底氧化为二氧化碳和水，或转变生成糖、脂类和酮体。

4. 以糖类为发酵原料时，谷氨酸的生物合成途径包括糖酵解、己糖磷酸支路、三羧酸循环和乙醛酸循环等。糖类经过酵解途径（EMP）和单磷酸己糖途径（HMP）生成丙酮酸，一方面丙酮酸脱羧生成乙酰CoA，另一方面经过二氧化碳固定作用生成草酰乙酸，两者合成柠檬酸进入TCA循环，由三羧酸循环的中间产物α-酮戊二酸在谷氨酸脱氢酶的催化下，还原氨基化合成谷氨酸。

第十章 微生物的代谢调节与发酵 思考与练习参考答案

一、名词解释

代谢回补顺序：所谓代谢回补顺序又称代谢物补偿途径或添补途径，是指能补充两用代谢途径中因合成代谢而消耗的中间代谢物的那些反应。通过这种机制，当重要产能途径中的关键中间代谢物必须被大量用作生物合成的原料而抽走时，仍可保证能量代谢的正常进行。

细胞水平代谢调节：微生物主要通过细胞内代谢物浓度的变化，来对细胞中酶的活性及含量进行调节。即通过细胞内酶的调节来实现，这种调节称为细胞水平代谢调节，细胞水平的调节即是酶的调节，它是一切代谢调节的基础。

关键酶：代谢途径实质上是一系列酶催化的化学反应，其速度和方向不是由这条途径中某一个酶而是其中一个或几个具有调节作用的关键酶的活性所决定的。这些调节代谢的酶称为调节酶或关键酶。

变构酶：指在一些调节因子的影响下，通过构象的变化，引起酶活性改变的酶。它可以调节代谢速度和代谢方向。

共价修饰调节：共价修饰酶有无活性和有活性两种基本形式。这类酶的两种结构形式是通过其他酶即修饰酶的催化作用，从而发生分析共价结构和构象的变化，实现活性形式与非活性形式的互相转变，这种酶活调节方式称为共价修饰调节。

变构抑制：通常是产物的反馈抑制。当代谢途径终产物在细胞内积累到一定浓度时，会反作用于催化该途径起始反应的酶，即该代谢途径的限速酶，使酶分子结构改变，活性降低，从而减慢代谢速度。

二、问答题

1. 微生物是如何解决分解代谢与合成代谢中共用中间代谢物的矛盾的？

微生物在长期的进化过程中，通过两用代谢途径和代谢回补顺序的方式，巧妙地解决了分解与合成代谢中共用中间代谢物这个矛盾。凡在分解代谢和合成代谢中均具有功能的代谢途径，称为两用代谢途径。EMP、HMP和TCA循环都是重要的两用代谢途径。而所谓代谢回补顺序是指能补充两用代谢途径中因合成代谢而消耗的中间代谢物的那些反应。通过这种机制，当重要产能途径中的关键中间代谢物必须被大量用作生物合成的原料而抽走时，仍可保证能量代谢的正常进行。不同微生物种类或同种微生物在不同碳源下，有不同的代谢物回补顺序。与EMP途径和TCA循环有关的回补顺序约有10条，它们都围绕着回补EMP途径中的磷酸烯醇式丙酮酸和TCA循环中的草酰乙酸这两种关键性中间代谢产物来进行。

2. 细胞结构对代谢途径的分隔控制有何意义？

酶在细胞内的隔离分布使有关代谢途径分别在细胞不同区域内进行，这样不致使各代谢途径互相干扰。这样的隔离分布也为代谢调节创造了有利条件，使某些调节因素可以较为专一地影响某一细胞组分中的酶的活性，而不致影响其他组分中的酶的活性，从而保证了整体反应的有序性。

3. 为什么要对微生物的代谢进行人工调控？

微生物细胞有着一整套可塑性极强和极精确的代谢调节系统，通过代谢调节，微生物可最经济地利用其营养物，合成出能满足自己生长、繁殖所需要的一切中间代谢物。通过微生物自身的代谢调节，微生物细胞内一般不会积累大量的代谢产物。但在工业发酵生产中，我们的目的是使微生物能够最大限度地积累对人类有用的代谢产物，这就需要对微生物代谢的调节进行人工控制。代谢调控就是人为地打破微生物的代谢控制体系，使代谢朝着人们希望的方向进行。代谢控制发酵的关键，取决于微生物本身的代谢调控机制是否能够被解除，能否打破微生物正常的代谢调节，人为地控制微生物的代谢，使微生物累积更多的为人类所需的有益代谢产物，即实现代谢控制发酵。

4. 举例说明代谢调控在发酵工业中的应用。

（1）以代谢调控理论指导微生物的定向育种，通过定向选育发酵生产的特定的突变型菌株，从而从菌种的根源上达到大量积累有益产物的目的。比如在赖氨酸发酵工业中，营养缺陷型菌种应用。为了解除正常的代谢调节以获得赖氨酸的高产菌株，工业上选育了高丝氨酸缺陷型菌株作为赖氨酸的发酵菌种。由于该菌种不能合成高丝氨酸脱氢酶（HSDH），所以不能合成高丝氨酸，也就不能产生苏氨酸和甲硫氨酸，因而天冬酰半缩醛由原来负责合成苏氨酸、甲硫氨酸和赖氨酸，转而使代谢完全导向赖氨酸方向进行，使赖氨酸产量大量累积。

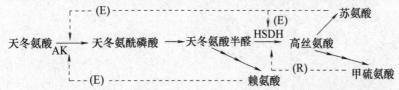

（2）通过改变细胞膜的通透性，使细胞内的代谢产物迅速渗漏到细胞外，

同时也解除了末端代谢产物的抑制作用，从而提高发酵产物的产量。比如在谷氨酸发酵中，常采用控制生物素的浓度来达到谷氨酸积累的目的。这是因为生物素是合成细胞膜的物质之一，通过控制生物素的含量，可以改变细胞膜的通透性，从而有利于谷氨酸的分泌。通常在谷氨酸发酵中把生物素浓度控制在亚适量，才能大量分泌谷氨酸。当发酵液中生物素含量很高时，菌体的细胞膜结构十分致密，阻碍了谷氨酸的分泌，并可引起反馈抑制。

参 考 文 献

[1] 刘孝民. 生物化学. 北京：中国轻工业出版社，2007.
[2] 欧伶，俞建瑛等. 应用生物化学. 北京：化学工业出版社，2009.
[3] 韩明亮. 食品化学. 延吉：延边大学出版社，2005.
[4] 李晓华. 食品应用化学. 北京：高等教育出版社，2002.
[5] 王学敏译. 生物化学. 北京：科学出版社，2010.
[6] 王冬梅，吕淑霞. 生物化学. 北京：科学出版社，2010.
[7] ［德］莱因哈德·伦内贝格原著. 啤酒、面包、奶酪——生物工艺与美食. 北京：科学出版社，2009.
[8] 杜苏英. 食品分析与检验. 第1版. 北京：高等教育出版社，2002.
[9] 王晓利. 生物化学技术. 第1版. 北京：中国轻工业出版社，2007.
[10] 王镜岩，朱圣庚等. 生物化学. 北京：高等教育出版社，2002.
[11] 刘卫群等. 基础生物花絮. 北京：气象出版社，2000.
[12] 阎瑞君. 生物化学. 上海：上海科学技术出版社，2010.
[13] 李宏高，江建军. 生物化学. 北京：科学出版社，2004.
[14] 吴俊明. 食品化学. 北京：科学出版社，2004.
[15] 彭志宏，杨霞. 食用生物化学. 北京：机械工业出版社，2011.
[16] 杨汝德. 现代工业微生物学教程. 北京：高等教育出版社，2006.
[17] 生物谷. www.Bioon.com.